CONTENTS



拼布人都喜歡的形狀，
最能傳遞春天訊息的就是提籃圖案！
不論單片或多片拼接，
都能讓人享受箇中樂趣。
在繁花盛開的美麗季節裡，
製作加入了貼布縫花卉的花籃圖案，
描繪季節花卉的貼布縫花圈，
盡情體驗拼布吧！
以手作的力量，開啟新的季節。

隨書附贈
原寸紙型＆拼布圖案

攝影／山本和正

新連載

# 以貼布縫描繪的四季花圈

將盛開著四季花卉的花圈，以貼布縫裝飾於壁飾上，擺設於屋內吧！在全新連載的單元中，原浩美老師以先染布製作，使作品帶有微妙色差的花朵表情，請細心品味。

1

## 以鬱金香、三色堇、油菜花描繪而成的春季花藝設計花圈

互補色系的黃色與紫羅蘭色的配色，是能夠完全襯托出美感的色調。油菜花除了葉子之外，皆以刺繡手法進行描繪。沿著貼布縫進行的羽毛狀壓線，則凸顯出花朵輕飄飄的模樣。

設計・製作／原 浩美　52.5×52.5cm　作法P.87

# 在迷你手提包上
# 裝飾一朵三色菫

在接縫於手提包袋口處的釦絆上，將彷彿由花環上摘下似的三色菫進行貼布縫。以塑膠按釦作為芯釦，再利用其重量關閉袋口。

設計・製作／原 浩美　21.5×23㎝　作法P.87

療心手作

# 把春天納入拼布的提籃圖案特集

**將提籃形狀予以具體化呈現出來，是最具代表的人氣拼布圖案。**
**在此以基本款的設計為首，介紹適合春天氣息的花籃系列作品。**

將圓形的花朵貼布縫於無提把的三角併接籃子圖案上，並與小籃子圖案進行交替排列。主要使用粉紅色、綠色、白色，作成復古拼布風格的配色。

設計／佐藤尚子
製作／林 照子
229.5×160cm
作法P.86

3

貼布縫的籃子圖案
是以復古拼布作為參考。

## 添加喜愛的花卉製作的花籃

將色彩繽紛的花朵像是從竹籃裡滿出來似的進行貼布縫，並配置在壁飾的四個角落。向上伸展的花莖看似如竹籃的提把一般。一部分的花瓣則是活用大圖案印花布上的花朵圖案。

設計・製作／正能和代
50×50cm　作法P.100

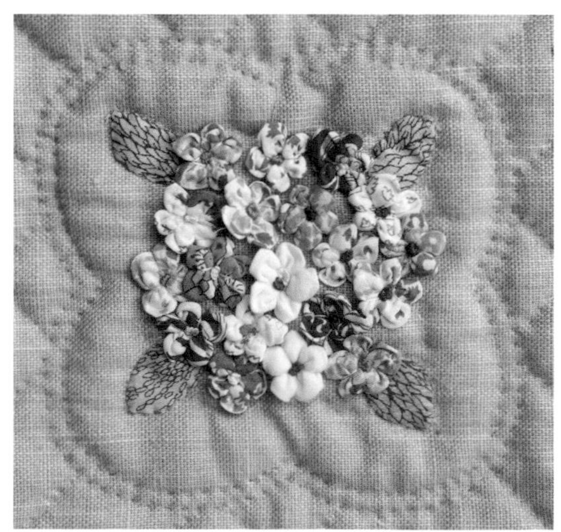

於中心處點綴上立體製作的小花。

在以「小木屋」區塊製作的籃子圖案上，添加了鬱金香。飾邊部分也是使用鬱金香印花布，符合春天氣息的壁飾。

設計・製作／熊谷和子　80×80㎝　作法P.89

## 活用花朵圖案<br>印花布的花籃

將小花菱紋的大玫瑰圖案，運用於籃子的上部與中間的布片上，就像是插入花朵般的模樣。透過籃子的縫隙間隱約可見的花朵圖案，呈現立體感。

在「郵票提籃」圖案的小籃子裡，加入中型大小的花朵圖案，完美地收納於提把的內側。

於「花籃」圖案的三角形布片上，加入了2種花朵圖案。利用花朵大小作出差異的粉紅色同系色彩，表現輕盈淡雅的花籃。

6

將傳統的貼布縫圖案「併接的花籃」作成五彩斑斕的花朵進行排列。
將素色區塊作成蝴蝶結花樣的壓線，更顯可愛。

設計／古澤惠美子　製作／井口順子　123.5×123.5㎝　作法P.94

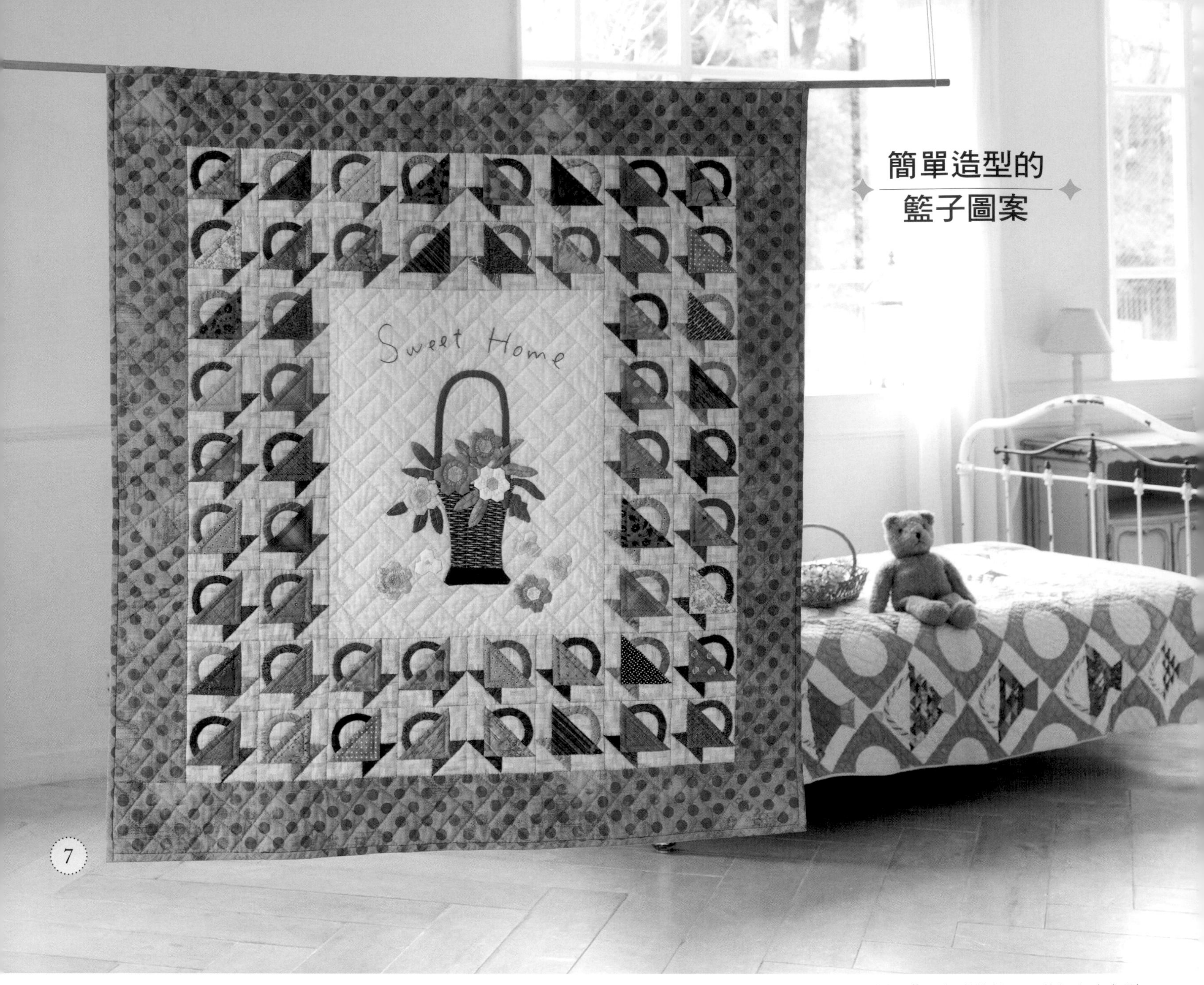


7

## 簡單造型的籃子圖案

運用典雅色彩的籃子，將插有六角形摺花的籃子團團圍繞的壁飾。只要裝飾在白色為基調的屋內，即可成為與眾不同的居家裝飾。

設計／大畑美佳　製作／渡辺順子
112×102cm　作法P.88

8

以6片小籃子圖案製作的藍布波奇包。於藍色碎花布及條紋布之中，僅添加1片的紅色布作為特色重點，顯得效果卓越。

設計・製作／毛利綾子
10×15cm　作法P.88

將3片籃子圖案並排的茶壺墊。恰好適合日常使用的簡單設計。

設計・製作／熊谷和子（うさぎのしっぽ） 29×39.5㎝

## 茶壺墊

**◆材料**（1件的用量）

各式拼接用布片、貼布縫用布片 E至F'用布35×15㎝ G用布40×25㎝ 鋪棉、胚布各45×35㎝ 滾邊用寬3.5㎝斜布條120㎝ 寬2㎝蕾絲80㎝ 25號粉紅色繡線適量

**◆作法順序**

拼接布片A至D，製作3片表布圖案（縫合順序請參照P.22的郵票籃子），並與布片D至F'接縫→接縫布片G，製作表布（包夾固定蕾絲）→疊放上鋪棉與胚布之後，進行壓線→進行刺繡→將周圍進行滾邊。

**※原寸紙型&壓線圖案紙型A面⑤**

區塊組合方法

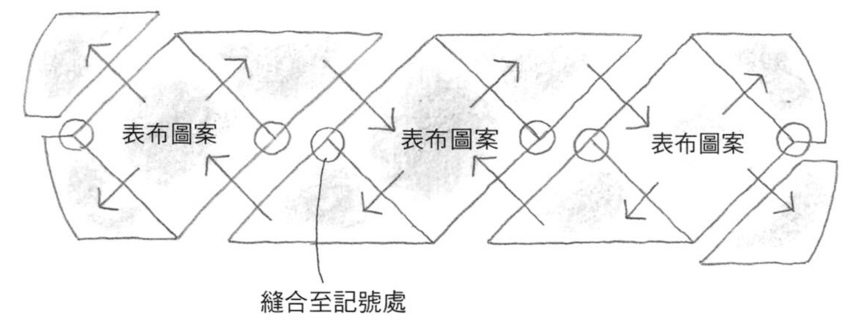


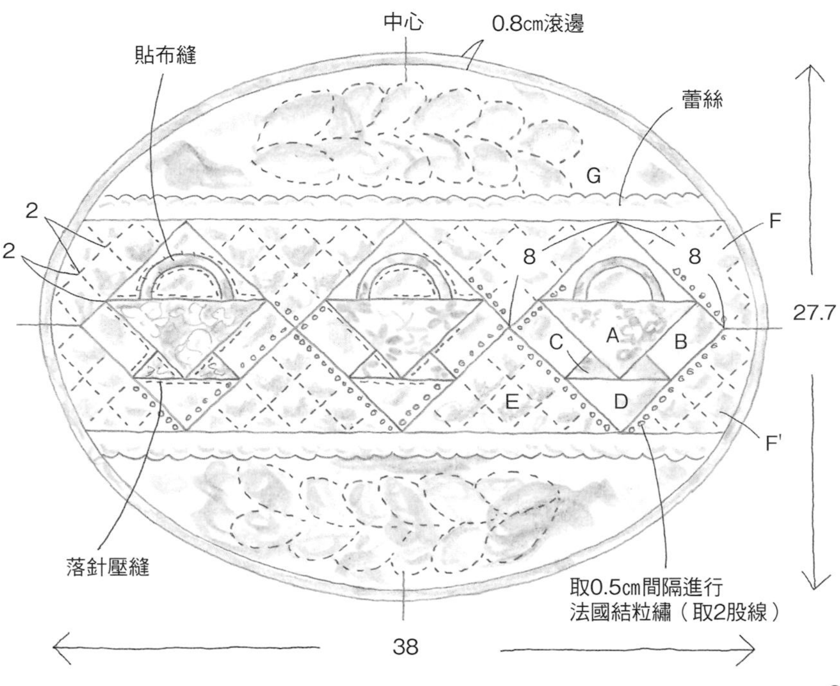

以拼接方式製作四四方方提把的籃子圖案，以襯托出表布的形狀。周圍則以刺繡進行飾邊。

設計／加藤礼子　製作／金子宣代
36×36cm　作法P.11

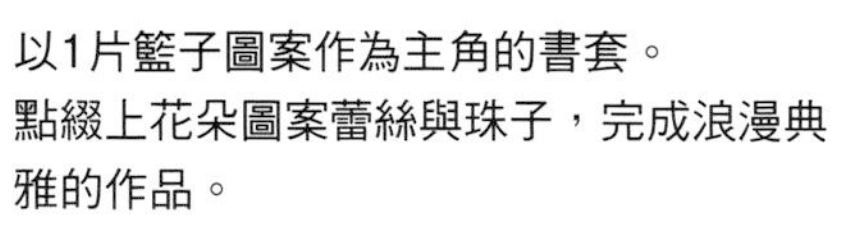

以1片籃子圖案作為主角的書套。
點綴上花朵圖案蕾絲與珠子，完成浪漫典雅的作品。

設計・製作／熊谷和子（うさぎのしっぽ）
21.5×13.5cm　作法P.11

內側附有許多口袋，
右側的卡片夾本身也是一個口袋。

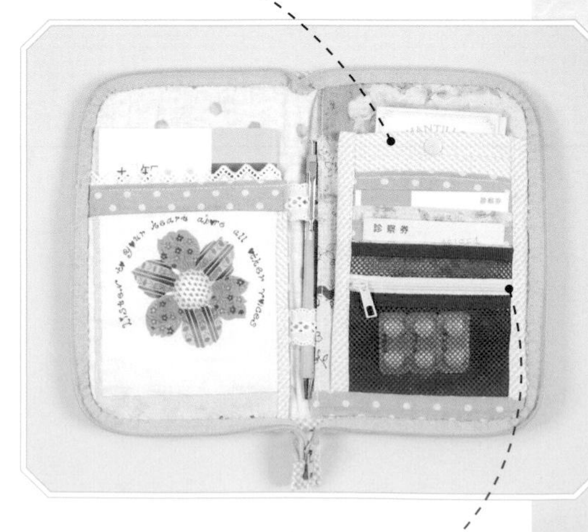

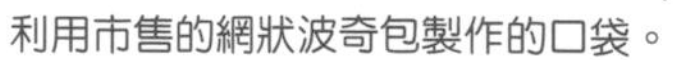

利用市售的網狀波奇包製作的口袋。

## 迷你壁飾

◆**材料**

各式拼接用布片　I用布40×30㎝　鋪棉、胚布各40×40㎝
8號段染繡線適量

◆**作法順序**

拼接布片A至F'，製作36片籃子的表布圖案→與布片G至J接縫後，製作表布→依照圖示進行縫製，進行刺繡。

**※原寸紙型&刺繡圖案紙型A面⑩**

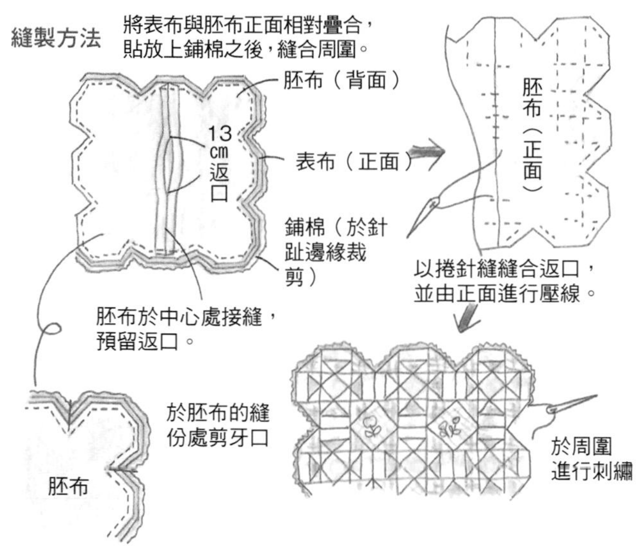


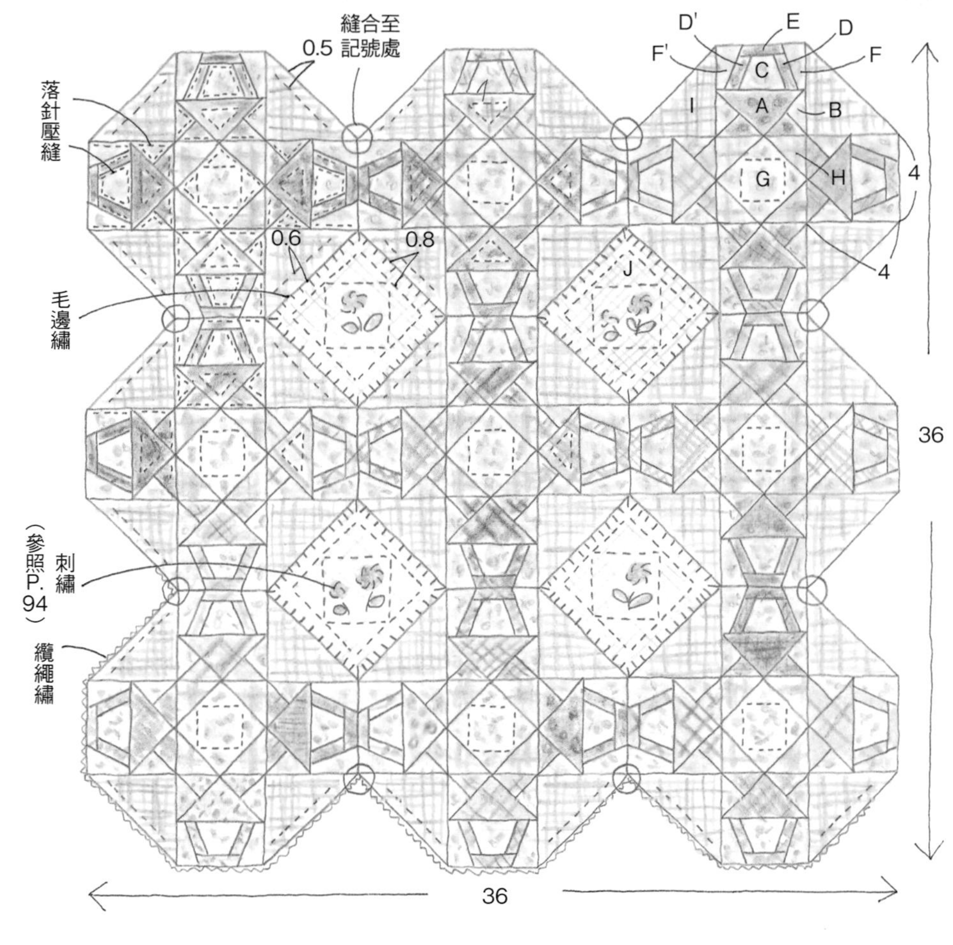


## 書套

◆**材料**

各式拼接用布片、貼布縫用布片　F至J用布40×25㎝　鋪棉、胚布、台布、口袋用布各30×25㎝　記錄本口袋用布㋐30×20㎝、㋑2種各20×15㎝　各式卡片夾口袋用布　滾邊用寬3.5㎝斜布條110㎝　接著襯40×25㎝　寬1.8㎝蕾絲15㎝　筆插用寬2㎝蕾絲10㎝　市售的網狀波奇包1個　直徑1㎝按釦1組　長47㎝拉鍊1條　寬1㎝花朵圖案蕾絲7片　寬0.7㎝鈕釦2顆　小圓珠適量

◆**作法順序**

進行拼接後，製作外側的表布→疊上鋪棉與胚布之後，進行壓線，接縫珠子等→製作各個口袋→依照圖示進行縫製。

**※原寸紙型紙型A面⑤（布片A至D）⑬（布片E至I'）**

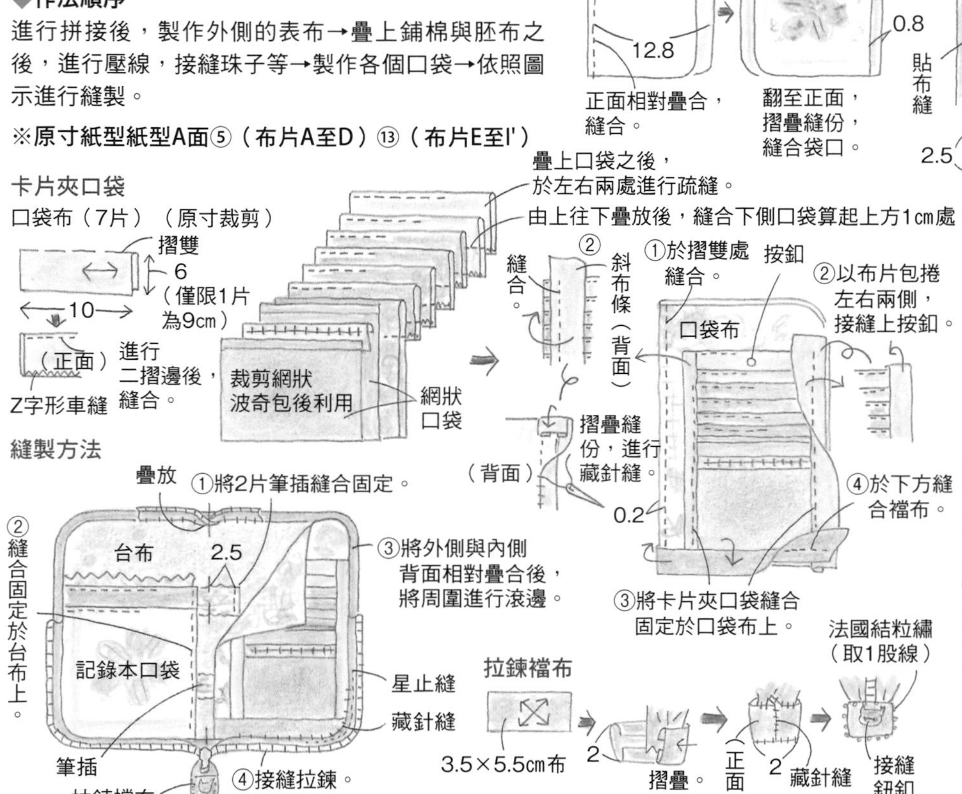


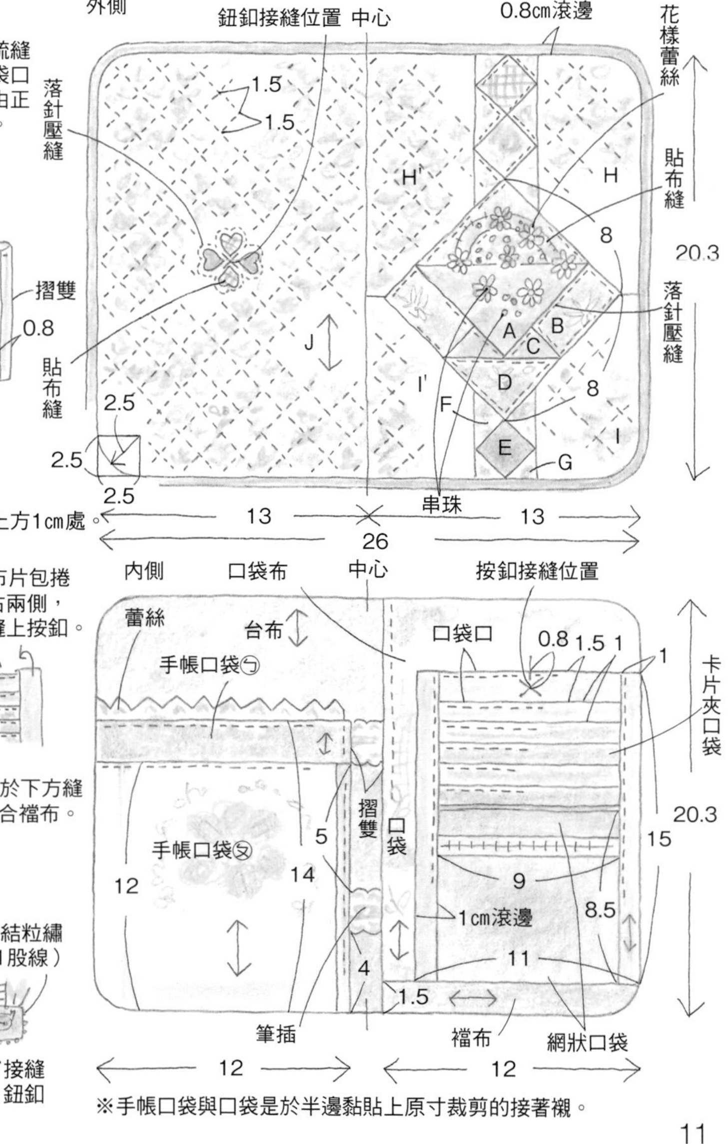


※手帳口袋與口袋是於半邊黏貼上原寸裁剪的接著襯。

匯集僅使用花朵圖案的籃子後，想要製作給女孩使用的床罩。由於表布圖案較大，因此更能凸顯出大型的花朵圖案。

設計／秋田順子　製作／仲里悦子
200×160㎝　作法P.90

12

## 以4個籃子組成的郵票提籃

各種深淺不一及花樣迥異的粉紅色籃子，顯得格外可愛。將畫有粉紅色玫瑰的水藍色格紋布作成飾邊，進而組合而成。

設計／大野浩子
製作／丹野美
116×94㎝　作法P.90

使用宛如被運用在舊型拼布上似的印花布，作成復古拼布風配色的抱枕。以古老圖案的「飛鵝」來圍繞籃子。

設計・製作／後藤洋子
45×45㎝　作法P.91

**布料提供／株式會社KEI FABRIC**

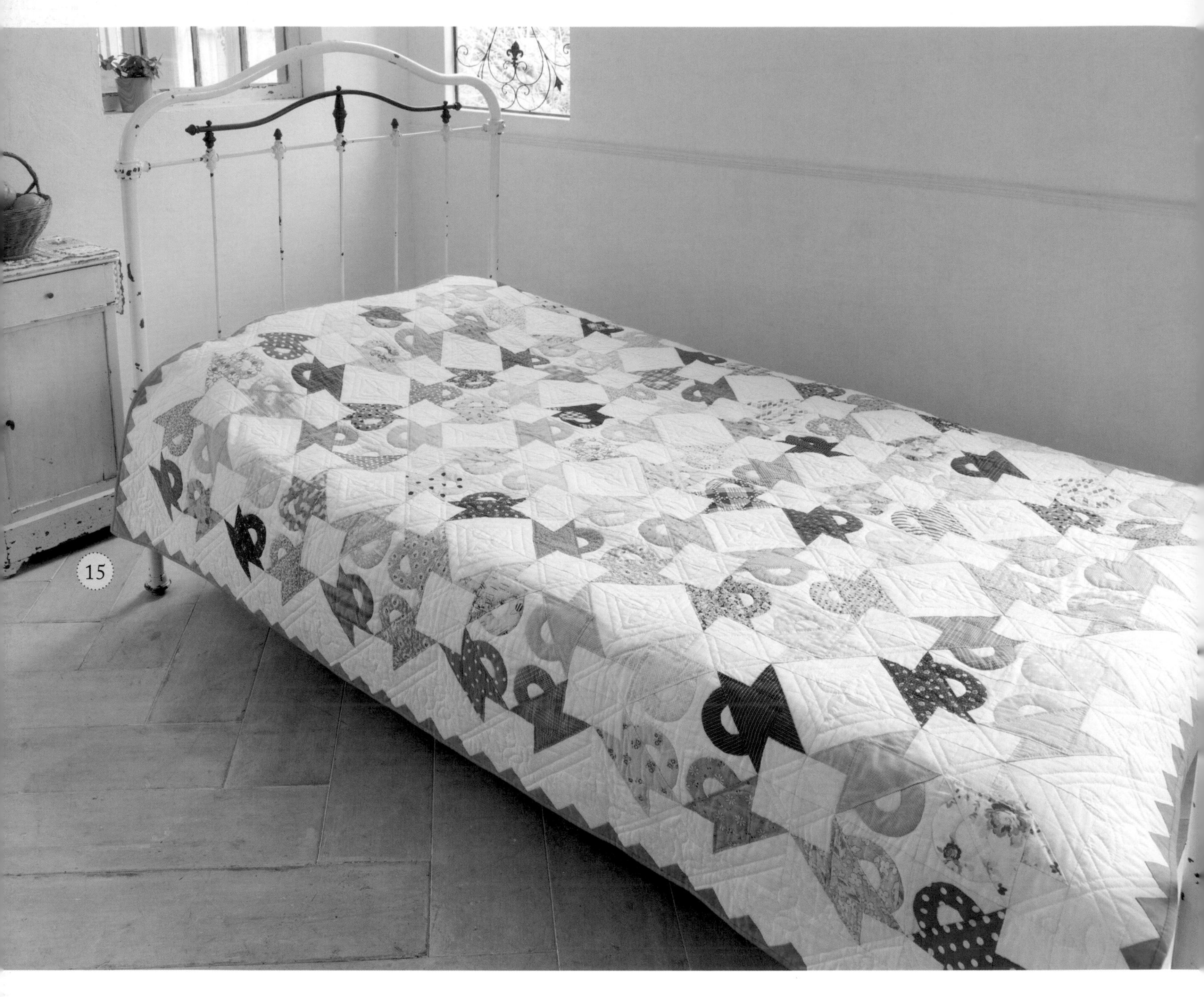

宛如水彩的調色盤一般，繽紛多彩的床罩。將飾邊的三角布片簡化成單色素布，更能精鍊地加以統整。只要將提把加粗，籃子的形狀就會更為明顯。

設計／森泉明美　製作／八木和子
199×169㎝　作法P.91

以1種布製作三角布片的籃子。使用大花樣布製作，可隨著花樣呈現有趣的表情。

設計·製作／滝沢美子
（指導／矢沢順子）
111.5×89.5㎝　作法P.95

## 各種不同設計的籃子

將小籃子橫向排列，也別有一番可愛風味。較小的作品是鉛筆盒，較大的作品則是接上提把後，作成了迷你手袋。

設計／岩崎美由紀
製作／No.18 佐藤弘子　10×24㎝
No.19 竹田好栄　12.5×30㎝　作法P.95

三角布片排列於籃子上部，被稱為「花籃」的圖案。
僅使用先染布製作的波奇包。

設計／馬場茂子　製作／小関洋子
16×18㎝　作法P.89

猶如從上方懸掛著花盆似的「吊籃」圖案，若將圖案斜向排列，即可看到許多籃子連接在一起。可作為壁飾，或是充當罩布使用的迷你拼布。

設計・製作／村部妙子
38.5×36㎝　作法P.96

於「六角形小木屋」製作的籃子圖案上，進行花朵的刺繡，縫製成花籃。於飾邊上進行花朵的貼布縫之後，進而統整收束。

設計／加藤礼子
製作／藤原文子
102×114㎝　作法P.97

將以仙人掌為概念的「仙人掌花籃」大量地使用了大花樣的水果圖案，製作成充滿歡樂氣息的拼布。以紫色及黃綠色的素布，俐落地統整收束。

設計／岡野栄子　製作／加藤たい子　144×124㎝
作法P.96

「仙人掌花籃」有著各種不同的設計，可以菱形或三角形表現出鋸齒狀的仙人掌。

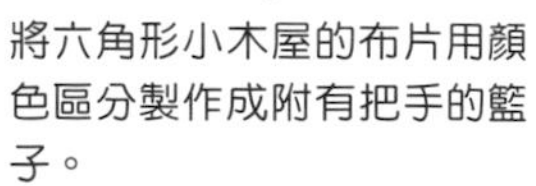

將六角形小木屋的布片用顏色區分製作成附有把手的籃子。

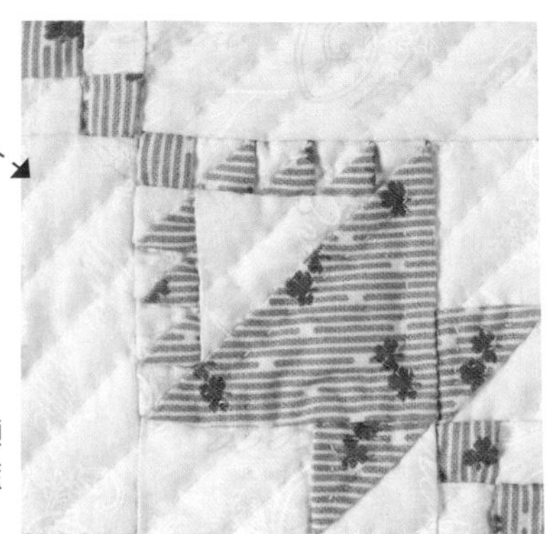

「吊籃」則是以小型的正方形布片表現鍊條或繩索。

將加入一層三角布片的籃子，製作成3種尺寸的口袋之後，接縫於圍裙上，並將花朵的貼布縫作為特色重點。隔熱手套上添加了有著大量三角布片的「花籃」圖案。薄荷巧克力色的印花布則是走大人風路線。

設計・製作／尾崎洋子
圍裙 長50cm　隔熱手套 24.5×18cm　作法P.19

布料提供／株式会社moda Japan

## 圍裙＆隔熱手套

**◆材料**

**圍裙**　各式拼接用布片、貼布縫用布片　表布圖案的土台布55×30cm（包含口袋裡布部分）本體用布100×45cm　下襬布100×40cm（包含腰帶、綁帶部分）

**隔熱手套**（1組的用量）　各式拼接用布片、貼布縫用布片　D至F用布80×45cm（包含後片、吊耳、滾邊部分）　鋪棉、胚布、裡布各100×30cm

**◆作法順序**

**圍裙**　拼接布片A至E，進行貼布縫之後，製作口袋的表布，將裡布正面相對疊合，依照圖示製作→製作綁帶→將口袋縫合固定於本體上，依照圖示進行縫製。

**隔熱手套**　拼接布片A至C，製作表布圖案（縫合順序請參照P.23），與布片D至F接縫之後，製作前片的表布→疊放上鋪棉與胚布之後，進行壓線→後片亦以相同方式進行壓線→製作吊耳與裡布→依照圖示進行縫製。

※原寸紙型A面⑪

圍裙

貼布縫　11　11　11　23　17　13　13　15　15　5　5　8　5　43　46　ㄅ　ㄆ　ㄇ　C　B　E　D　A　下襬布　3　摺雙　車縫　92

綁帶（2條）　8　55

腰帶布　8　64

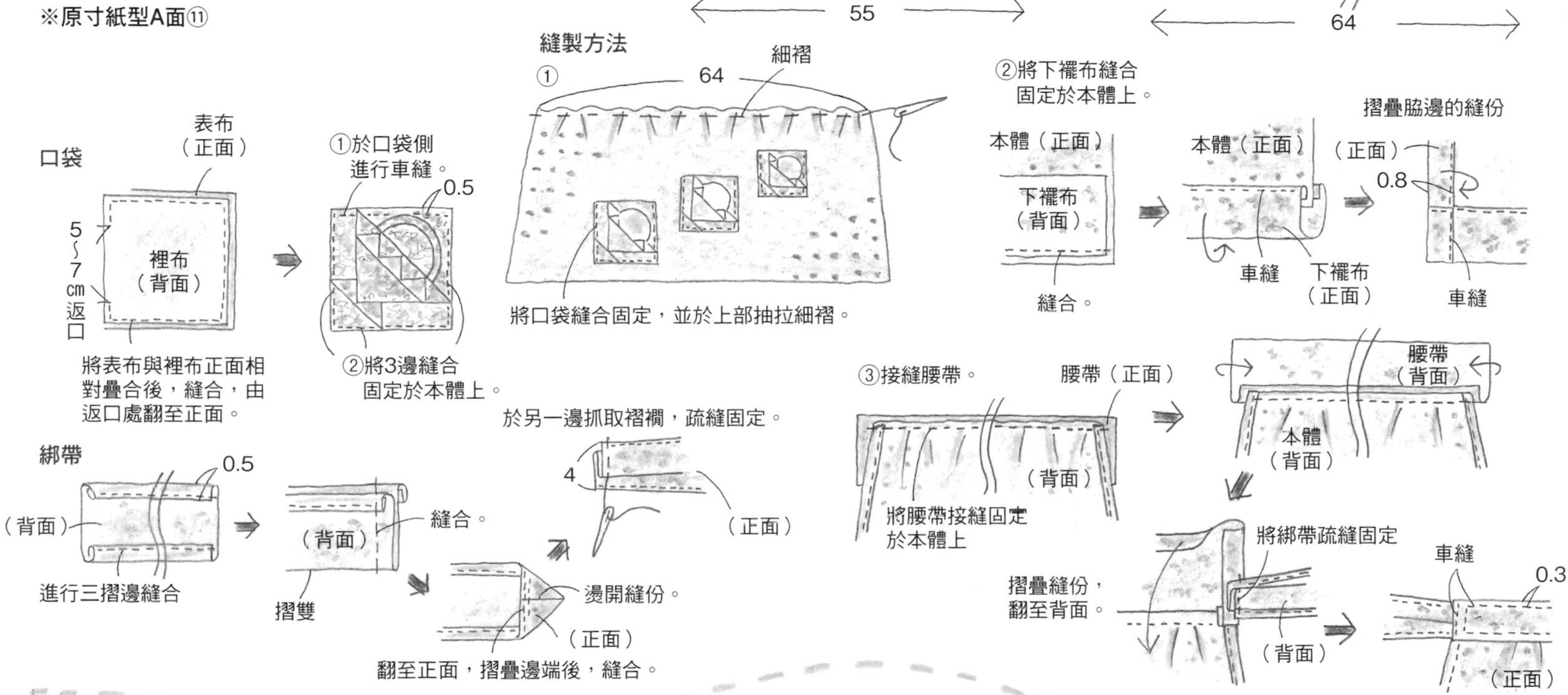


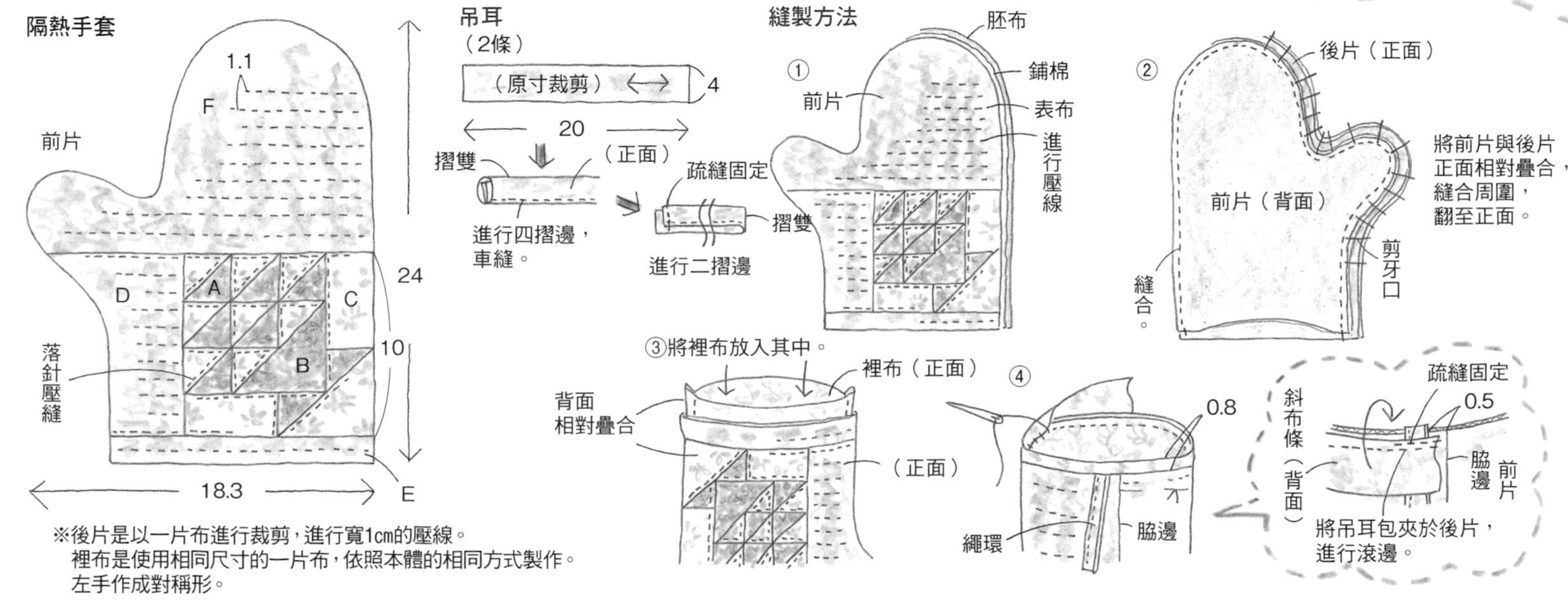


※後片是以一片布進行裁剪，進行寬1cm的壓線。
裡布是使用相同尺寸的一片布，依照本體的相同方式製作。
左手作成對稱形。

將三角布片的籃子把手作成提把的午餐袋，於角落處添加了籃子圖案的餐巾布。手提袋的本體則使用被稱為麻袋布料的黃麻，並以紅色線進行刺繡。

設計・製作／いいむらえつこ
午餐袋 21×24㎝　餐巾 50×50㎝
作法P.93

餐巾布是於角落圖案的背面接縫了固定環，方便打結時穿入固定環內。

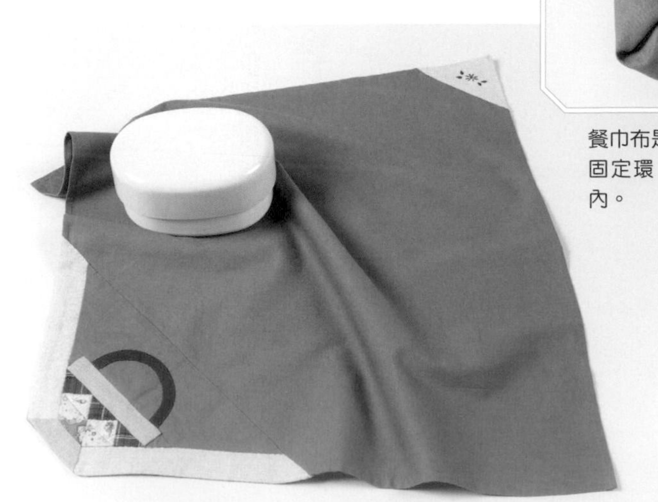

手提袋接縫了塑料塗層的裡布，並縫上了束口袋型的口布。

將邊長5㎝正方形的小籃子緊湊地收束於相框裡。可將圖案的形狀或裝飾全部改變，或是以凱爾特民族（Celtic）風格的貼布縫圍繞周邊，成為雅緻高尚的設計。

設計・製作／河原洋子
內徑尺寸18×18㎝　作法P.98

只要裝入相框內，擺飾於小空間裡，即可享受箇中樂趣。左側為簡單2色運用的籃子圖案。右側則是被稱為「Bea's Basket」的匠意圖案。

設計・製作／No.28 町山悅子
No.29 佐々木信子
（2件作品共同指導／中村敬子）
內徑尺寸18×18㎝　作法P.98

# 籃子圖案的縫合順序與製圖作法

從刊載作品中挑出7種籃子圖案，
並將縫合順序與製圖作法進行解說。
請將圖案製作成喜愛的尺寸。

※縫份的倒向方向是以箭頭符號作為表示。
由於是舉例說明，
因此亦可依照配色或使用布的素材加以改變。

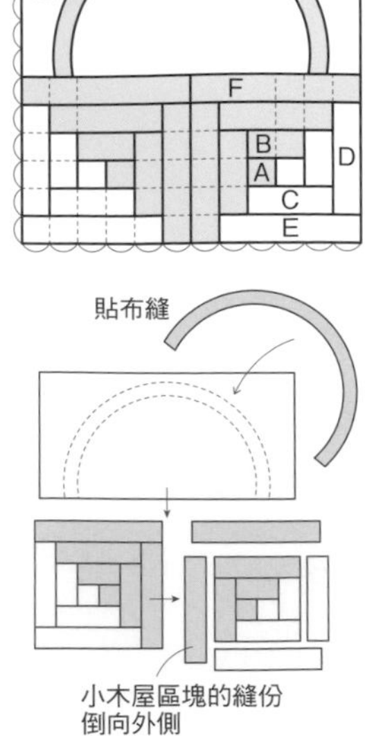


「小木屋」的籃子（P.6）

接縫2片小木屋的區塊※，再與進行貼布縫的提把 、花朵的布片G併接。
※2片區塊採左右倒置，呈現漂亮的籃子形狀。

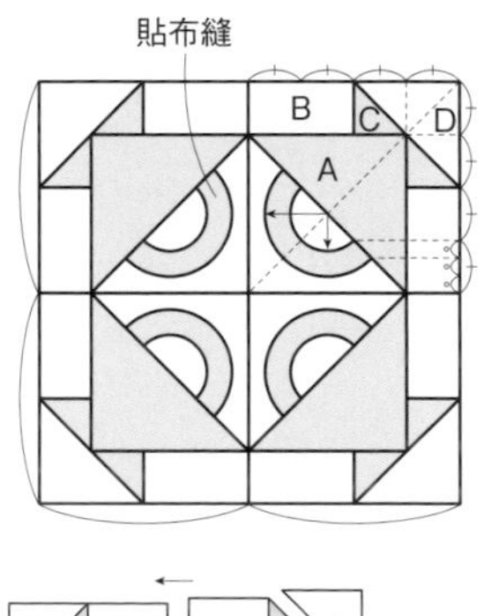


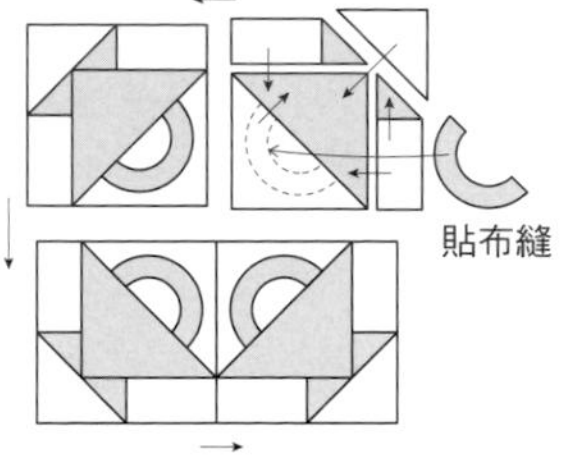


**郵票提籃**（P.13）

製作4片小籃子的區塊，將提把朝向中心處接縫。

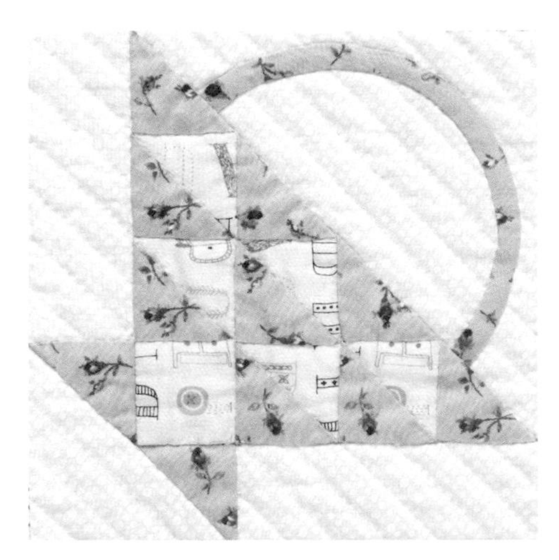

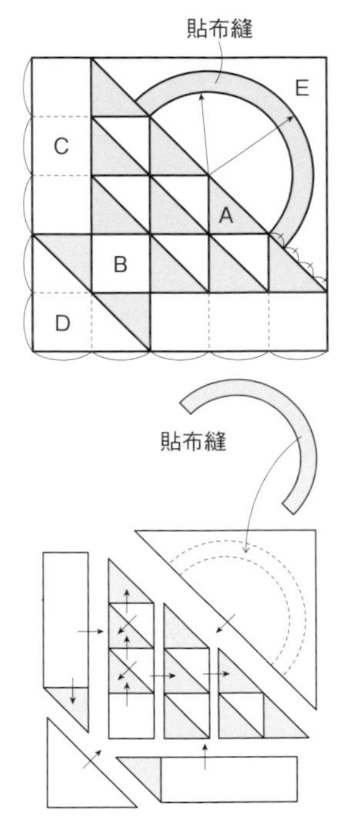


**三角布片的籃子**（P.15）

將所有已接縫布片A與B的帶狀布併接後，製作籃子部分，並接縫2片AC的區塊與布片D，進而組合。最後，再與進行貼布縫的提把布片E接縫。

## 籃子提把

### 使用斜布條的提把

細長型的提把，只要使用斜向裁剪的布片，即可漂亮地呈現圓弧線條。特別是格紋布，花紋傾斜後，可愛感提升。

1 事先於台布的正面將貼布縫位置作上記號。提把用布附加縫份後，裁剪成斜布條，事先於背面畫上縫線記號。

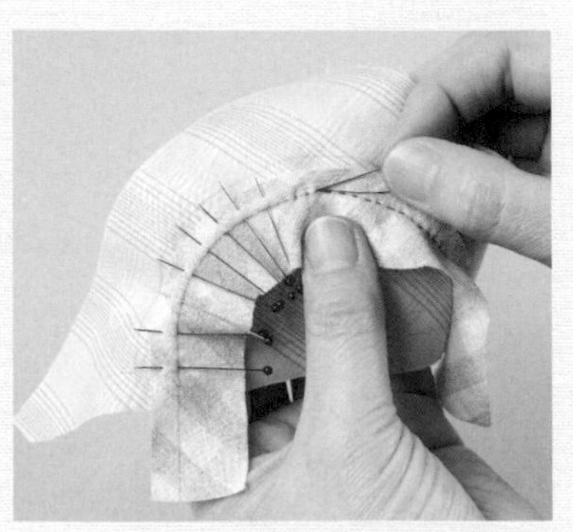

2 將提把用布正面相對置放於台布上，對齊提把內側的記號，以珠針緊密地固定。避免拉直布片固定為祕訣所在。將記號的上方進行平針縫。

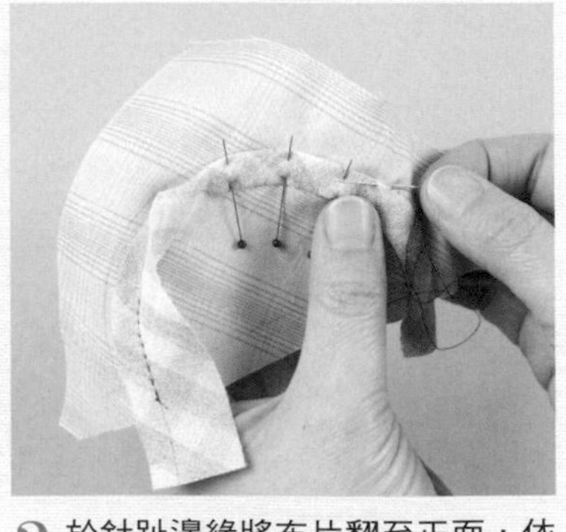

3 於針趾邊緣將布片翻至正面，依台布的記號為指標摺疊縫份，並以珠針固定，再以細針目進行藏針縫。只要使用與提把用布相同的色線進行藏針縫，針趾就不會過於醒目。

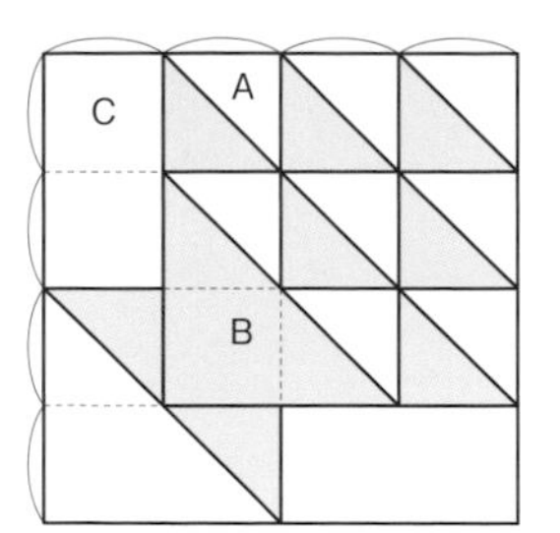


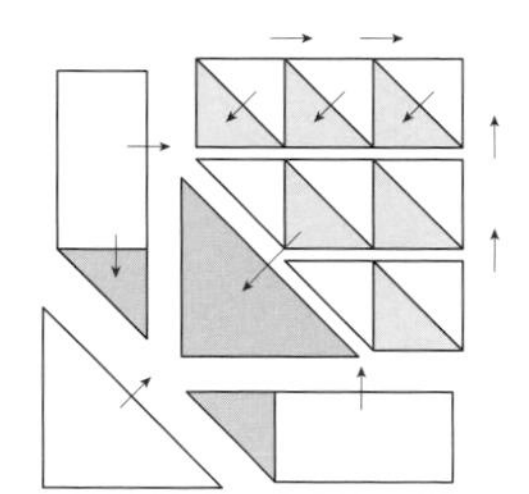

**花籃**（P.15）

無提把的籃子圖案。併接所有已接縫布片A的帶狀布，且接縫AC的區塊與布片B，進而加以組合。

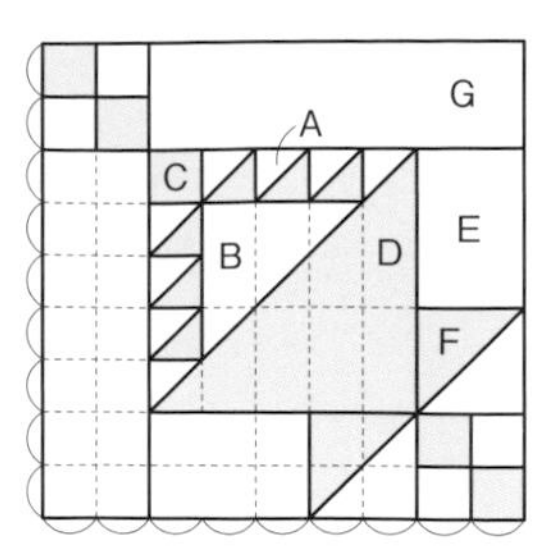


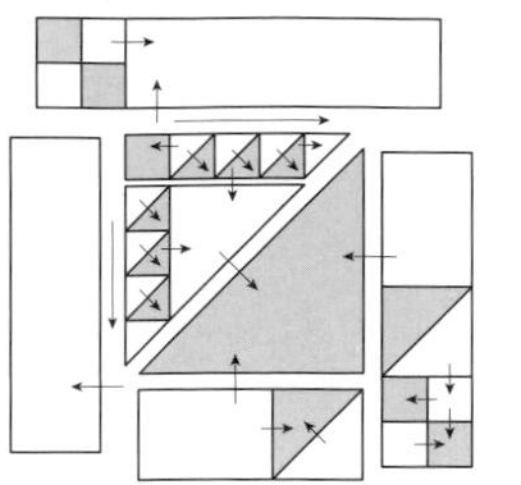

**吊籃的配置**（P.16）

將布片A與C接縫成帶狀布後，與布片B組合，並與布片D接縫後，製作籃子部分。接著，以布片C與E至G，製作外側的區塊，接縫於籃子的周圍。

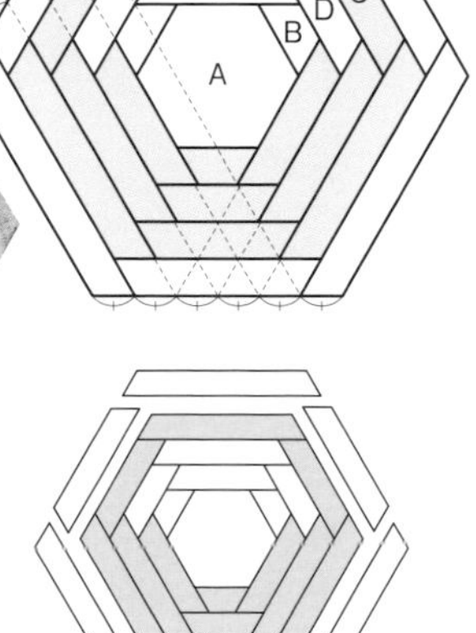


**六角形小木屋的籃子**（P.16）

於正六角形布片A的周圍，逐一接縫上細長的布片。於布片A上接縫3片布片B後，接著再接縫3片布片C……請依照此順序進行接縫。

由中心往外接縫，
縫份倒向外側。

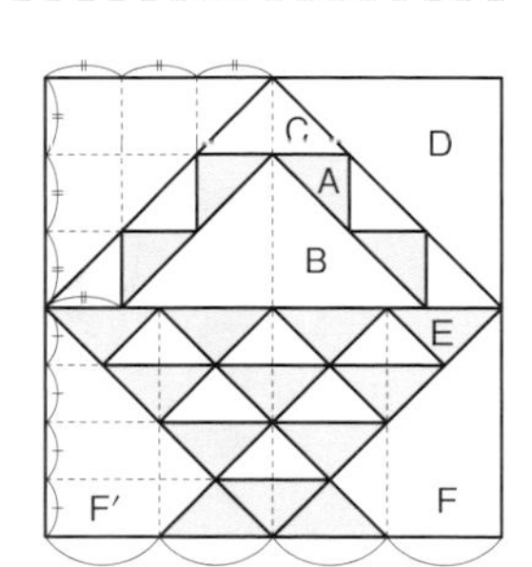


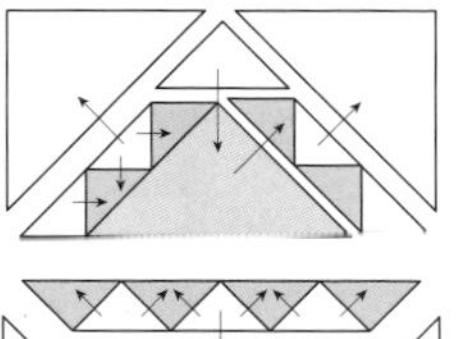

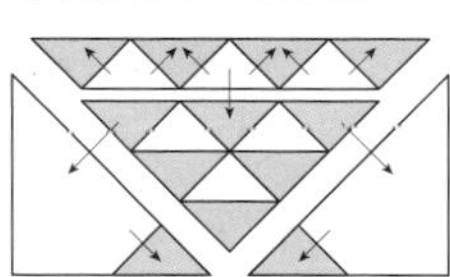

**「Bea's Basket」的配置**（P.21）

籃子部分與提把部分皆使用三角形的布片製作。將已接縫布片A的提把部分與布片B至D併接，製作上部。下部則是將布片E接縫成帶狀布後，再與EF的區塊加以組合。由於布片A與E的大小相似，因此請注意不要弄錯。

## 將布片裁剪成提把的形狀

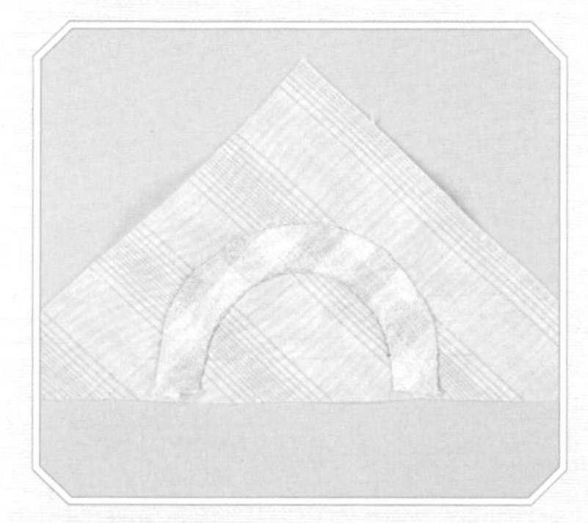

寬大型的提把若使用斜布條製作，布片容易歪斜變形。請使用依照形狀裁剪布片的方式，完成漂亮的作品。

1 將提把的紙型置放於布片的正面上，畫上記號。只要依此方向描畫紙型，成為斜布條的部分就會變多，曲線即能漂亮地呈現。預留縫份，裁剪布片。

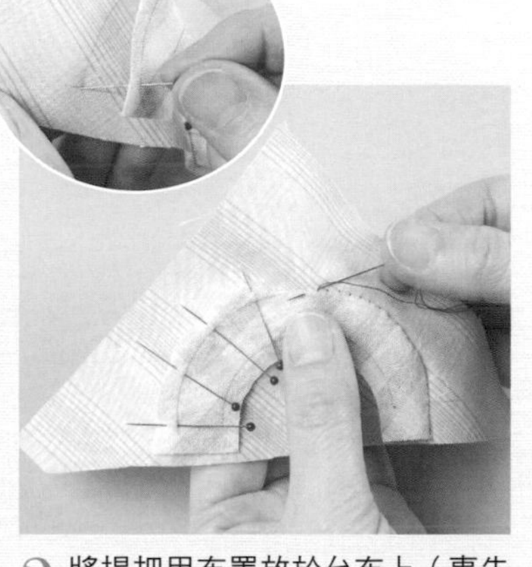

2 將提把用布置放於台布上（事先將貼布縫位置作記號），對齊記號，以珠針固定。首先由外側開始固定，再一邊以針尖將縫份摺入，一邊以細針目進行立針縫。

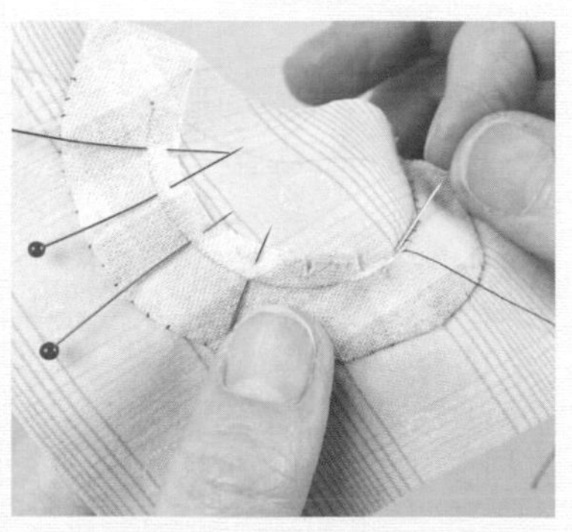

3 內側若直接縫製，會使布片歪斜變形，因此應於縫份處剪牙口。牙口剪至記號稍前側為止，一邊以針尖將縫份摺入，一邊進行藏針縫。

本書超人氣收錄日本拼布名師——斉藤謠子個人喜愛的質感風日常手作服＆布包，
秉持著「每一天都想穿」、「快速穿搭」、「舒適顯瘦」的三大設計重點，
有別於拼布作法，書中收錄的手作服及布包皆以簡易速成、實用百搭作為設計理念完成，
斉藤老師展現了有別於以往的拼布印象，
以自身喜愛的北歐風布料，製作日常愛用的服飾及隨身包，
使手作更加貼近生活，也讓熱愛布作的初學者，能夠拓展拼布風格之外的全新學習視角。

斉藤謠子の質感日常
自然風手作服&實用布包

斉藤謠子◎著
定價580元
21×26cm・96頁・彩色＋單色

讓人一眼就愛上的斉藤謠子流
質感風格日常
手作服&百搭布包

## 自由穿梭色彩

# 令人著迷創作的珠繡飾品設計

刺繡初學者OK！

★以緞面繡為主要針法，以小面積的耳環作品為主題，無需學會多種刺繡技巧，輕鬆製作正是它的魅力。

★結合珠飾・亮片・羽毛・刺繡，創造出無限種可能的組合，只要一個小小的改變，就能作出獨一無二的原創品。

★提取某一段記憶中的風景、自然的生物、想像中的情境，將濃縮的印象畫面色彩布置在每一個小小的作品圖中，就能讓配色＆構圖都擁有令人觸動的感情。

小小一個就很亮眼！迷人の珠繡飾品設計
haitmonica◎著
平裝／80頁／21×26cm
彩色＋單色／定價380元

攝影／腰塚良彥（P.24模特兒、P.31） 山本和正
插圖／三林よし子

# 贈送給重要之人的拼布禮物

在家人、朋友的生日、紀念日等特別的日子裡，送上一份手作的禮物吧！
一邊想著餽贈的對象，一邊搭配喜愛的花色……。
無論是日常小物、精心製作的床罩等，都是獨一無二的心意。

## 贈送給男性

30

送給先生的款式，僅使用先染布，製作出男性特有的時尚風格。由於袋身與下側身皆黏貼了厚型接著襯，因此不易造成變形走樣，更能靈巧地運用。希望可以廣泛地使用在旅行或是平時休閒等。（井樋口）

為了使左右兩肩皆可揹用，分別於2處接縫吊耳。

### 適合行動派的胸前包

將肩帶由肩膀繞至背後，像是斜掛於肩似的攜帶，
騎腳踏車時也非常實用。雖然是小型的尺寸，
但因為附有側身，所以收納能力不容小覷。
送給年長者可以選擇沈穩的色調，
送給年輕人不妨改用丹寧布，也有不錯的效果。

設計・製作／井樋口尚美　27×16cm　作法P.99

## 尺寸稍大的
## 波奇包&手機套

能夠當成袋中袋使用的波奇包，
是可收納長夾或袖珍本的尺寸。
手機套裡亦可放入煙盒。

設計・製作／加藤まさ子
波奇包 16.5×21㎝　手機套 18.5×13.5㎝
作法P.101
**針織標籤提供／NEO JAPAN**

## 夫婦同款的眼鏡盒

運用同色系的布片營造出深淺及
花樣的差異，更顯流行時尚。
以喜歡的顏色為平日使用的小物
製作收納的外盒吧！

設計・製作／堀川澄江
8.5×18㎝　作法P.102

# 運用小孩喜歡的印花布

## 企鵝圖案肩背包

在「Mix T」的圖案上布滿著許多大大小小的企鵝。
基底布使用藍色的直條紋花樣，
作成男孩風格的配色。

設計・製作／飯田文野　32×26cm

兒子從小就很喜歡企鵝，所以收集企鵝圖案的印花布就成了我的興趣。雖然之前曾幫他製作過圍裙、抱枕等物，但就在兒子快接近高中畢業的某天，遞給了我一張畫有肩背包圖案的小紙張，說了句「幫我作像這樣的東西吧！」。當時便想要活用之前收集的企鵝印花布而著手設計，並進行男孩風格的配色，一邊作為接縫包繩滾邊的練習，一邊縫製而成的，就是這個肩背包。兒子雖說「好像有點花俏！」，卻還是很開心，他能夠喜歡真是太棒了！（飯田）

## 肩背包

**●材料**

各式拼接用布片　直條紋布70×40cm　肩帶・吊耳用布10×170cm　裡袋用布95×65cm（包含包繩滾邊、磁釦襠布部分）　鋪棉95×45cm　薄型鋪棉90×10cm　直徑0.2cm細圓繩190cm　內徑尺寸4cm口形環2個・日形環1個　直徑1.8cm磁釦1組

**●作法順序**

拼接布片A至D，製作2片表布圖案（參照P.80）→接縫布片I至K，並與表布圖案接縫上布片E至H後，製作2片袋身的表布→疊放上鋪棉之後，進行壓線→側身亦以相同方式進行壓線→依照圖示進行縫製。

**※布片A至D、I至K的原寸紙型A面⑥**

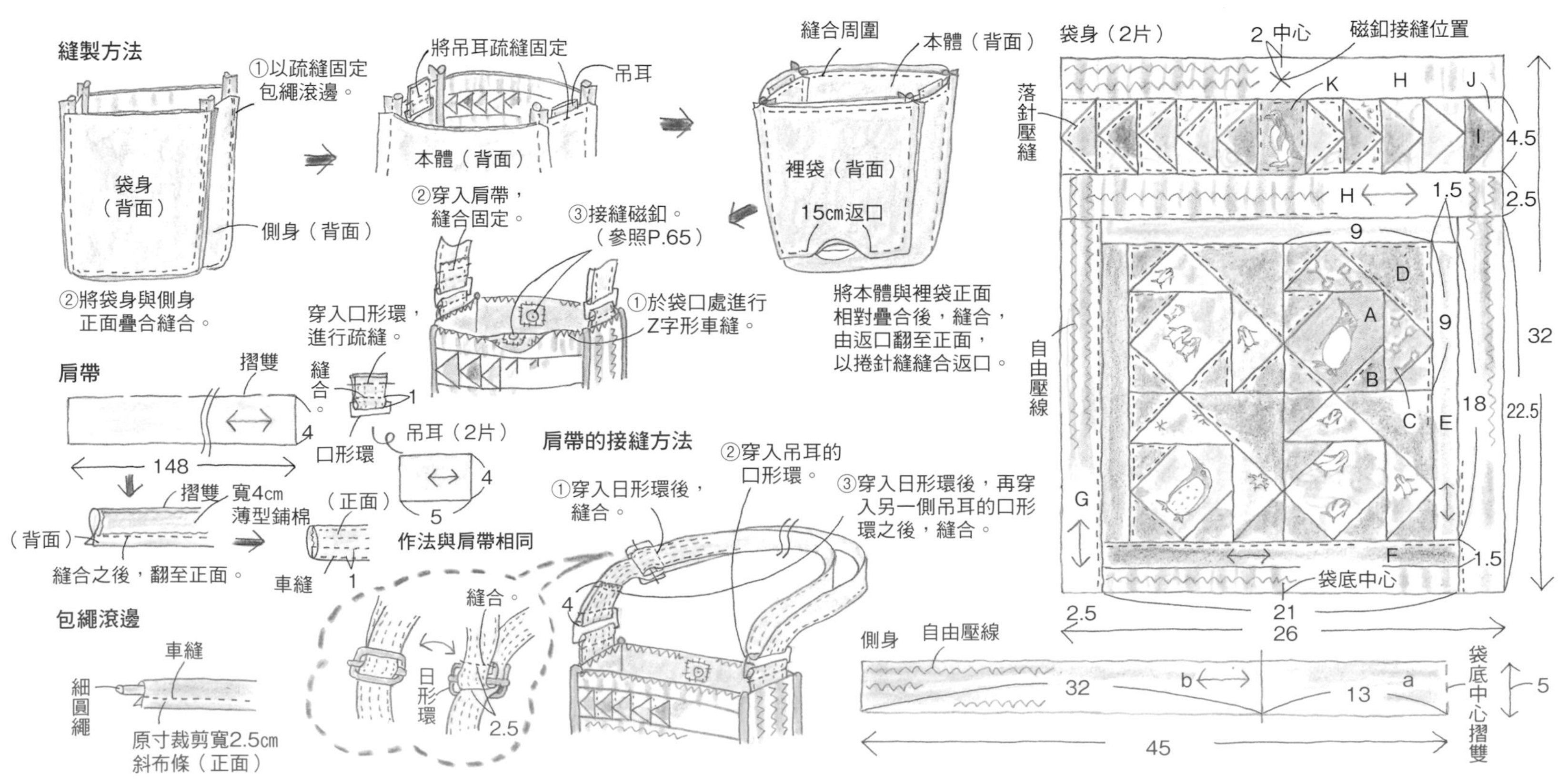

## 運用印花布製作充滿歡樂感的學習袋

男孩使用恐龍印花布，女孩則使用粉彩色的飛馬或心形圖案的印花布。利用具體的拼布圖案作成充滿童趣的設計。

設計・製作／水木里子　30×40㎝　作法P.107

布料提供　恐龍圖案／sarara JAPAN
飛馬圖案與格紋的心形圖案／
COSMO TEXTILE株式会社

後片上接縫了與前片同款的口袋。

## 專為女孩製作的床罩

利用各種花色的印花布將「雙重Z」圖案進行配色的繽紛床罩。
花朵圖案、水玉點點、格紋花樣、角色圖案等，光是在視覺上就充滿了歡樂氣息。

設計／西山幸子　製作／遠藤静江
211×187㎝　作法P.110

為了作給小學2年級的孫女，因此全面使用可愛的印花布，並將先前珍藏的復古印花布與鮮豔活潑的色彩作一混搭。將圖案間格狀長條與外框飾邊製成美國棉的粉紅色，進行可愛的統整組合。一針一針縫製的時間都成為了非常快樂的片刻。（遠藤）

37

## 慶賀誕生的寶寶拼布

作品是以粉紅色花樣布×白色布的「醉漢之路」圖案，及運用動物圖案印花布的「八角形」圖案製成。嬰兒拼布建議以簡單的圖案製作即可。

設計・製作／酒井真由美
上 86×86cm　下 74×74cm　作法P.106

38

39

繡上出生日期與名字，成為獨一無二的禮物。

當我知道誕生的孫兒是女孩時，就一邊祈禱希望她能夠成為一個愛護花草、動物，富有同情心的孩子，一邊挑選布料著手製作。決定作得稍大一些，亦可充當成多用途罩布或是壁飾使用。（酒井）

針織標籤提供／NEO JAPAN

## 結婚賀禮

### 利用配色製作的成對抱枕

以古典花朵圖案印花布製作的醒目抱枕。
是於1片「飛翼廣場」的表布圖案周圍，
接縫上大花紋印花布的外框飾邊，
營造奢華感。

設計・製作／青塚勝江
45×45㎝　作法P.103

後側的開口處，是以表布圖案使用的布料製成的緞帶繫成蝴蝶結。比起接縫上拉鍊更為簡單，設計感也隨之提升。

布料提供／株式會社moda Japan

# 日本知名超人氣刺繡雜誌

# 【ステッチidées】繁體中文版16輯

**Stitch刺繡誌16**
**手作人の刺繡歲時記**
**童話系十字繡VS**
**質感流緞面繡**

日本VOGUE社◎授權
平裝120頁／23.3×29.7cm
彩色＋雙色＋單色／定價450元

Stitch刺繡誌繁體中文版，顛覆以往刺繡只能成為藝術品的刻板印象，收錄由人氣刺繡作家製作設計，以刺繡裝飾的居家物品、布作、室內陳設、衣物改造、收納小物等，給你更多實用刺繡作品的手作好點子！

收錄詳細彩色繡法示範及作法解說，並貼心附上基礎繡法圖示，讓想從頭學起的新手們，也能照著書中作法一起動手製作，隨書特別附錄圖案紙型，對於已有刺繡程度的進階者，也能應用於作品設計或啟發更多圖案的靈感！
只要準備「布、針、線」三大元素，刺繡就能隨身帶著作！
打造簡單的刺繡新生活，就是這麼與眾不同！

# 飽滿可愛的
# 春天布花

**不論是裝飾於屋內或作成胸花，都令人玩味無窮的布花。試著利用製作拼布的空檔製作吧！**

41

## 鬱金香

在縫成圓筒狀的布片裡，塞入棉花後製成的鬱金香，圓滾滾的造型顯得十分可愛。將花朵與葉子裝飾於藤條花圈上，並疊放上寬版的玻璃紗與蕾絲緞帶，繫成蝴蝶結。

鬱金香的設計／松山敦子
花圈的設計・製作／加藤洋子　寬約35cm

### 鬱金香的花朵……指導／松山敦子

❶

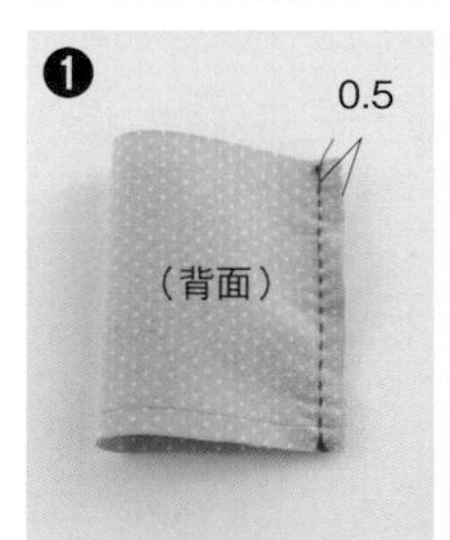


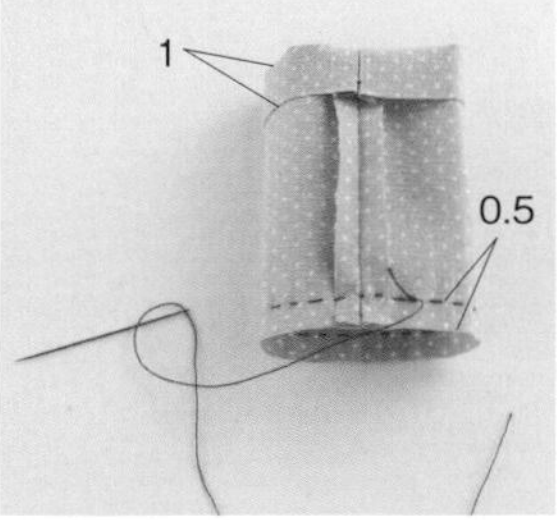


製作花朵。將原寸裁剪7×11cm的布片正面相對對摺，縫合邊端。燙開縫份，摺疊上部，將下部縫合一圈。直接留著縫線不剪斷。

❷

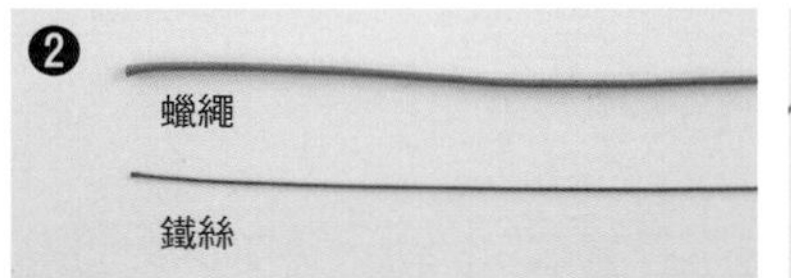


花莖用材料，準備10至15cm的蠟繩，及相同長度的鐵絲。將鐵絲穿入蠟繩之中，並將鐵絲前端露出大約1cm左右，再加以摺彎。

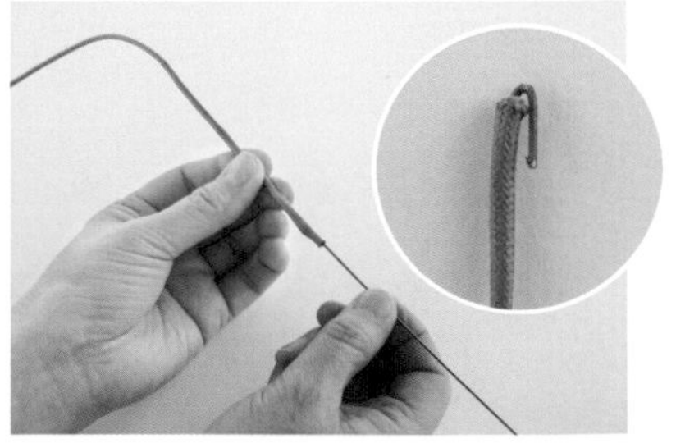

❸

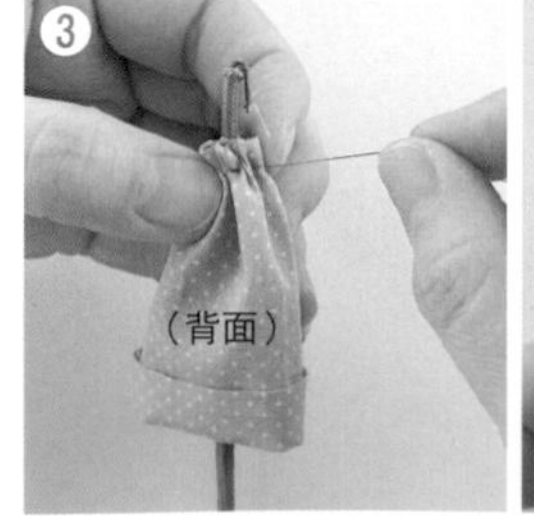


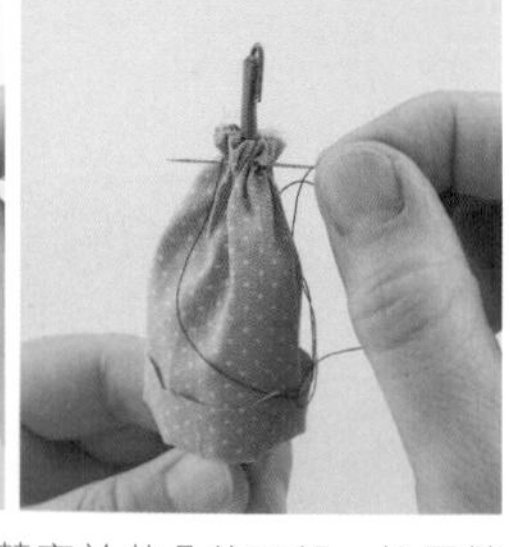

將前端已摺彎的那一側花莖穿於花朵的下部，拉緊縫線，再將縫針穿入蠟繩中，縫合固定，作止縫結。

❹

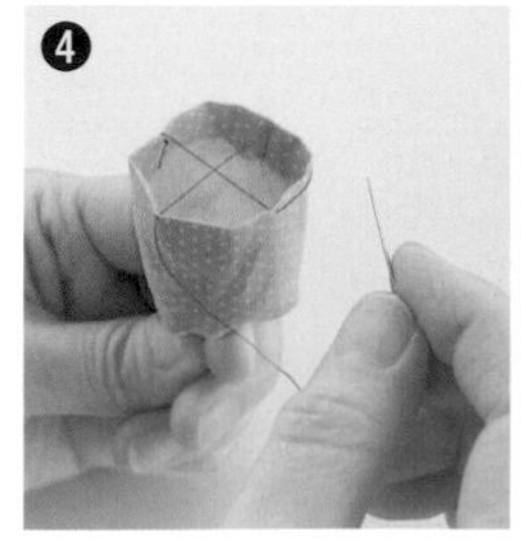

將花朵翻至正面，塞入棉花。以縫線挑縫上部4等分的位置，並拉緊收口。

❺

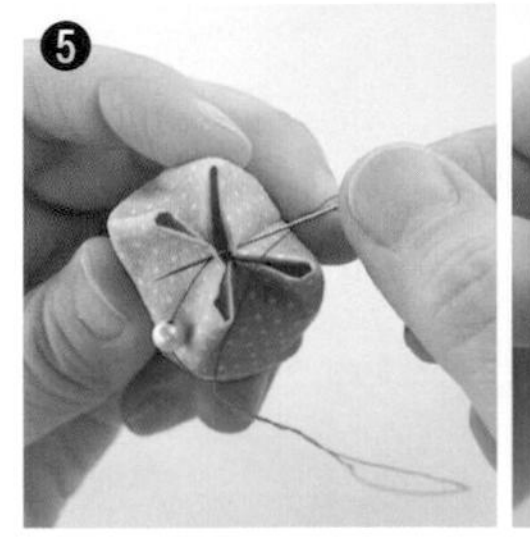

穿入珠子，予以挑縫。2次穿線後，牢牢縫合固定。

## 作品No.42花圈

●材料

各式花朵用拼接布片　纏繞在花圈上的布條用布50×50cm　直徑25cm藤條花圈1個　直徑0.2cm細圓繩50cm　手藝填充棉花適量

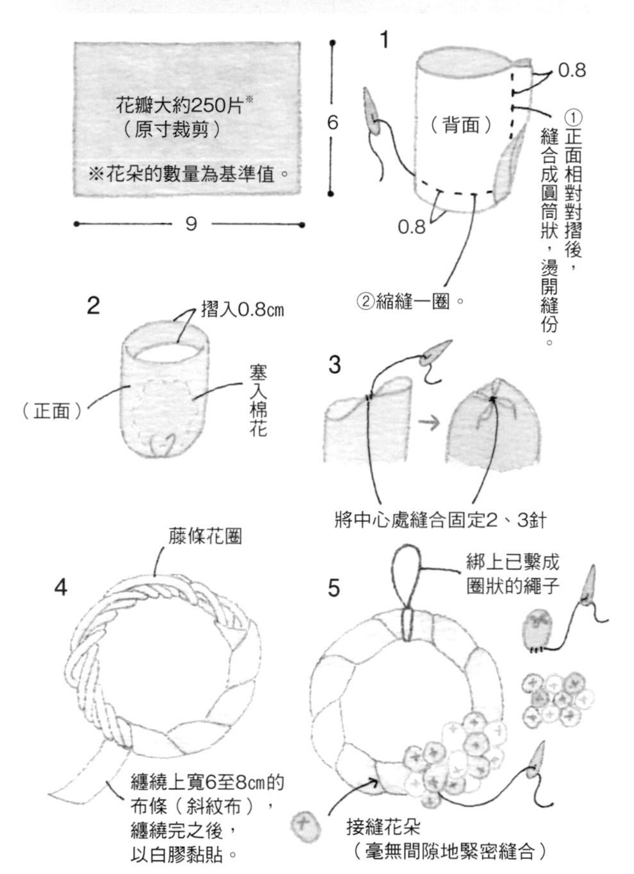

此作品是僅縫上花朵的花圈。將飽滿蓬鬆的花朵毫無間隙地緊密接縫，縫出分量感。以淡淡的粉紅色為中心，在於各處摻雜紫色或綠色等色彩，形成輕盈的色調。

設計・製作／並木啓子　寬約28cm

## 作品No.41花圈

●材料

各式花朵與葉子用拼接布片　直徑0.3cm綠色蠟繩480cm　直徑30cm藤條花圈1個　寬5cm玻璃紗緞帶、寬6cm蕾絲緞帶各130cm　直徑0.3cm珍珠32顆　#20長36cm花藝鐵絲24支　#26花藝鐵絲、手藝填充棉花、雙膠棉襯各適量

※葉子的原寸紙型B面㉓

**1. 製作花朵。**

製作32支

**2. 製作葉子。**

①
返口
預留返口，正面相對縫合。
（背面）
僅限此處以粗針目縫合
（正面）

②
（正面）
0.2cm車縫。
藏針縫
穿入長25cm的#20鐵絲，穿入口以白膠黏貼固定。
製作15支

**3. 將葉子與花朵固定於花圈上。**

藤條的花圈

均衡地搭配花朵與葉子，以鐵絲纏繞，進行固定。

**4. 圍上緞帶**

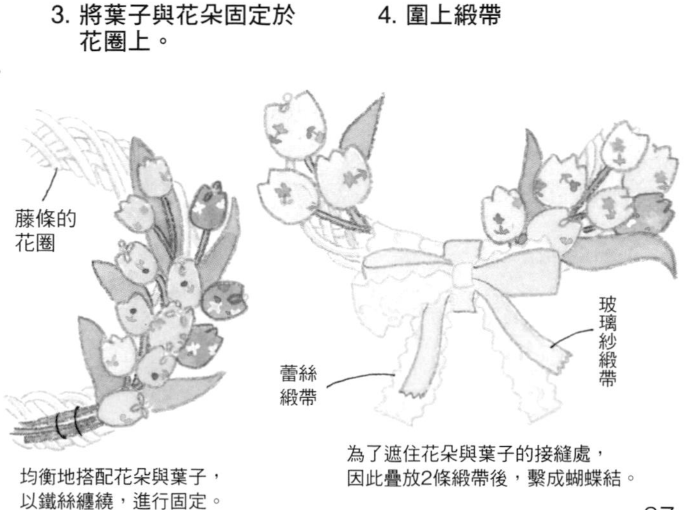


為了遮住花朵與葉子的接縫處，因此疊放2條緞帶後，繫成蝴蝶結。

# 玫瑰

以粉紅色縐綢製作的花瓣裡放入鋪棉後，作成飽滿蓬鬆的玫瑰胸花。能夠利用大中小花瓣的數量，改變胸花的尺寸。不論是繫在手袋或帽子上，或別在披肩上，都令人開心不已。

設計・製作／西川信子　左 寬9cm　右 寬7.5cm

43

胸花

●材料（各1件的用量）

各式花瓣與花蕊用拼接布片（使用1種布製作時，左為35×35cm、右為25×25cm） 鋪棉20×15cm　底布10×10cm　高2cm水滴形保麗龍球、長2.5cm胸針各1個　厚紙板適量

※若無水滴形保麗龍球，可塞入手藝填充棉花。

※花瓣的原寸紙型B面⑫。

1. 裁剪布片。

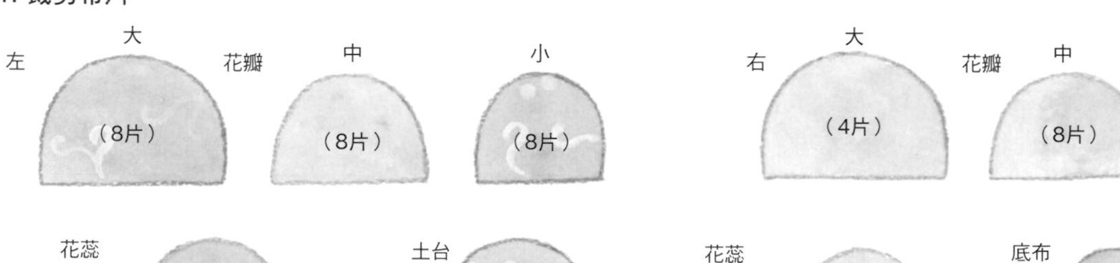


2. 縫合花瓣。

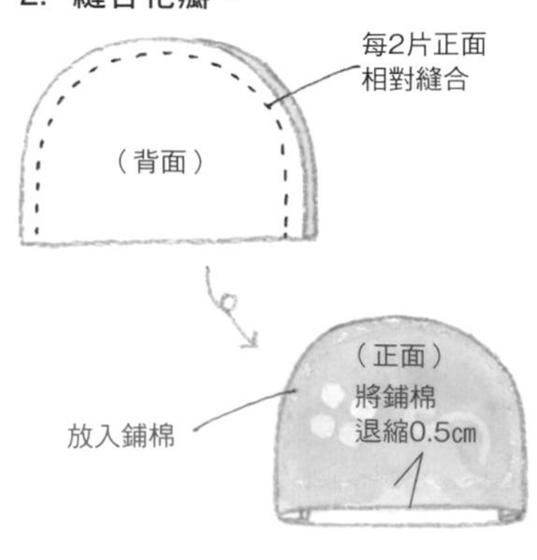


左側製作大中小各4片，右側製作大2片、中4片。

3. 製作花蕊。

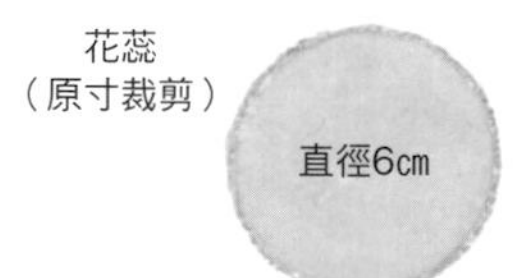


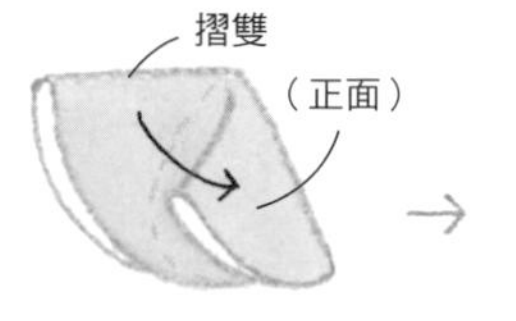

裝入保麗龍球，將下部縮縫。

4. 於花蕊上接縫花瓣。

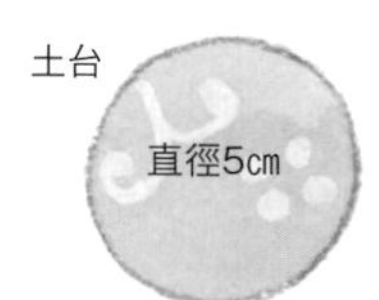

5. 縫上底布。

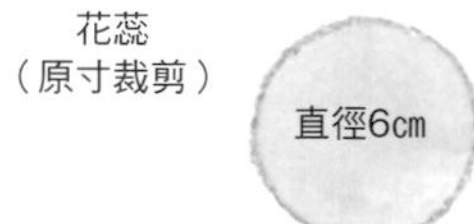
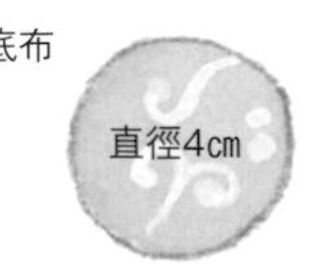


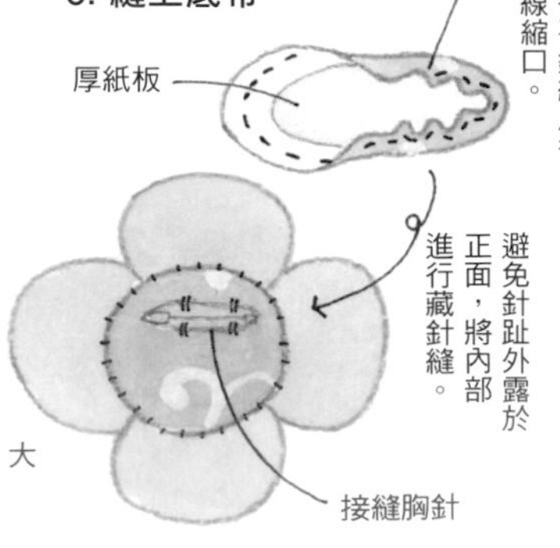

44

## 以鏤空繡製作的 野玫瑰

將一重瓣的野玫瑰裝飾於「小木屋圖案」的手提包上。將2片疊放的布片進行釦眼繡，製成花朵與葉子的形狀後，再行剪下，使其懸浮於本體上縫合固定。接縫於繫在提把上掛繩的花朵則是以刺繡填滿。

設計・製作／馬場茂子　20×35㎝
作法P.92

後片接縫口袋。

### 鏤空繡……指導／馬場茂子

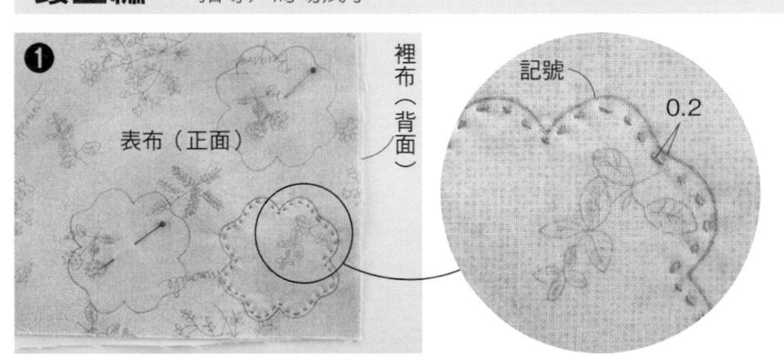


於表布的背面黏貼薄型接著襯，並將裡布背面相對疊合，畫上花朵的記號※。於記號的內側，取2股繡線進行平針繡。
※在較大的布片上描畫記號，會比較容易刺繡。

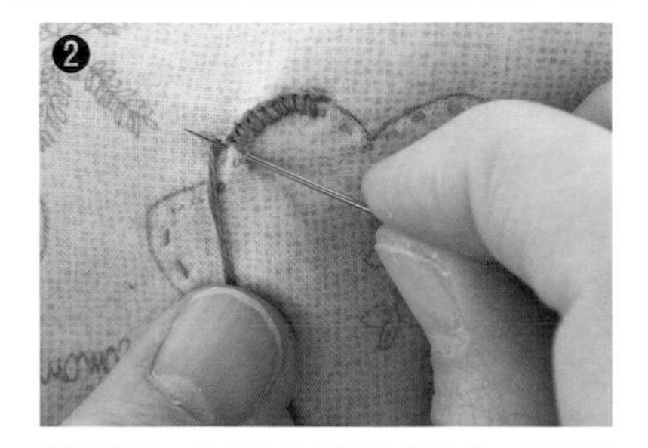


沿著記號，取3股繡線進行釦眼繡。於平針繡的外側入針後，再由記號處出針。不留間隙地緊密刺繡為關鍵所在。

待將周圍繡完之後，再將花朵的紋路進行刺繡，並縫上包釦的花蕊。

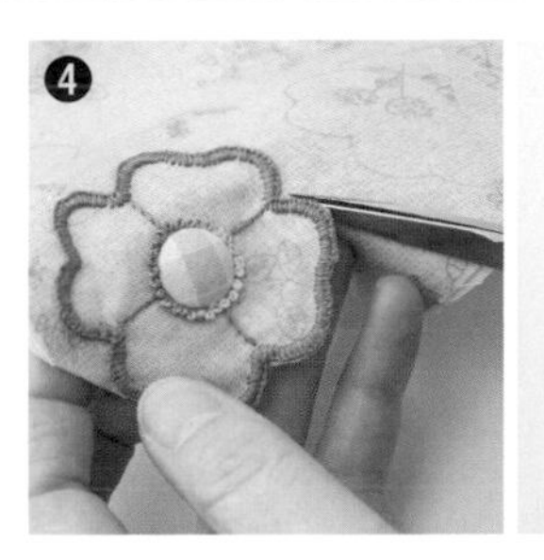

沿著釦眼繡剪下。請使用刀尖銳利的小剪刀，避免剪到繡線。

鏤空繡推薦小物！

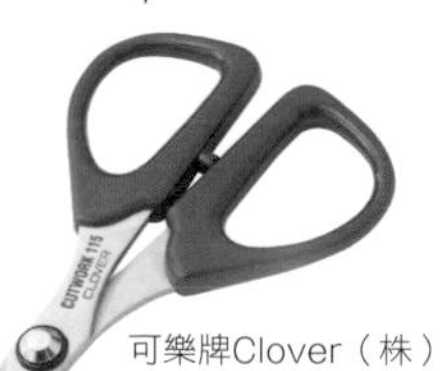

可樂牌Clover（株）

# 紫丁香

以大量抽拉細褶的花瓣製作小花群聚盛開的紫丁香。多量製作，把它們裝飾在花瓶或籃子裡吧！

設計・製作／伊藤いし
製作協力／玉井加代美

## 紫丁香的花朵……指導／伊藤いし

❶

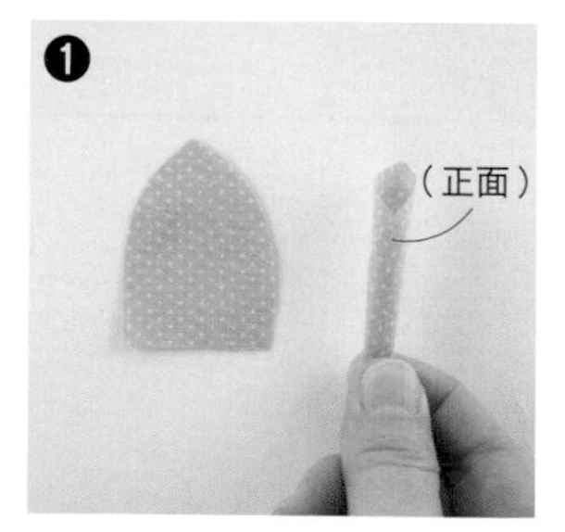


頂端的花朵是將1片花瓣密實地纏繞。

❷

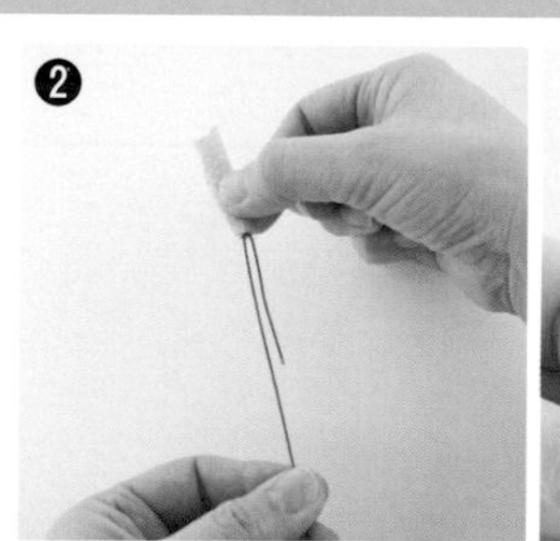

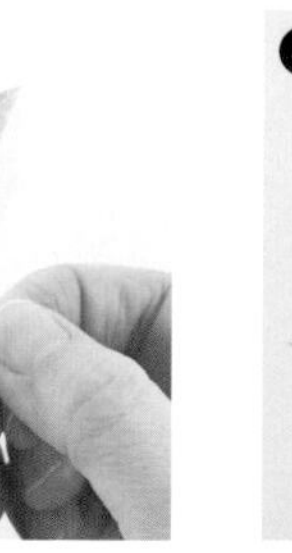

將鐵絲的前端摺彎大約3cm左右，穿入步驟1的下部大約一半之處。再以縫線縫合固定，共接縫上8片。

❸

剪牙口
0.5
預留0.7cm

第1段至第3段的花朵，則依照圖示的形狀裁剪花瓣，並將下部進行平針縫。花瓣之間剪牙口。

❹

將第1片花瓣的下方再次縫合，接縫成圈，拉緊平針縫的線之後，作止縫結。

❺

將3片步驟❹的花瓣對齊後，縫合下部。此作為1組使用。

❻

第1段組合2組步驟5，第2與3段組合3組之後，縫合下部。以下的作法請參照P.41。

## 枝垂櫻

1片1片的製作花瓣後，縫合5片，並以人造花蕊作為花心製成。只要於1支樹枝上接縫大量的花朵，就會顯得繽紛絢麗。裝飾時，請朝下懸掛。

設計／島崎嘉代子　製作／渡辺アサヨ
長約130cm　作法P.42

於花瓣的中心進行刺繡，
花心的人造花蕊則搭配粉紅色。

即將綻放的花朵是以3片花瓣製作，花苞則是將圓形布片進行平針縫，塞入棉花之後，再拉線收口。

紫丁香
**●材料（1件的用量）**
花瓣用布110×25cm　葉子用布40×15cm　長36cm
花藝鐵絲＃18（花用）1支・＃22（葉用）1支　綠色花藝膠帶、雙膠棉襯各適量
※原寸紙型B面㉒

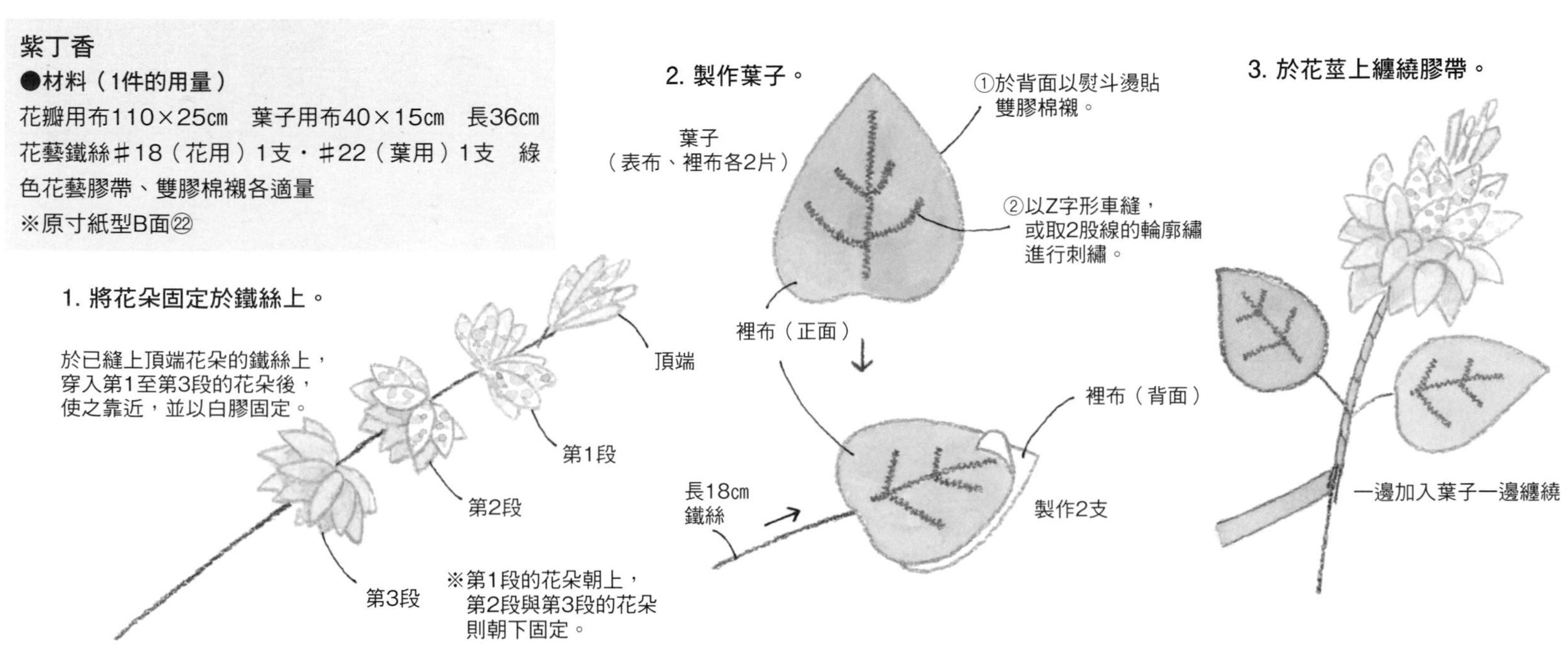

## 櫻花……指導／島崎嘉代子

### 花朵

**❶**

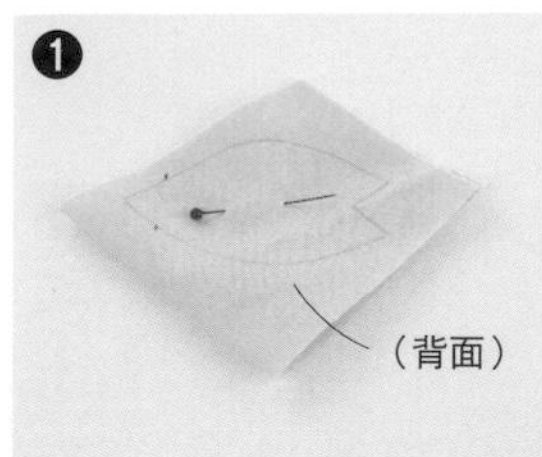


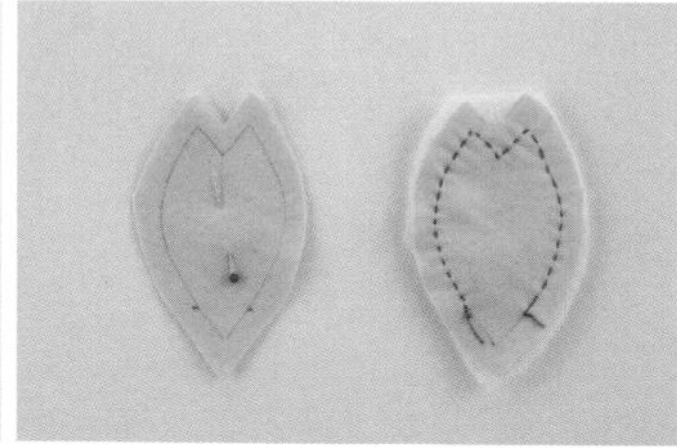

製作花瓣。於1片已粗裁的布片背面畫上記號，並將另1片正面相對疊放後，以珠針固定。縫份大約預留0.5cm左右，裁剪剩餘縫份，疊放上薄型鋪棉，預留返口，縫合。

**❷**

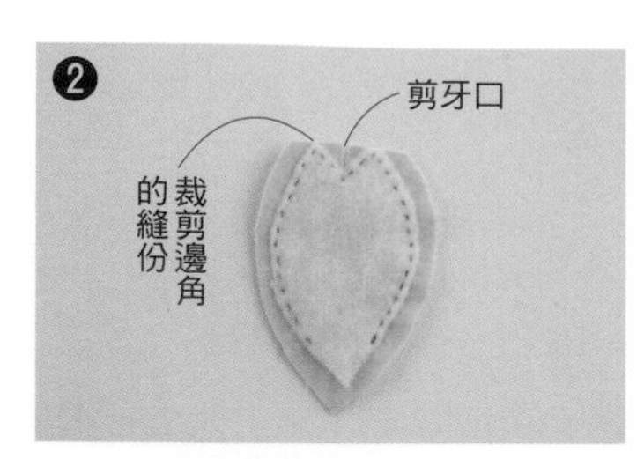


於針趾的邊緣裁剪鋪棉，並於凹入部分的弧線縫份處剪牙口。邊角的縫份則稍少一些，裁剪成直線。

**❸**

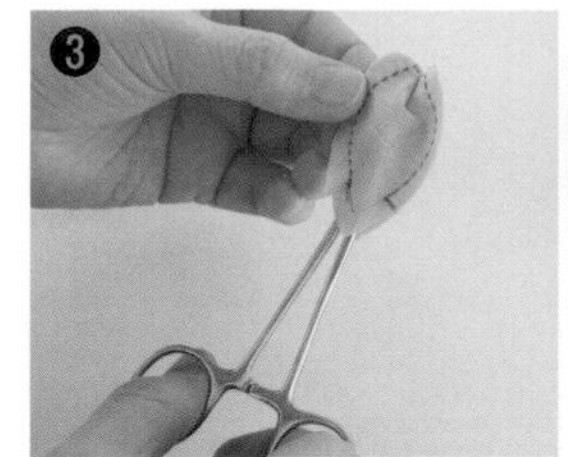

翻至背面。運用鉗子，作業上會比較簡單。由返口處插入後，再由內側夾住布片，拉出來。

**❹**

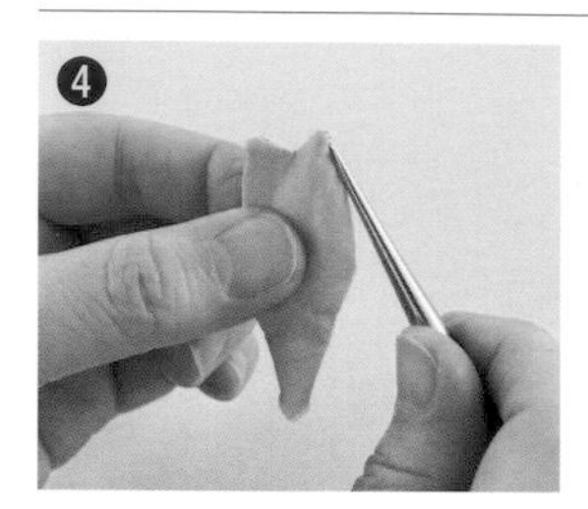

以錐子將深入邊角內的布片拉出之後，整理形狀。

**❺**

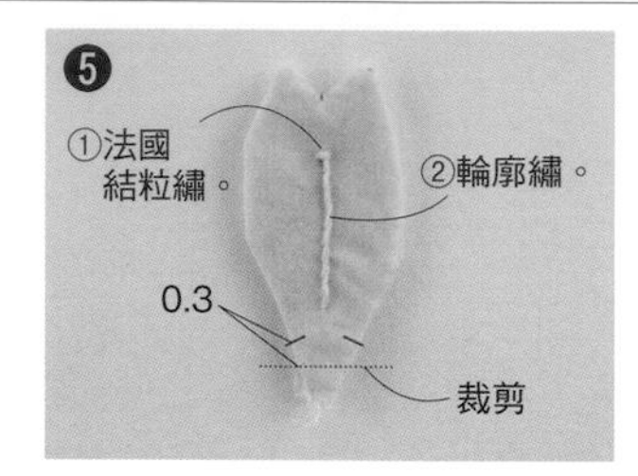


於內側的那一面上進行刺繡。挑縫至鋪棉處，以避免針趾露於外側。下部則是由返口的記號處算起大約0.3cm處的下方進行裁剪。

**❻**

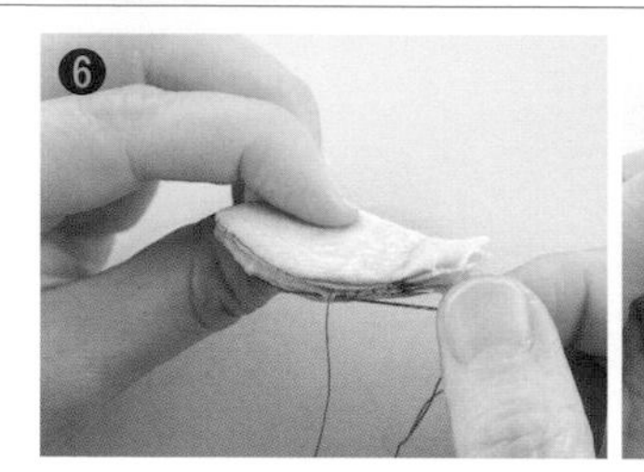

製作5片花瓣，縫合在一起。首先將內側正面相對疊合後，將所有內側的布片進行梯形縫（左圖）。接著，翻至正面，將所有外側的布片進行梯形縫（右圖）。

**❼**

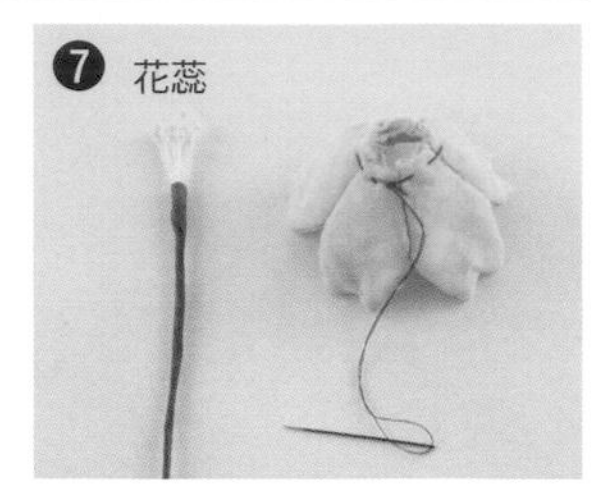


待將5片花瓣以藏針縫縫合之後，取2條線將下部進行粗縫，直接留著縫線不剪斷。請參照此頁下方，製作花蕊。

**●材料（1件的用量）**

各式花瓣、花苞、花萼用布片　薄型鋪棉50×45cm　人造花蕊145支　直徑0.3cm長72cm手藝用鐵絲3支　＃22長36cm鐵絲8支　＃26鐵絲、手藝填充棉花、布條用茶色素布、25號黃色・粉紅色繡線、綠色花藝膠帶各適量

※固定在1支樹枝上的花朵數量的基準為：15朵綻放的花朵、5朵即將綻放的花朵、3朵花苞。花朵的數量亦可依照喜好進行配置。

**❽**

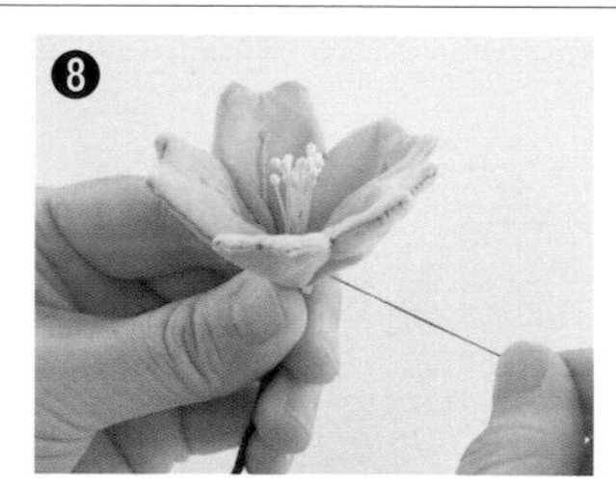

將花蕊穿入花朵中，拉緊縫線後，牢牢地作止縫結。

**❾**

尖角處盡量靠向花瓣之間

以錐子於花萼中心鑿開小洞，穿過鐵絲後，以白膠黏貼固定於花朵的下部。

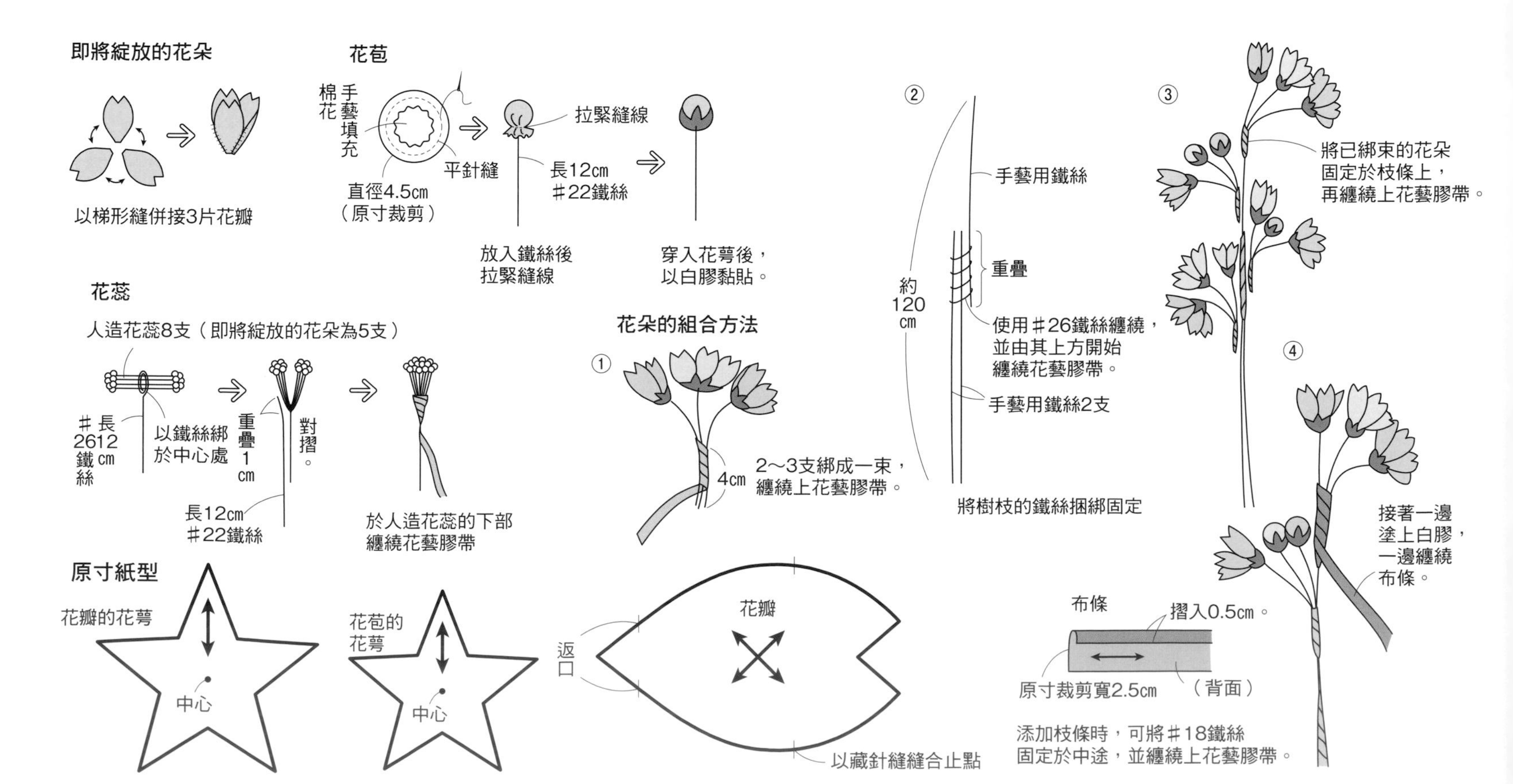

# 穿越童話夢想

## 5人作家 5種風格主題

永遠不變的浪漫情懷——羅曼蒂克風格的布娃娃

★洋溢著懷舊感的鄉村風娃娃

★最愛Raggedy Ann娃娃的風格魅力

★充滿笑容的小小女孩

★木製的漫畫繪本人物偶

自己親手作好可愛的娃娃胸針＆
吊飾・陪伴玩偶・換裝娃娃……

**超可愛娃娃布偶＆木頭偶**
**5人作家愛藏精選！**
**美式鄉村風×漫畫繪本人物×**
**童話幻想**

今井のりこ・鈴木治子・斉藤千里
田畑聖子・坪井いづよ◎合著
平裝／112頁／21×26cm
彩色＋單色／定價380元

# 打扮得漂漂亮亮的兔寶寶換裝布偶

古澤惠美子老師創作的胖嘟嘟兔寶寶拉比，穿著當季的服裝登場了！
這次則是換上了輕便的連身裙，前往摘採草莓的場景。
就連沿路發現的白花三葉草也與草莓一併以貼布縫縫於壁飾上。

攝影／山本和正
繪圖／木村倫子

將鮮紅色的草莓圖案以貼布縫縫於壁飾上，白花三葉草的花朵則是以天鵝絨繡作成了輕盈鬆軟的感覺。
設計・製作／古澤惠美子　壁飾 27.5×43.5㎝　兔寶寶 體長約33㎝
壁飾、衣服、手提袋作法P.46、P.47　兔寶寶本體作法P.100

## 運用布片輕鬆縫製 春天的外出服

領圍、袖口、裙襬處是以紅色格紋布進行裝飾邊。

蝴蝶結也是同款。

連身裙的裙襬為色彩繽紛的四方形拼接。
手提袋亦使用同款布料，縫製成「九宮格」圖案。

將立體製作的草莓果實與葉子裝飾於耳朵旁邊。

後片的開口處則是以按釦固定。

手提袋的滾邊與提把皆使用連身裙裝飾邊的相同布料，完成整體搭配的一致性。

紅色加白色點點的印花布，像極了草莓的果實。

在完全合腳的鞋子上裝飾了包釦。

紅色珠子裝飾為特色焦點。

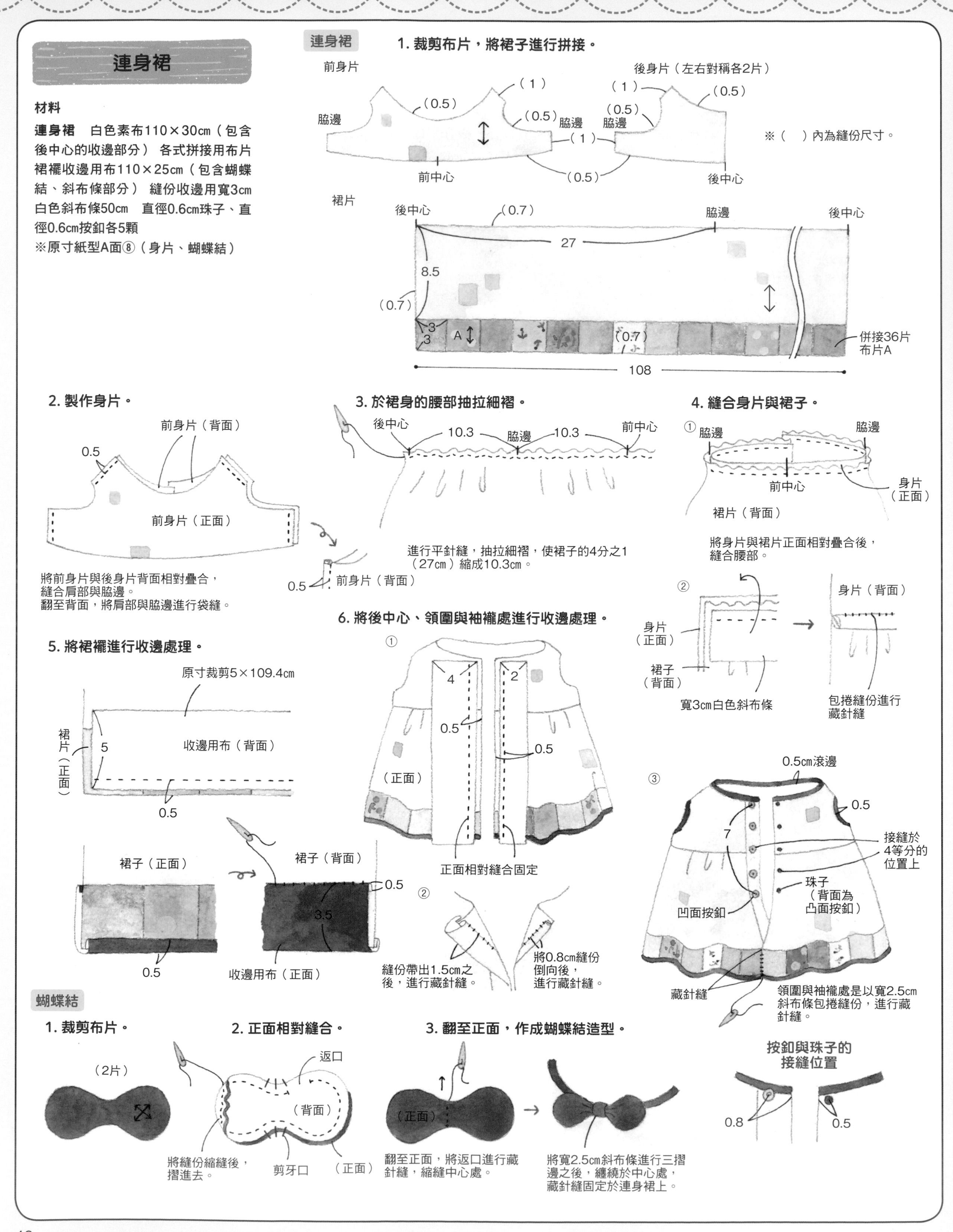

連身裙
材料
連身裙　白色素布110×30cm（包含後中心的收邊部分）各式拼接用布片 裙襬收邊用布110×25cm（包含蝴蝶結、斜布條部分）縫份收邊用寬3cm白色斜布條50cm　直徑0.6cm珠子、直徑0.6cm按釦各5顆
※原寸紙型A面⑧（身片、蝴蝶結）
連身裙
1. 裁剪布片，將裙子進行拼接。
前身片
後身片（左右對稱各2片）
(1)
(0.5)
(0.5)
(0.5)
(1)
(0.5)
脇邊
脇邊
脇邊
(1)
(0.5)
前中心
後中心
※（　）內為縫份尺寸。
裙片
後中心
(0.7)
脇邊
後中心
27
8.5
(0.7)
3
3
A
(0.7)
併接36片
布片A
108
2. 製作身片。
前身片（背面）
0.5
前身片（正面）
0.5
前身片（背面）
將前身片與後身片背面相對疊合，縫合肩部與脇邊。
翻至背面，將肩部與脇邊進行袋縫。
3. 於裙身的腰部抽拉細褶。
後中心
10.3
脇邊
10.3
前中心
進行平針縫，抽拉細褶，使裙子的4分之1（27cm）縮成10.3cm。
4. 縫合身片與裙子。
①
脇邊
脇邊
前中心
身片（正面）
裙片（背面）
將身片與裙片正面相對疊合後，縫合腰部。
②
身片（背面）
身片（正面）
裙子（背面）
寬3cm白色斜布條
包捲縫份進行藏針縫
5. 將裙襬進行收邊處理。
原寸裁剪5×109.4cm
裙片（正面）
5
收邊用布（背面）
0.5
裙子（正面）
裙子（背面）
0.5
3.5
0.5
收邊用布（正面）
6. 將後中心、領圍與袖襱處進行收邊處理。
①
4
2
0.5
0.5
（正面）
正面相對縫合固定
②
縫份帶出1.5cm之後，進行藏針縫。
將0.8cm縫份倒向後，進行藏針縫。
③
0.5cm滾邊
0.5
7
接縫於4等分的位置上
珠子（背面為凸面按釦）
凹面按釦
藏針縫
領圍與袖襱處是以寬2.5cm斜布條包捲縫份，進行藏針縫。
按釦與珠子的接縫位置
0.8
0.5
蝴蝶結
1. 裁剪布片。
（2片）
2. 正面相對縫合。
返口
（背面）
將縫份縮縫後，摺進去。
剪牙口
（正面）
3. 翻至正面，作成蝴蝶結造型。
（正面）
翻至正面，將返口進行藏針縫，縮縫中心處。
將寬2.5cm斜布條進行三摺邊之後，纏繞於中心處，藏針縫固定於連身裙上。

## 手提袋、鞋子、髮飾

**材料**

**手提袋** 各式拼接用布片　滾邊用布25×25cm（包含提把部分）　鋪棉、胚布各20×10cm　寬0.2cm蠟繩35cm　薄型鋪棉適量

**鞋子** 表布、裡布、薄型接著襯各55×10cm　直徑1.2cm包釦用芯釦2顆　包釦用布適量

**頭部裝飾** 果實用布15×10cm　葉子用布15×15cm　單膠鋪棉10×5cm　手藝填充棉花適量

※原寸紙型A面⑧

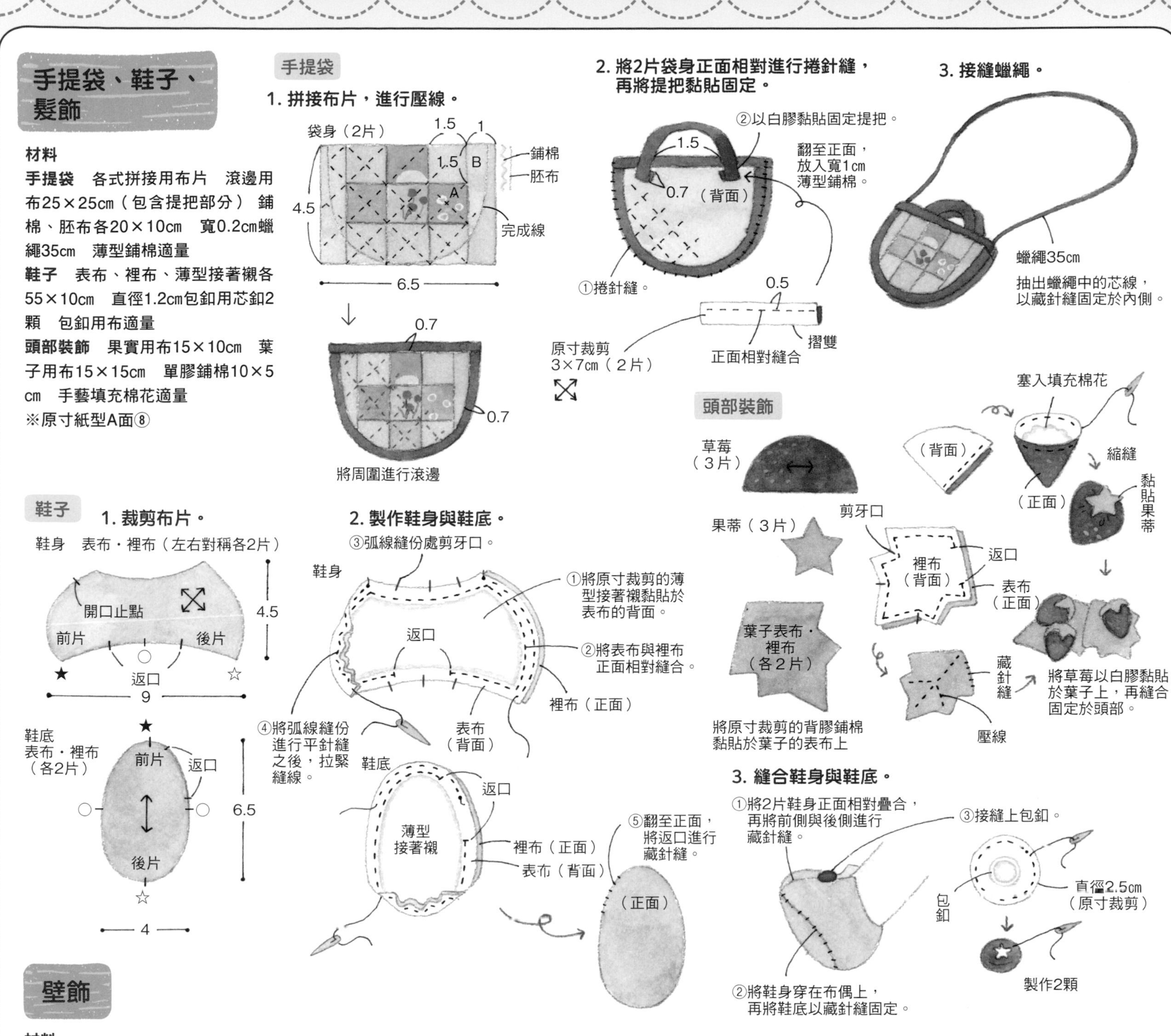


## 壁飾

**材料**

拼接用布片、貼布縫用布片適量　G、H用布70×55cm（包含滾邊用布）　鋪棉、胚布各50×30cm　25號繡線適量

**製作順序**

拼接布片A至H→進行貼布縫與刺繡之後，製作表布（草莓花蕊與三葉草花朵的刺繡請於壓線之後進行）→進行壓線（三葉草的花朵呈圓形壓線）→進行剩餘的刺繡，將周圍進行滾邊。

※原寸紙型A面⑦（布片A至F的原寸紙型與貼布縫圖案）。

### 天鵝絨繡

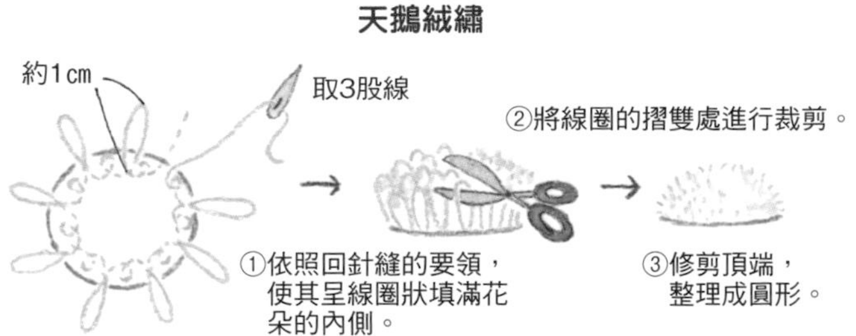


半徑1.5cm的圓弧
貼布縫
0.8cm滾邊
天鵝絨繡
3
1.5
H
1.5　0.5
D
3
G
刺繡
A
C
落針壓縫
F
20
26
1.5
1.5
1.5
E
1.5
0.5
1.5
B
42

連載

# For初學者の布包製作入門

由大畑美佳老師指導，
以製作美麗手作包款為首要目標。
除了初學者之外，
想要學習袋物製作的你也不能錯過！

攝影／腰塚良彦（作品）　山本和正（製作）

✻最終回✻

## 接縫一圈側身的兩用祖母包

利用袋口處的褶襉，使包型呈現飽滿蓬鬆狀，令人熟悉的祖母包。接縫了寬版的側身，收納能力充足。將已接縫5片布片的「柵欄」圖案予以併接而成的簡單設計，易於攜帶。

設計／大畑美佳　製作／加藤るり子
37.5×45㎝

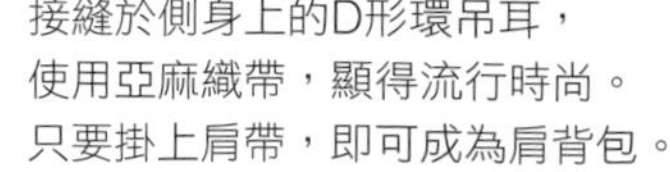

接縫於側身上的D形環吊耳，
使用亞麻織帶，顯得流行時尚。
只要掛上肩帶，即可成為肩背包。

袋口處運用牛角釦的釦環
即可確實關上。

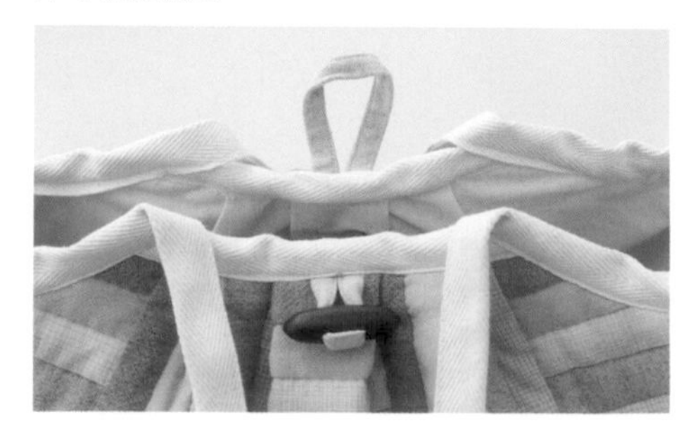

## 手提袋

**材料**

各式拼接用布片5種各110×20cm　側身用布110×15cm（包含釦環部分）　單膠鋪棉、胚布各100×60cm　裡袋用布110×60cm（包含內口袋）　寬4cm棉質斜紋織帶230cm　寬2.5cm亞麻織帶15cm　內徑尺寸2.5cmD形環2個　寬4cm牛角釦1顆

※袋身的原寸紙型B面③。

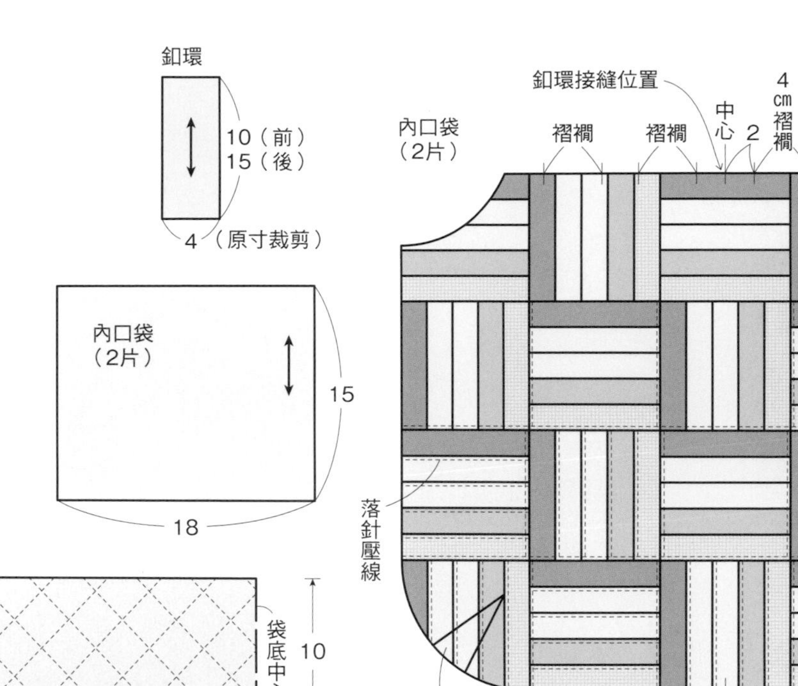


## 製作袋身的表布

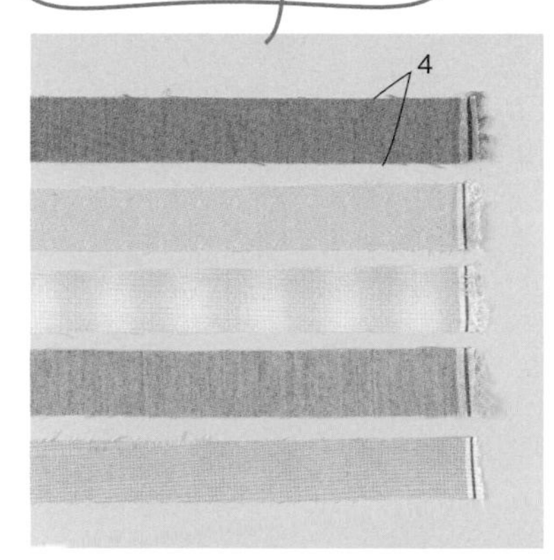


① 將5種布裁成原寸裁剪寬4cm的帶狀布。

② 將第1條與第2條的帶狀布正面相對疊合，並將布端對齊縫紉機壓布腳的邊緣，進行車縫。

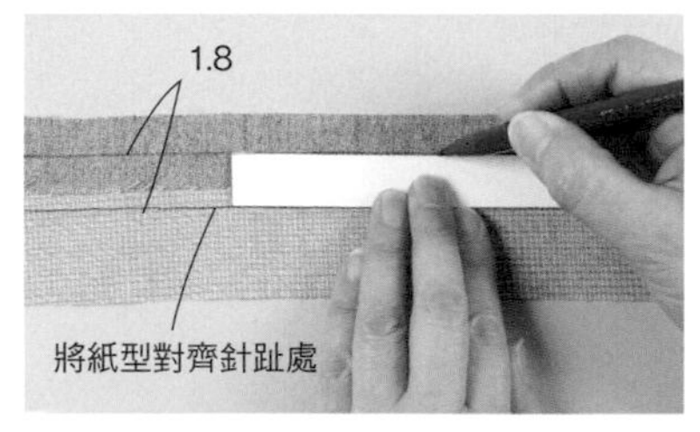

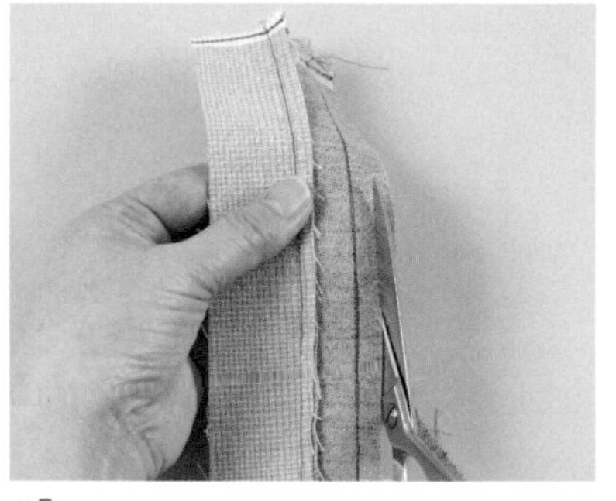

③ 將帶狀布翻至正面，以熨斗整燙，並以厚紙板製成的寬1.8cm長紙型貼放於背面，描畫記號。將第3條帶狀布正面相對疊合後，對齊布端，縫合記號處。縫份一致裁剪成0.8cm左右。

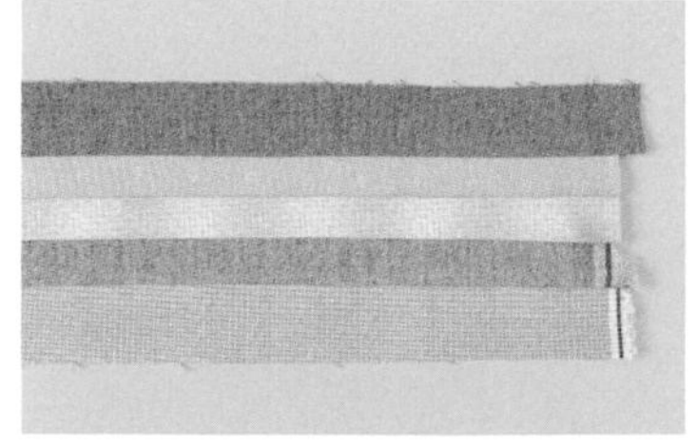

將針趾與1.8cm的記號對齊

1.8

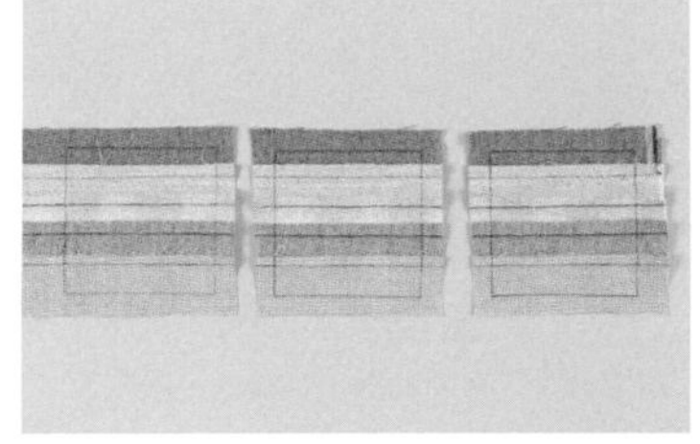

④ 重複步驟③，接縫5條帶狀布。縫份決定方向後，單一倒向同一側。於邊長9cm正方形的紙型上，畫上寬1.8cm的記號後，置放於背面，一邊量取縫份部分，一邊畫上記號。預留縫份，進行裁剪。

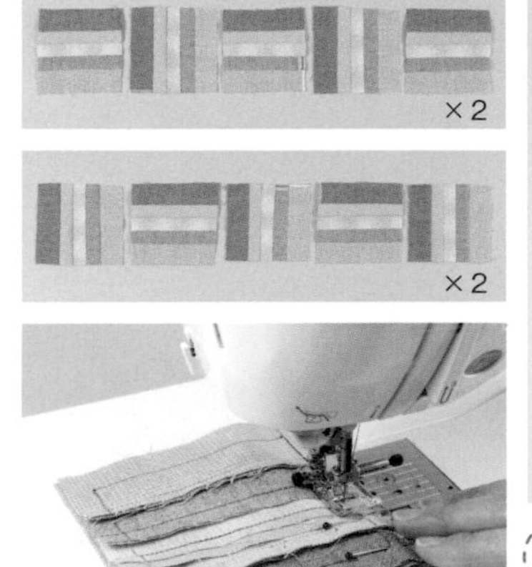


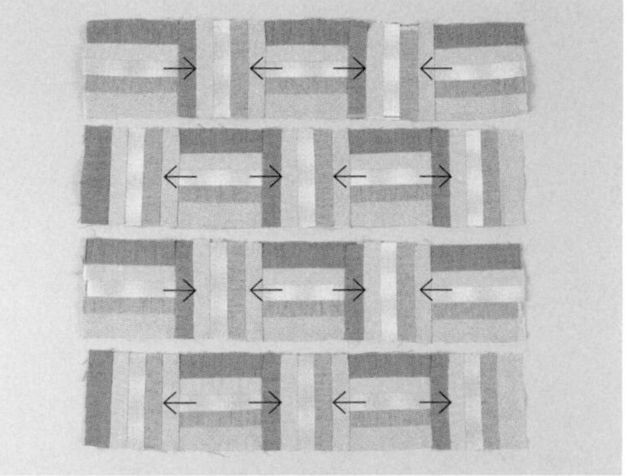

⑤ 交替變換區塊的方向，併接5片，製作成4條帶狀布。各準備2組如左上圖片所示的排列，將相鄰的區塊正面相對疊合，對齊記號，以珠針固定兩端與接縫處，進行車縫（珠針請於車縫前移除）。縫份倒向箭頭方向。

## 袋身進行壓線

⑥ 將所有已接縫區塊的帶狀布正面相對疊合，對齊記號，以珠針固定兩端、接縫處以及其間。進行車縫，縫份決定方向後倒向。

① 將表布置放於已裁剪成稍微大上一圈的單膠鋪棉的接著面上，並以熨斗進行燙貼（一邊以中低溫每隔7至8秒整燙，一邊由中心往外側黏貼）。

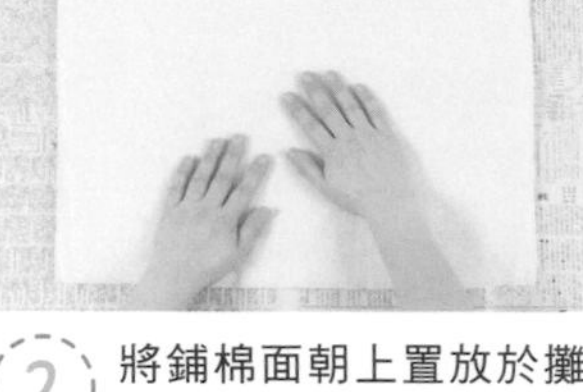

② 將鋪棉面朝上置放於攤開的報紙上方，噴上手藝用噴膠。將胚布置於鋪棉上，一邊由中心往外側移除空氣，一邊將之撫平後，黏貼起來。

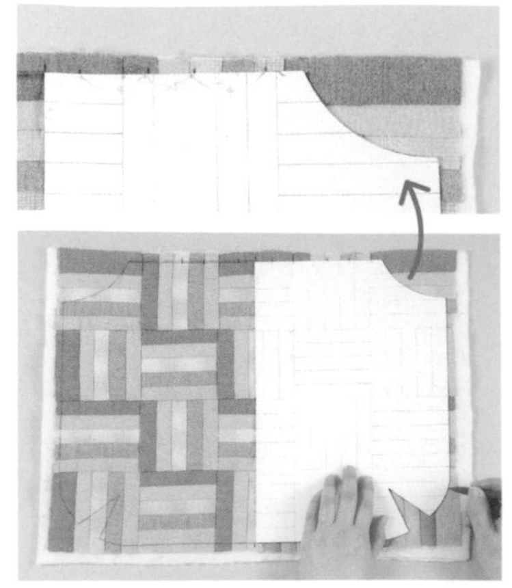

③ 壓線之後，將紙型※貼放於正面，畫上完成線的記號。褶襉與中心・袋底中心的位置也事先在此作上記號。
※紙型是於已裁剪尖褶的狀態下製作，袋口處的褶襉亦事先描畫上去。

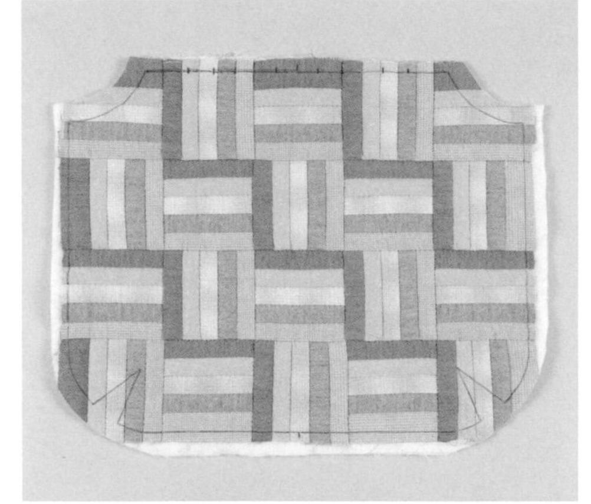

④ 沿著記號，預留約1.5cm的縫份，進行粗裁。

## 縫合尖褶

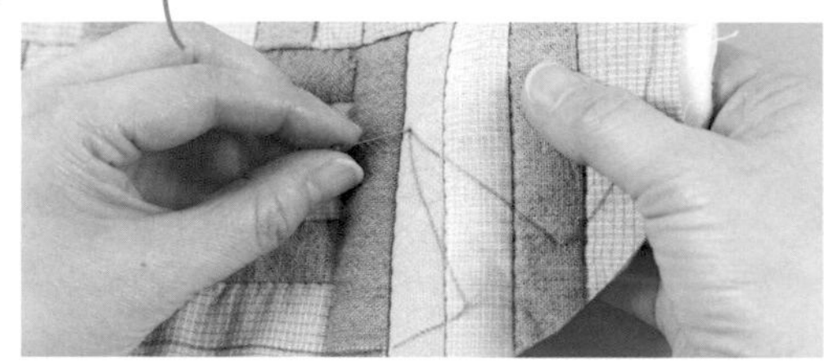

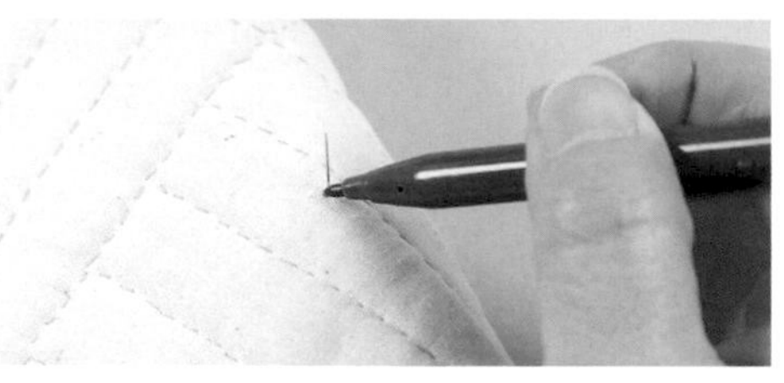

① 以珠針垂直刺在尖褶的尖角處，並於背面出針處畫上點記號。將此珠針移除。

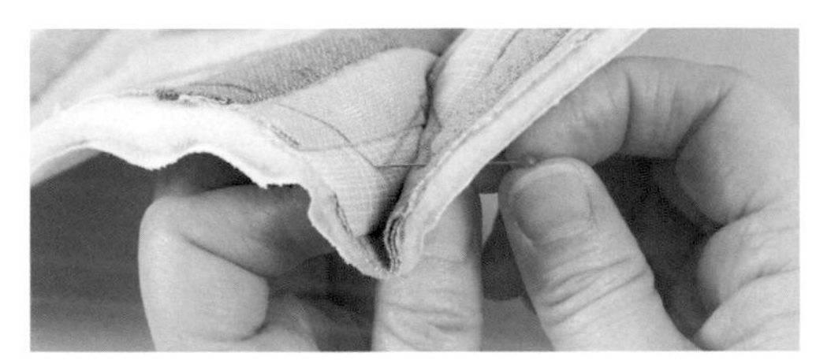

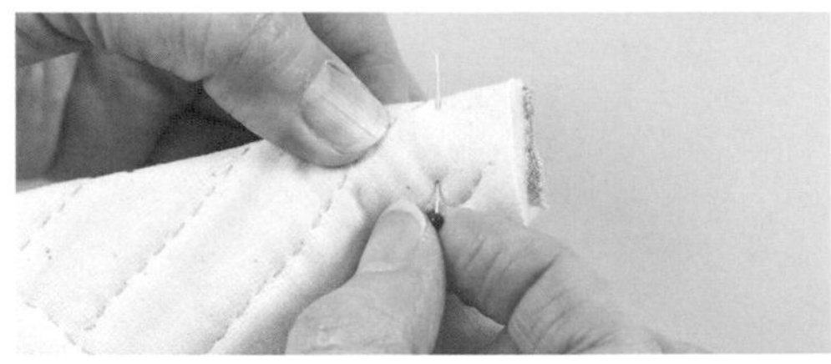

② 邊端的2處記號則是由背面刺入珠針，再於正面的記號處出針後對齊，維持以手指壓住的狀態，直接由背面以珠針大幅度挑針固定。

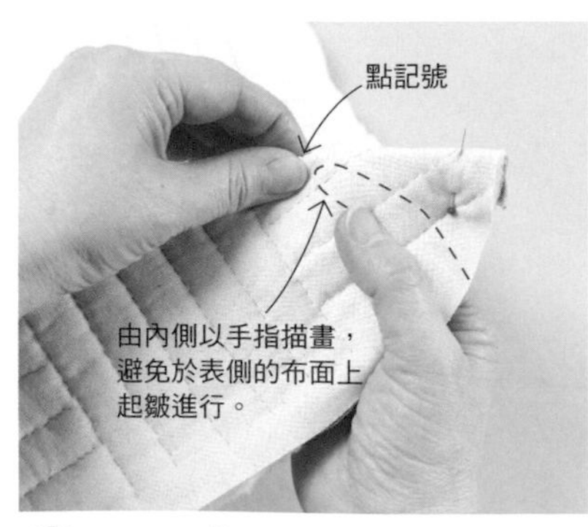

③ 將步驟①中畫上的點記號摺疊後，以珠針固定，畫上縫線記號。接著，由邊端開始進行車縫，止縫點進行回針縫。

## 縫合袋身與側身

① 側身是於表布上描畫完成線與壓線線條，依照袋身的相同方式，疊放上鋪棉與胚布之後，以車縫進行壓線至記號處大約1cm外側，再重新畫上完成線。

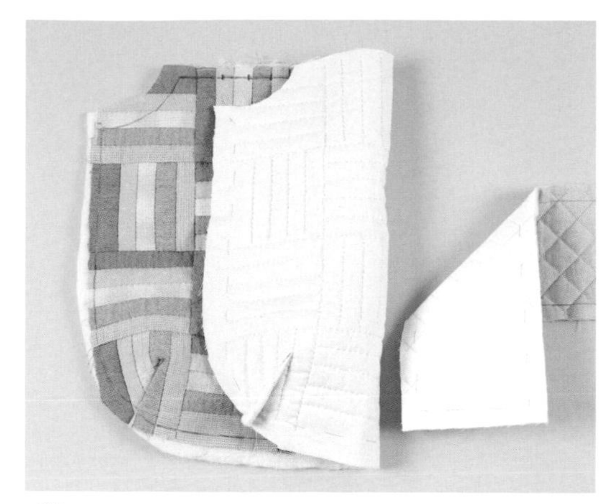

2 以疏縫線縫合周圍的完成線，並於背面縫出記號。

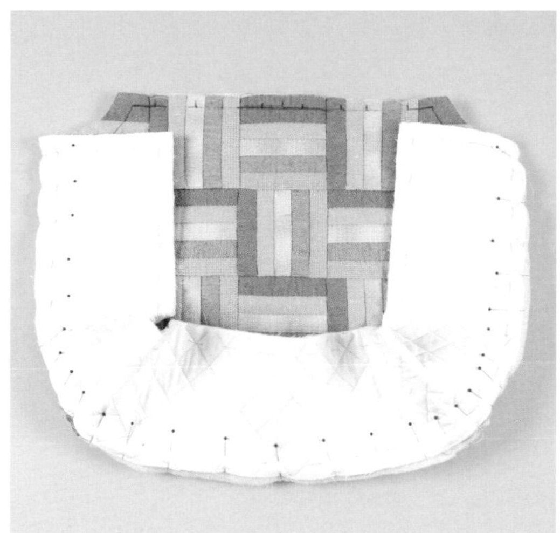

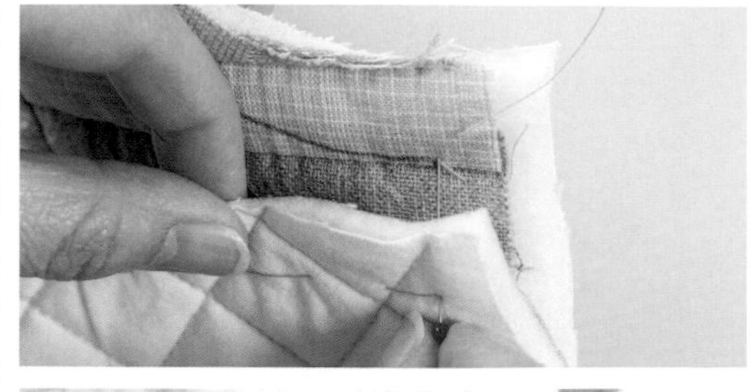

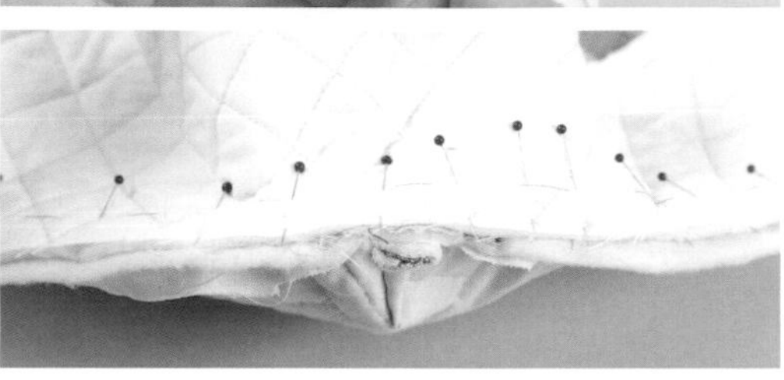

3 將側身朝上，並與袋身正面相對疊合，對齊記號，以珠針固定。依照右上圖片所示，將珠針垂直刺在背面的疏縫處，一邊看著正面的記號處，一邊固定，就會正確無誤。依照兩端、袋底中心、其間的順序固定，尖褶部分則是固定針趾處的旁邊，縫份請事先倒向外側。

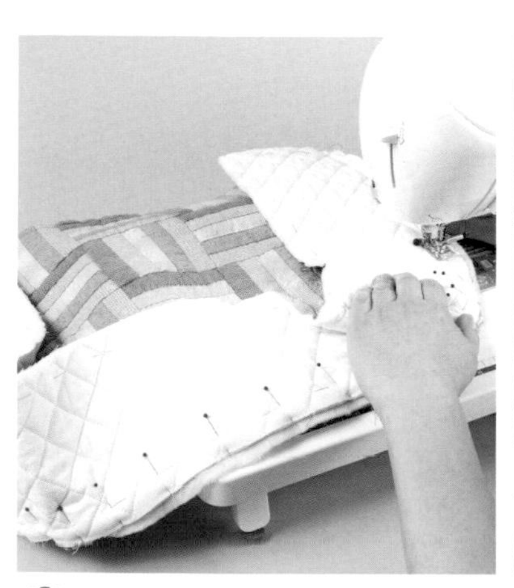

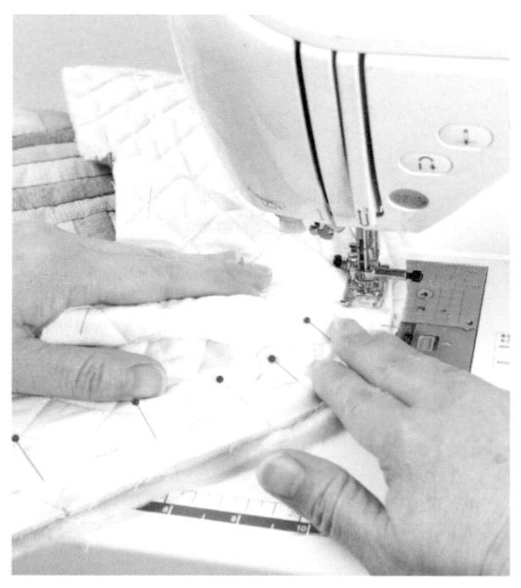

4 車縫記號處的上方。珠針請於車縫前移除。圓弧處以兩手如同旋轉布片似的繼續往前車縫。

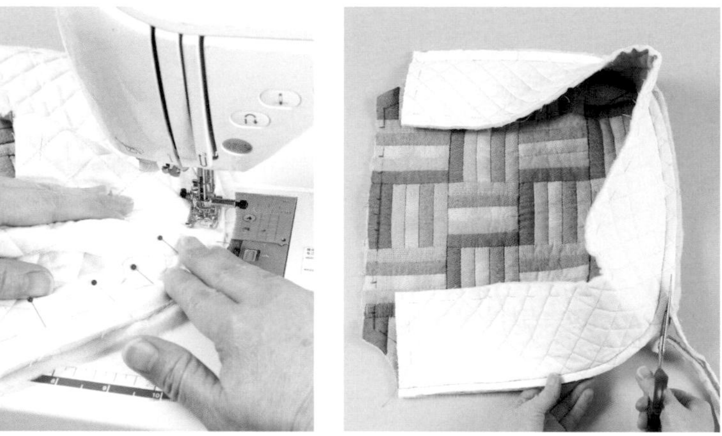

5 縫份一致裁剪成1cm。另1片的袋身亦以相同方式縫合。

## 抓取褶襉

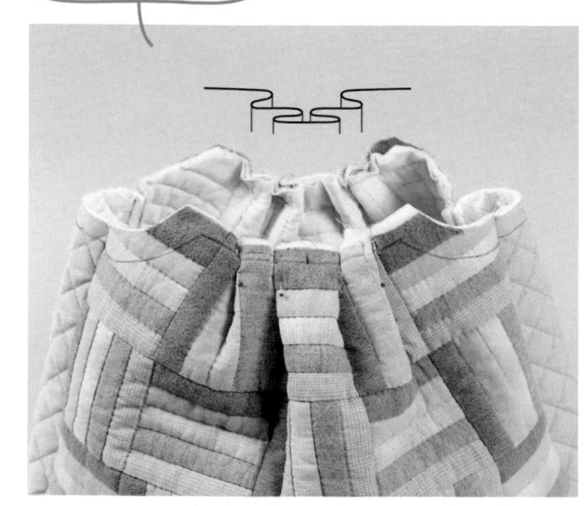

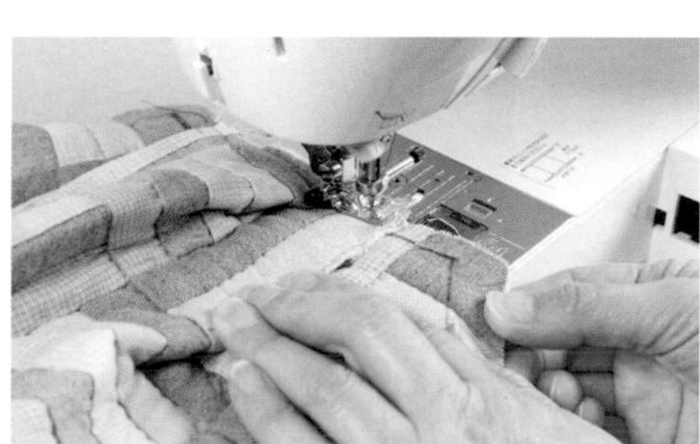

將袋口處的褶襉如圖摺疊後，以珠針牢牢固定。車縫記號處0.5cm外側，使褶襉更為穩定。

## 製作裡袋

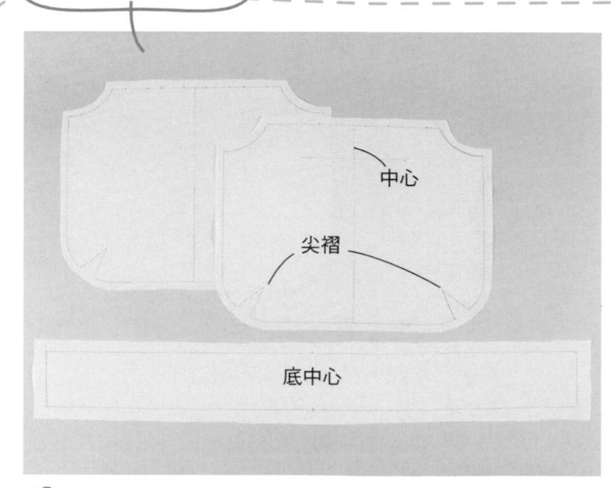


1 裡袋是依照與本體的相同尺寸於正面畫上記號，裁剪2片袋身與側身。添加褶襉、尖褶、中心與袋底中心的記號。

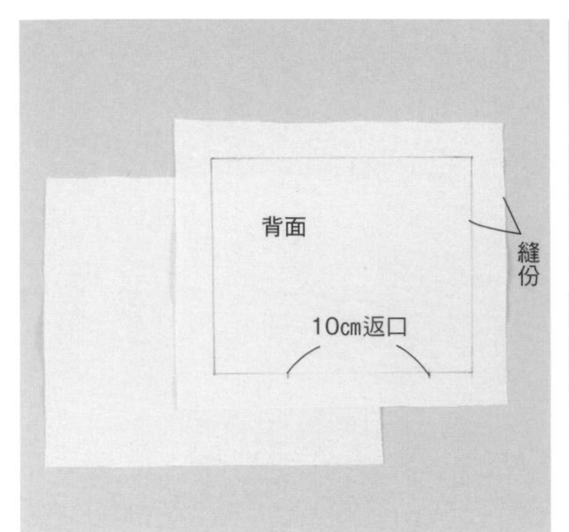

2 製作內口袋。添加縫份，裁剪2片布片，使其正面相對疊合，預留返口之後，車縫周圍。縫份裁剪一致成0.7cm。

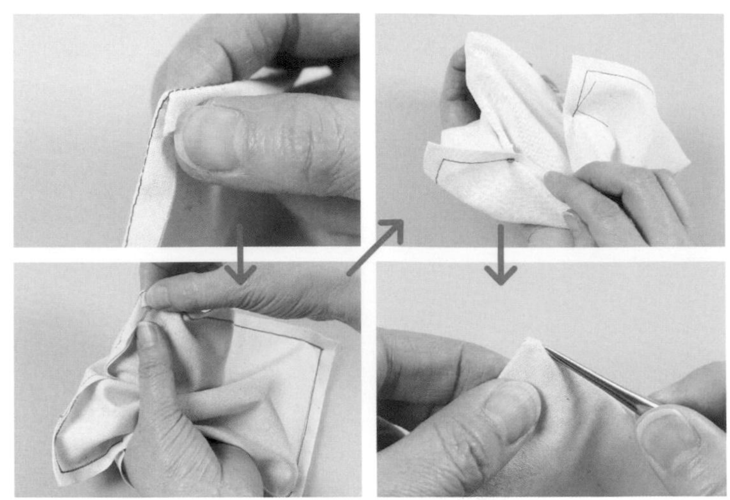

3 在翻至正面之前，先摺疊邊角處的縫份，保持以手指按住的狀態下，直接翻至正面。由於邊角處的布容易夾入內側，以錐子拉出之後，整理形狀。再以熨斗整燙，將袋口1cm下側進行車縫。

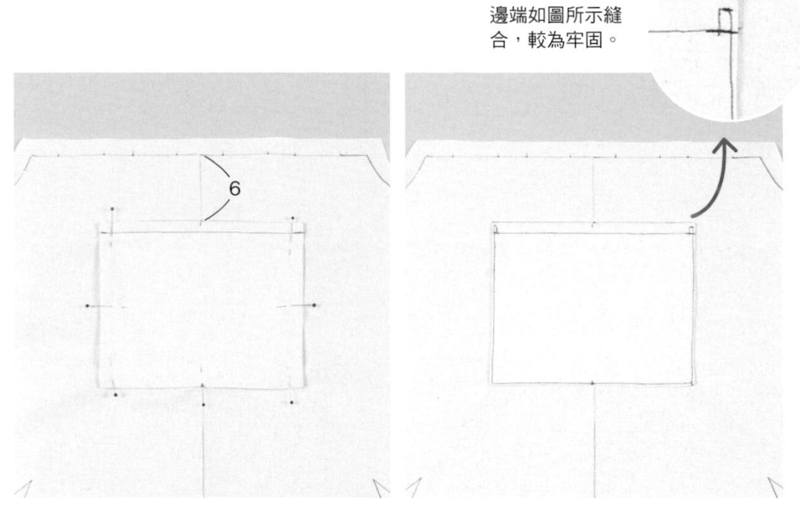


4 將內口袋置於袋身上，對齊中心後，以珠針固定。預留返口，以車縫縫合成倒ㄇ字形。

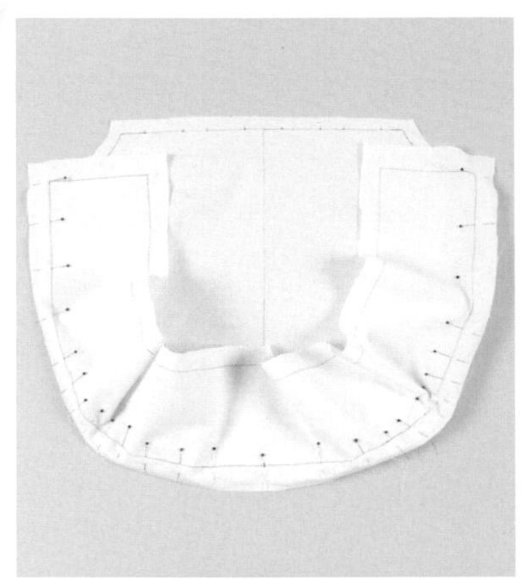

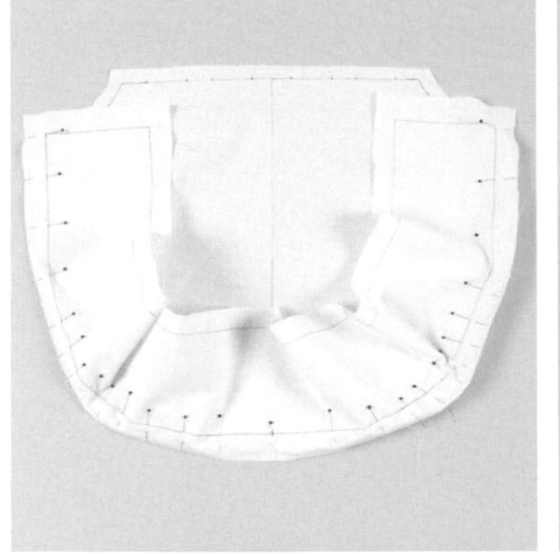

5 將側身朝上，與已縫合尖褶※的袋身正面相對疊合，以珠針固定後，縫合。抓取袋口處的褶襉，依照本體的相同方式，車縫記號處的0.5cm外側。
※尖褶倒向與本體相反的內側。

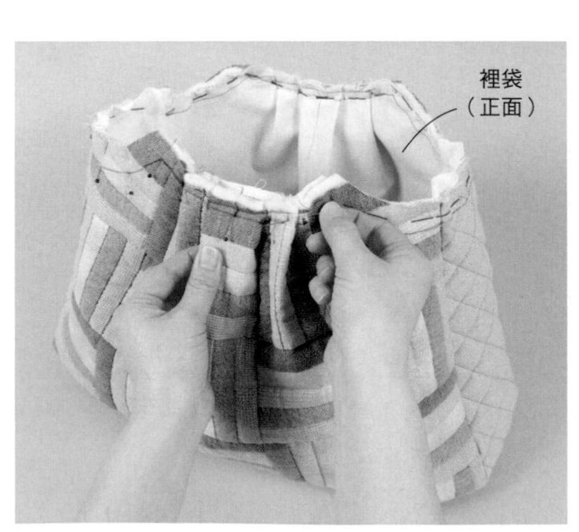


6 將裡袋保持翻至背面的狀態下，直接裝入本體之中，對齊中心及接縫處，以珠針固定（接縫處的縫份倒向側身側）。取2條疏縫線將袋口記號處0.5cm外側進行粗縫。褶襉部分則確實穿入縫針。

## 製作釦環

後15cm
前10cm

1 將原寸裁剪寬4cm的布片，以熨斗進行四摺邊整燙成寬1cm的布條，並車縫邊端。

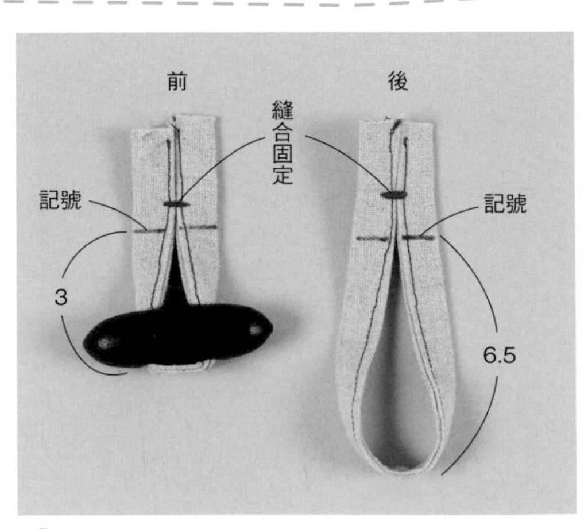


2 前釦環穿入牛角釦中，後釦環對摺成半之後，將邊端縫合固定。亦畫上接縫位置的記號。

## 以織帶包捲袋口

1 將釦環分別疏縫固定於袋口的中心處。取2條疏縫線進行回針縫，牢牢的加以固定。再將袋口的縫份裁剪一致成1cm。

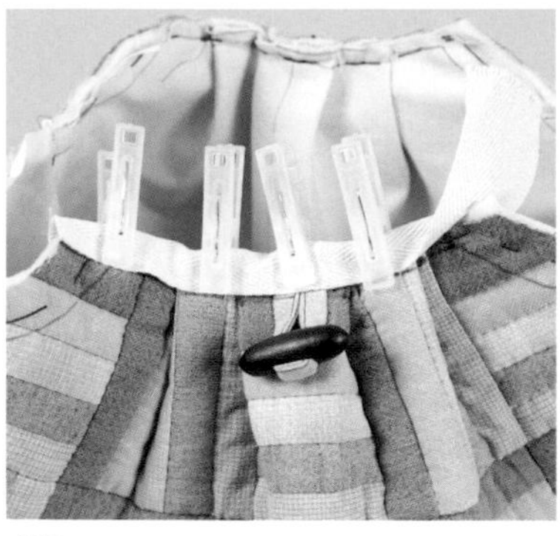

2 以棉質織帶包捲袋口。將織帶邊端對齊正面的記號，反摺至內側之後，以洗衣夾固定。裁剪織帶的多餘縫份（右下）。

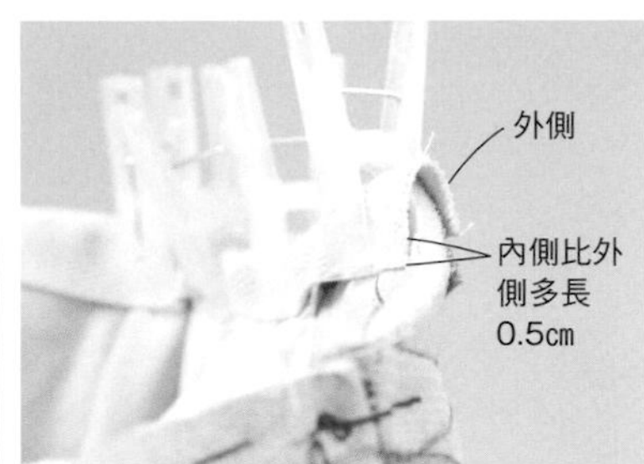


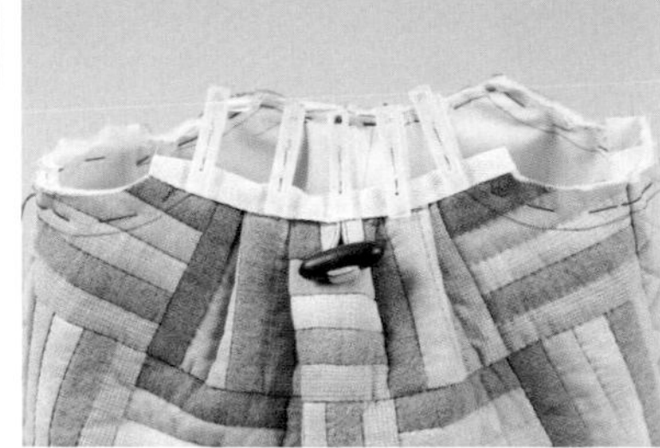

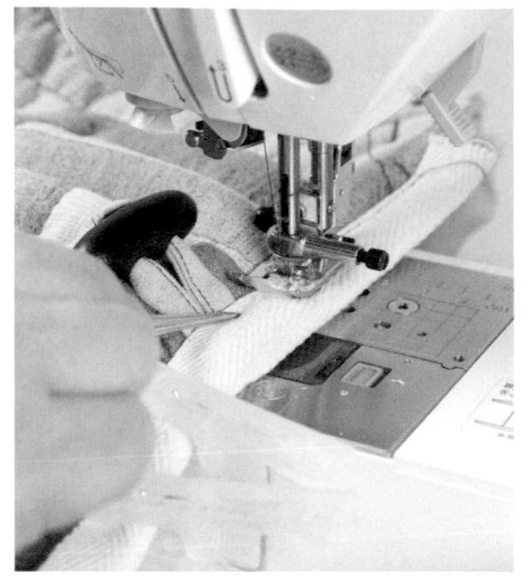

3 車縫織帶。一邊移除洗衣夾，一邊貼放上錐子，並一邊將織帶邊端沿著袋口的記號處，一邊慢慢地小心車縫0.2cm內側。

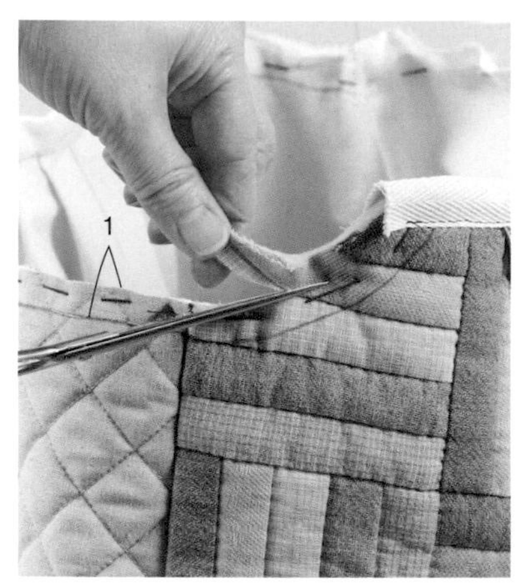


4 待以織帶包捲完褶襉的袋口之後，再將側身的縫份裁剪成1cm。之前已接縫的織帶兩端亦裁剪成形。

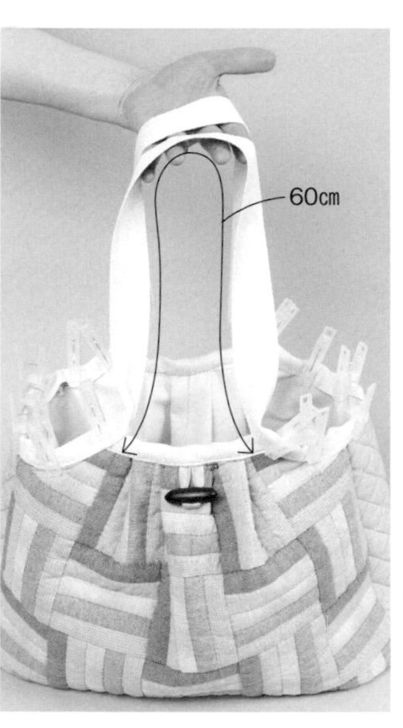


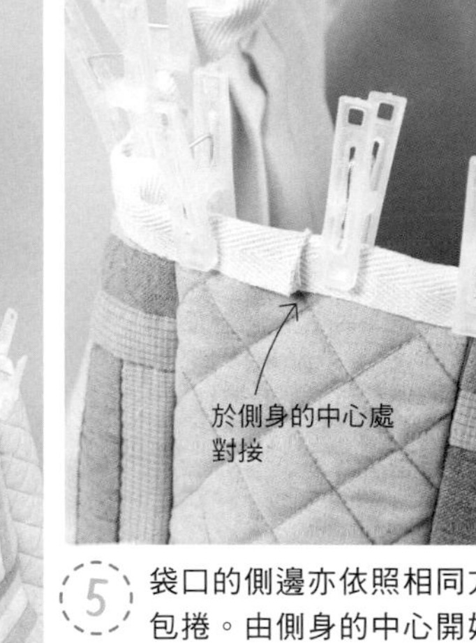


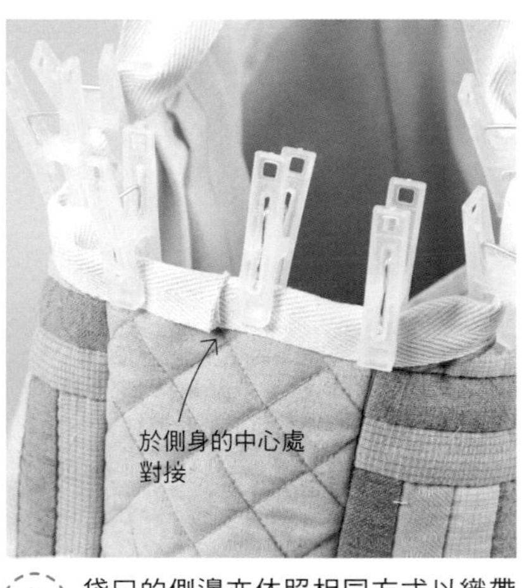

5 袋口的側邊亦依照相同方式以織帶包捲。由側身的中心開始接縫，提把部分如圖所示露出外側，長度作成60cm。接縫止點對接之後，裁剪。

6 依照步驟3的相同方式，貼放上錐子，進行車縫。

7 由側身開始繼續，往提把部分進行車縫。將織帶對摺成半，縫合邊端算起0.2cm的位置。

8 織帶縫合完成，將提把作好。

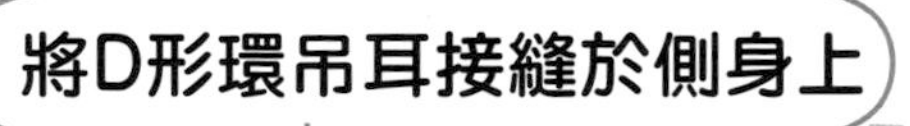

## 將D形環吊耳接縫於側身上

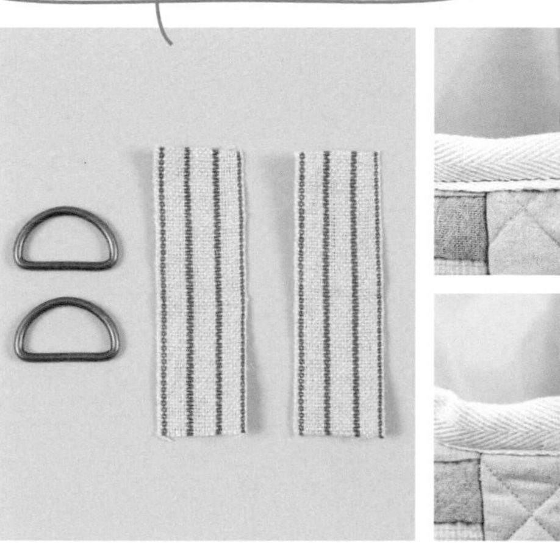

將原寸裁剪7cm的亞麻織帶穿入D形環，包夾側身的中心。將織帶的兩端摺入1cm後，以珠針固定，並進行車縫。

第12回 基礎配色講座

# 配色教學

一邊學習基礎的配色技巧，一邊熟悉拼布特有的配色方法。第12回是鑽研基本的底色，學習使圖案更顯耀眼的配色方法。隨著底色的運用，發現圖案給人的印象，也隨之產生極大變化的差異。

指導／西村京子

## 凸顯圖案的底色

想要使圖案引人注目時，只要選擇素布，即可穩當地完成配色。然而，光是如此則難以呈現出個性，將淪落為總是一成不變的配色。
不妨挑戰各種不同印花布的底色，以更高階的配色技巧為目標吧！

### 渲染印花布

#### 呈現出節奏感

近似素布的淺駝色是底色的基本款。不論何種布料都非常相配，同時也襯托出圖案的美麗，但容易過於單調。添加圖案上使用的橘色及紅色的淡淡渲染花樣布，立刻顯得明亮又歡樂。

**渲染印花布的小知識**

柔和渲染般的印花布或是混染風，都具有使圖案更加鮮明清晰，同時帶出韻律感的效果。最適合在想要玩出色彩差異時使用。

#### 注意白色布

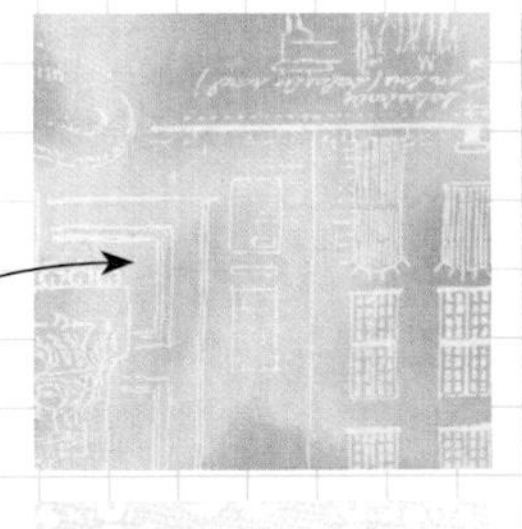

在組合同色系的布片時，同樣使用同色系且淺色素布為最佳方法。即便如此，亦可添加另一個要素，試著搭配白色且去掉花樣的印花布。立即呈現出超級輕盈感。（海浪Ocean Weave）

**自然不造作的印花布**

即便是淺色，但素布大多會給人非常厚重的印象，為了作出清爽的感覺，因此選擇素布或添加白色花樣的印花布尤佳。

深藍色 → 紫色 → 粉紅色

**布片運用漸層色彩**

將大量的布片以同色系進行配色時，只要試著意識到漸層的觀念，就很容易進行統整。此作品的情況是注意到了深藍色→紫色→粉紅色的3色。若是綠色系，祕訣就是在藍色→綠色→黃色及之間添加中間色。

## 色彩繽紛兼具個性

### 渲染＋3色

相對於粉紅色與水藍色渲染花樣的底色，圖案則選擇較強烈的顏色。即便是相同色系，透過帶有比粉紅色強度更強的紅色，比水藍色強度更強的藍色，在圖案上添加更強烈的存在感。（熊的足跡）

**底色**

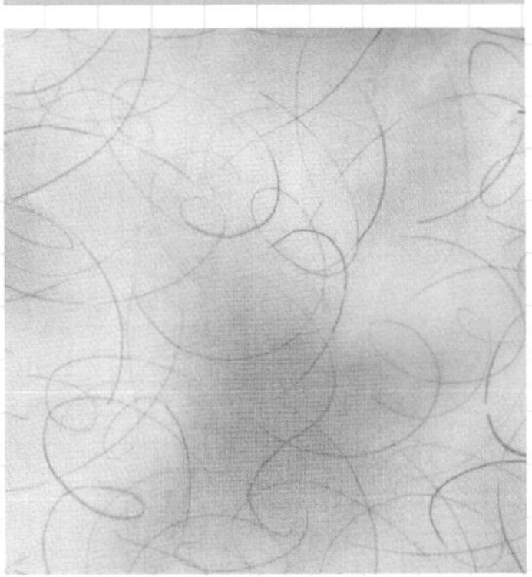

於底色上添加了帶有微妙色差的渲染花樣，猶如以淺色筆描繪般的淡色系花樣布。在圖案上，從底色的色彩中挑選出可能會雀屏中選的顏色。

**藍色系**

說到比底色強度更高的顏色，因而匯集了深藍色的布片。若只有藍色會顯得過於普通，因此增加了能更搶色的黃色印花布。

**紫色系**

由於底色為粉紅色與水藍色，因此這2色中間色的紫色也是非常相配的布。為了賦予圖案深度，因此不妨也大量採用紫色系。

### 色彩強度與布片大小的平衡感

在中心的正方形，以及表示「熊的足跡」圖案的雄爪小三角形布片上，使用強度高的顏色。作出底色與圖案的差異，形狀就會清晰呈現。

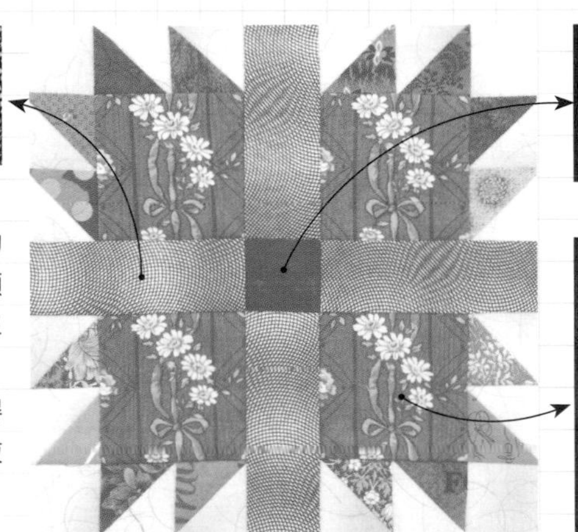

**中型布片**

將圖案劃分為十字形的布片，為了避免各個顏色被掩蓋，所以選擇單一色調。但若僅有黑色1種顏色，視覺上卻顯得過重，因而使用白底較多的黑色印花布。

**小型布片**

中心的布片成為設計的重點。此處使用了整體中彩度最高的色彩，可將整體作統一收束。

**大型布片**

位於「熊的足跡」足部的大型布片，使用令人深具印象的大花紋布，凸顯個性。透過柔和的粉紅色花朵圖案，作出不過於強烈，恰如其分的配色，給人安穩沈著的印象。

### 底色的2色運用

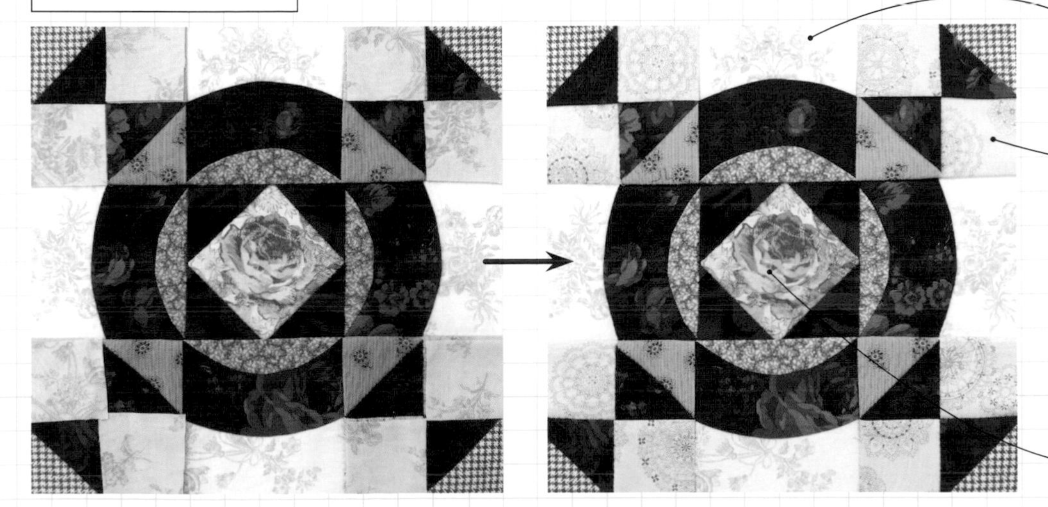

試著在華麗的玫瑰圖案上，大量運用了花朵圖案布。就算底色也同樣使用單一淺駝色的花朵圖案，也依然美麗出眾，不過，多費一道功夫，追加了綠色，將底色作成2色，更能彰顯圖案的個性。（殖民地玫瑰）

**相同色調的布**

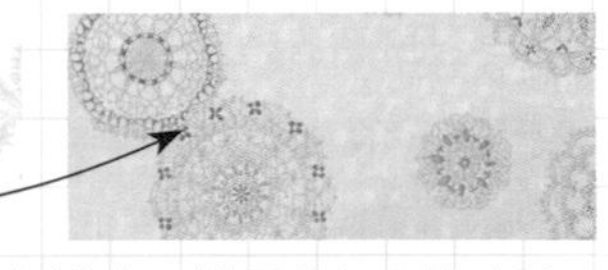

綠色是依照葉子的印象添加進去，然而若加入過度強烈的顏色，圖案整體的形狀就會改變。此處配合淺駝色，選擇相同色調的淺色。

**在重點上多費一道功夫**

在中心的布片上，添加了也是圖案名稱的玫瑰花。透過意識到主題進行配色，具體化的形象會更擴大，創意巧思就會如泉湧現。

攝影／山本和正

# 生活手作小物

50

## 春季花卉圖案&花樣

### 花圈壁飾

以圓形花朵的貼布縫與心形的刺繡描繪的雙層花圈，顯得格外雅緻出眾。花莖與花萼是以十字繡進行描繪。中心處配置上YOYO球的花籃，並以粉彩色的區塊進行輕盈感的組合。

設計／佐藤尚子　製作／吉賀広子
88.5×88.5cm
作法P.105

# 仙人掌波奇包

以陳列於展示櫥窗內的仙人掌為概念，予以具體化的設計。
小花作成立體狀，抽拉細褶後，包夾接縫固定。
接縫於上部的寬版飾邊帶則成了視覺焦點。

設計・製作／北島真紀　16.5×23㎝

作法P.104

後側是將尚未開花的仙人掌圖案進行貼布縫。

# 鬱金香壁飾

將拼接圖案與貼布縫進行斜向配置，並將花朵作成朝上配置。
待以黃綠色的飾邊統整收束，即成為適合春天的居家擺飾。

設計／島崎嘉代子　製作／宮崎敦子
84.5×67.5㎝

作法P.111

# 花朵波奇包

將彷彿融入了先染布基底中的同色系花朵進行貼布縫，化為沈穩的色調。為一款能俐落地放入手袋中的扁平波奇包。

設計／馬場茂子　製作／辻鼻浩美
15.5×21㎝

作法P.108

# 四照花迷你壁飾

利用淺色的襯托之下，使四照花的立體圖案顯得更加輕盈脫俗。
花蕊則使用包釦。

設計・製作／矢野久代
33.5×33.5㎝
作法P.108

# 春日外出包

## 淺駝色×粉紅色的手提包

組合了粉紅色先染布與花朵圖案的口袋，呈現大人可愛風的手提包。側身加入了褶襉，縫製出外型極佳的作品。

設計／馬場茂子　製作／馬場正子　22.5×30㎝

作法P.109

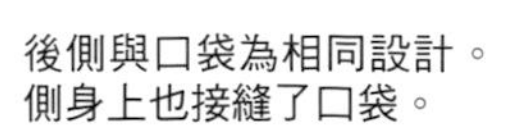

後側與口袋為相同設計。
側身上也接縫了口袋。

攝影／小野さゆり（步驟） 山本和正（作品）

# 花　束

圖案難易度

勾勒出星星形狀的尖銳鮮明圖案。中心處的表布圖案，只要利用差異的2色進行配色，即可呈現立體感。是僅僅1片也能體驗箇中樂趣的設計，但若能在圖案之間添加格子狀的長條飾邊，並採以大量接縫，更能凸顯其形狀的鮮明之處。另外，若將圖案斜向進行縫製，又能享受不同星星模樣的樂趣。

指導／南 久美子

## 完成主體後才組裝口袋的多功能手冊套

納入2片圖案，設計簡約，適合擺放存款簿、護照、小手冊等物品的保護套。不必安裝釦件，輕鬆開合，使用更方便。

設計・製作／南 久美子　17.5×12㎝
作法P.104

加大隔層，適合擺放大小不一的各式卡片。

# 後片袋身組裝口袋的日常手提袋

前後片袋身上窄下寬，兩旁接縫側身，外型優雅漂亮的手提袋。4片圖案呈放射狀配置，構成截然不同的樣貌。接縫布作提把，更加輕巧實用。

設計・製作／南 久美子
27.5×25㎝　作法P.69

詳細解說
製作步驟

58

後片袋身組裝口袋，大小正好可擺放手機或護照。

## 13 製作裡袋。

預留縫份1cm後進行裁布，準備裡袋的前片、後片與側身後，如同本體作法，側身兩側分別縫合前、後片。

## 14 以內綴縫法縫合本體與裡袋。

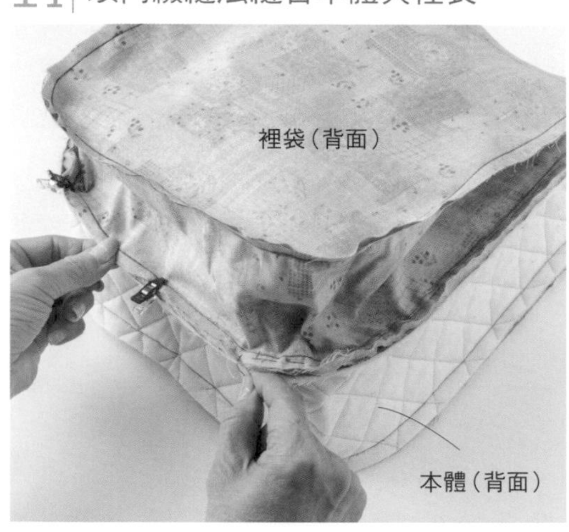


正面相對疊合本體與裡袋的袋身部位。以疏縫線進行粗針縫，縫合重疊的縫份。

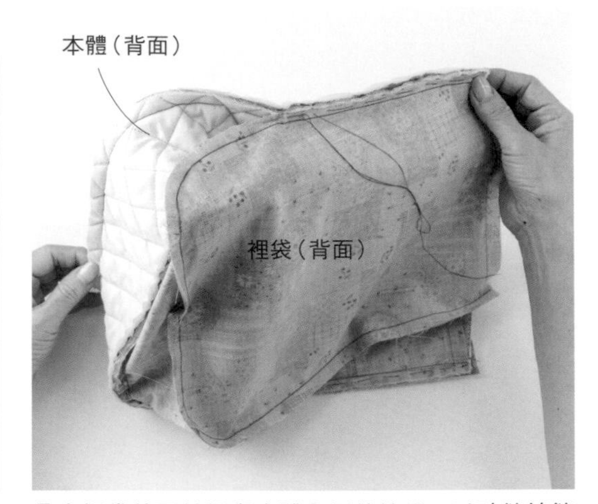


疊合裡袋的面前側與本體內側的縫份，以疏縫線縫合縫份。

將裡袋翻向正面。

## 15 進行本體袋口滾邊。

將本體翻至正面，沿著袋口完成線外側0.2cm處，進行細密疏縫。

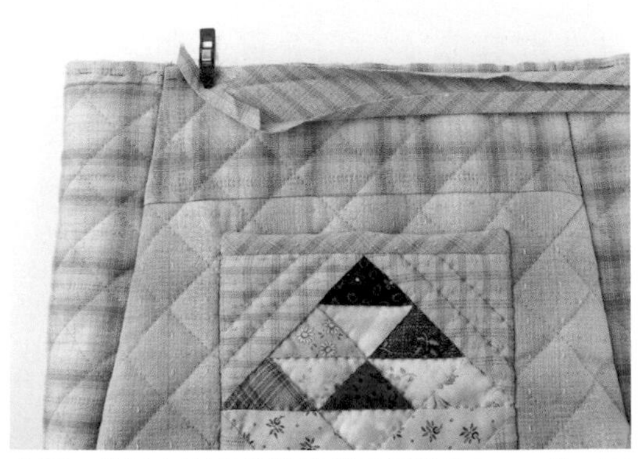

步驟8的斜布條邊端朝著背面側摺疊0.7cm後，正面相對，疊在本體的後片側。此時，必須將本體袋口的完成線與斜布條的摺疊處對齊。

一邊順著袋口疊合斜布條，一邊沿著斜布條的摺疊處進行車縫。車縫至終點時，斜布條重疊至車縫起點的2cm處，進行回針縫。修剪重疊部分的多餘斜布條。

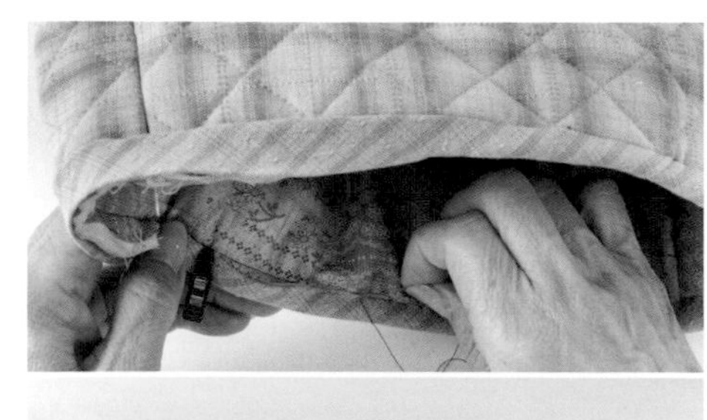

將斜布條翻向正面，包覆縫份，一邊沿著摺疊處摺入邊端，一邊挑縫至本體的鋪棉，進行藏針縫。

## 16 製作提把。

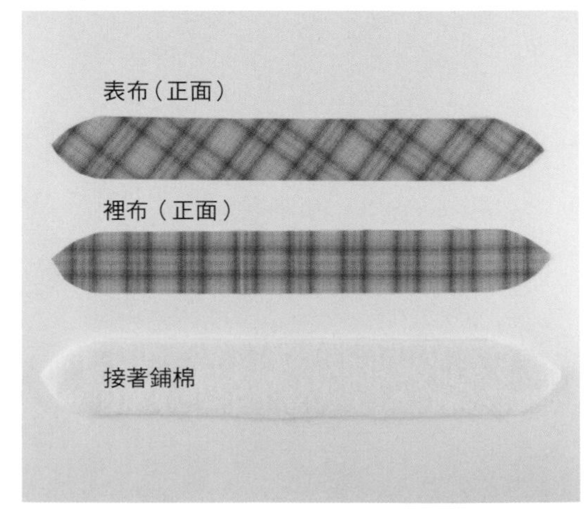


準備提把的表布、裡布、接著鋪棉。表布裁成斜布條狀，裡布順著布紋裁剪，接著鋪棉進行粗裁，裁大一點。

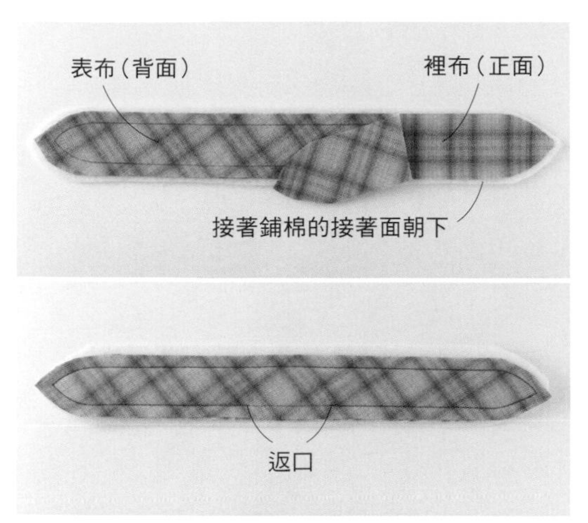


正面相對疊合表布與裡布，裡布側疊合接合面朝下的接著鋪棉（上）。預留返口，在完成線上進行車縫（下）。

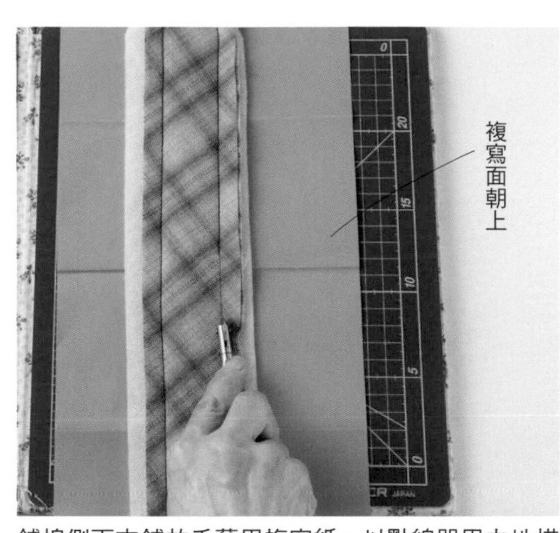


鋪棉側下方鋪放手藝用複寫紙，以點線器用力地描畫返口的完成線，將返口部分的記號轉印到鋪棉上。

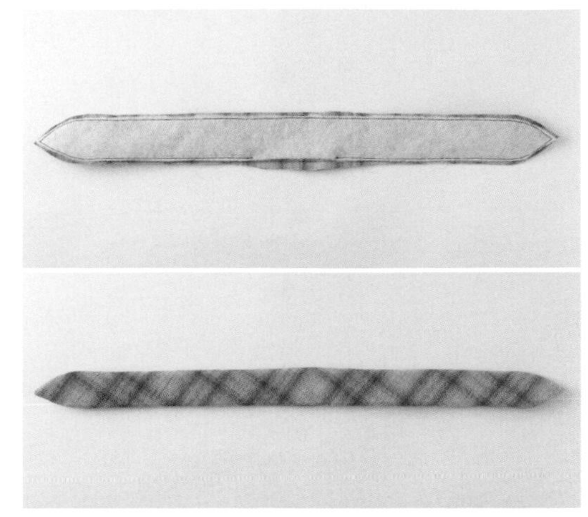

靠近鋪棉的縫合針目邊緣，沿著完成線，裁剪返口部分（上）。縫份整齊修剪成0.5cm後，翻向正面，縫合返口（下）。

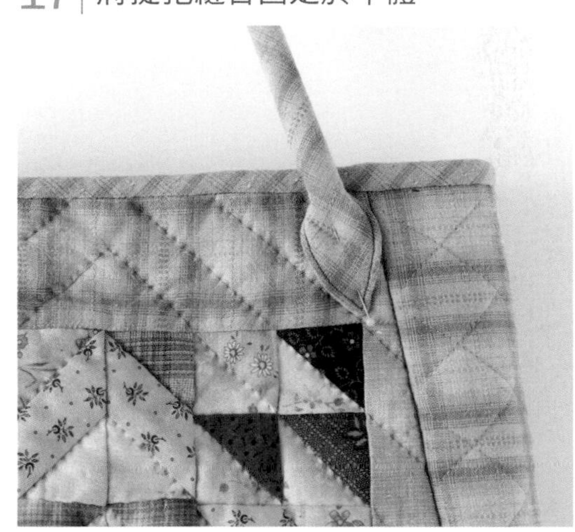


以熨斗燙黏鋪棉後，沿著邊端車縫針目。裡布側朝上擺放後，在邊端5cm位置作記號。另一側也以相同作法作上記號。

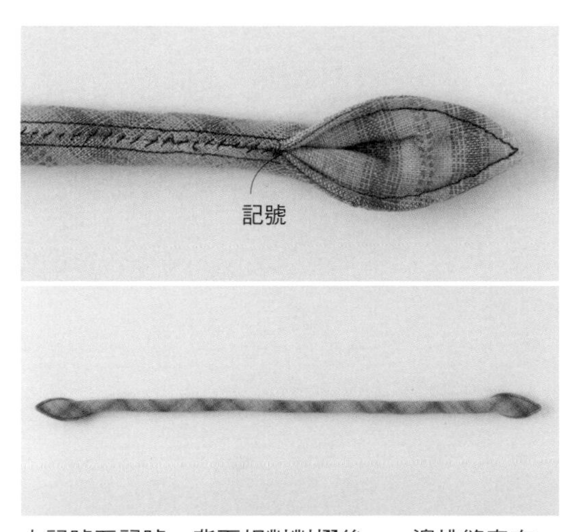


由記號至記號，背面相對對摺後，一邊挑縫表布，一邊進行捲針縫。以相同作法製作另一條提把。

## 17 將提把縫合固定於本體。

將提把疊在本體前片的提把接縫位置，以珠針暫時固定。

由滾邊部位的邊緣側開始接縫提把。縫針由提把基部的背面側穿入。縫針由車縫針目邊緣穿出後，挑縫滾邊部位的邊緣。用力拉緊縫線，確實地縫合固定提把。

一邊挑縫至提把表布與本體鋪棉，一邊縫合固定於本體的提把接縫部位。

接縫終點的提把基部也如同接縫起點，確實地縫在滾邊部位。另一側與後片也以相同作法接縫提把。

攝影／腰塚良彥（作法步驟）山本和正（作品）

# 勝利之星

指導／橋本直子

圖案難易度

中心配置檸檬星圖案，上下左右拼接少2片菱形布片的檸檬星，表現在夜空中閃爍發光的星星。製作1片就十分耀眼的圖案，鑲嵌拼縫部分較多，但只要學會檸檬星的作法，任何人都能上手製作喔！

## 收納能力超強的正方形袋底手提袋

由一個種類的華麗大花圖案印花布，挑選各部位，裁剪布片後，構成圖案。橫向拼接四片圖案，完成正方形袋底的手提袋。

設計 製作／橋本直子 28×48㎝

加入內底，將正方形袋底處理得更耐用。底板放入袋內後，摺疊袋口，直接放入手提袋底部即構成內底。取出底板，就能夠清洗內底。

# 區塊的縫法

拼接8片A布片，完成中心的檸檬星。A布片中心側縫至布端，外側進行鑲嵌拼縫，因此縫至記號為止。以6片A布片拼接完成檸檬星後，配置在上下與左右。處理A布片的縫份，往左轉時左轉，皆倒向同一個方向。最後，橫向拼接3片彙整成帶狀。

＊縫份倒向

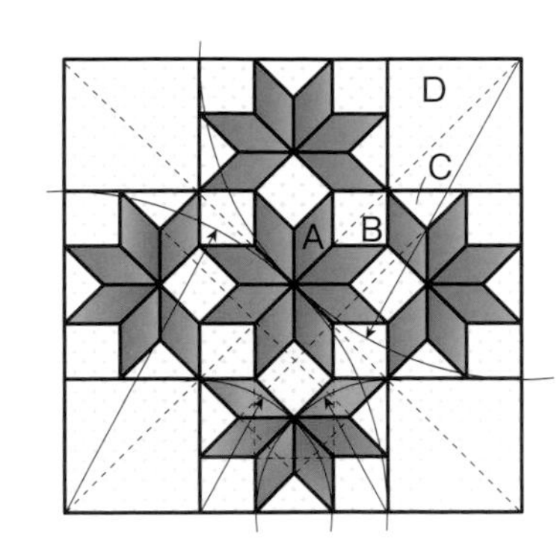


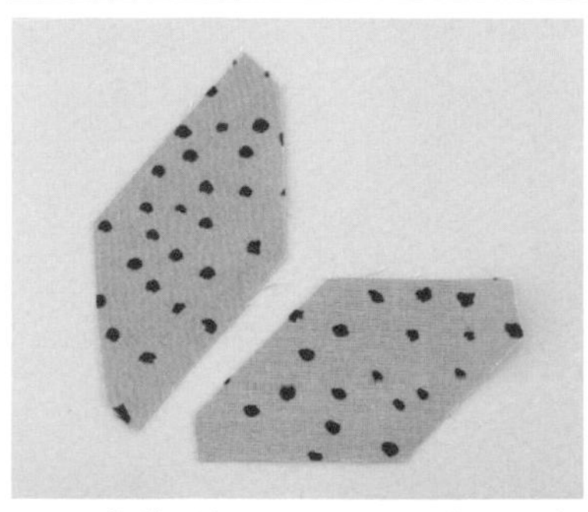

1 準備2片A布片。布片背面疊放紙型，以2B鉛筆等作記號，預留縫份0.7㎝後，進行裁布。

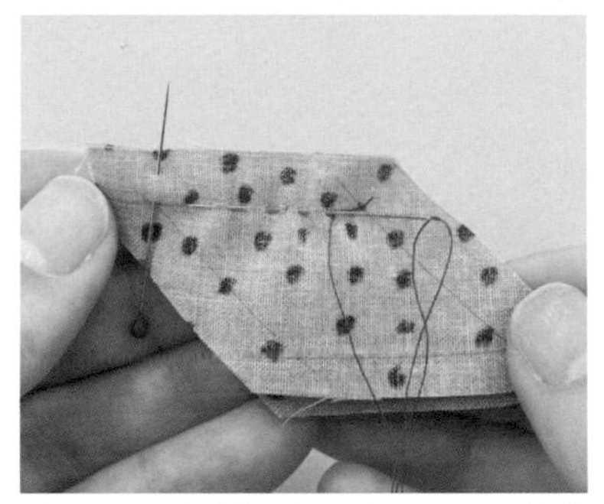

2 正面相對疊合2片A布片，對齊記號，以珠針固定兩端與兩者間。由記號處進行一針回針縫後，進行平針縫，圖案中心側縫至布端後，進行回針縫。

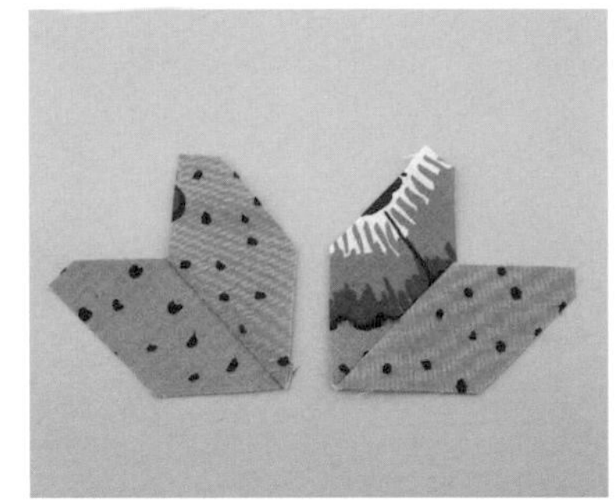

3 步驟2完成2片拼片後，以相同作法進行拼接。周圍由記號處進行一針回針縫，中心側縫至布端。

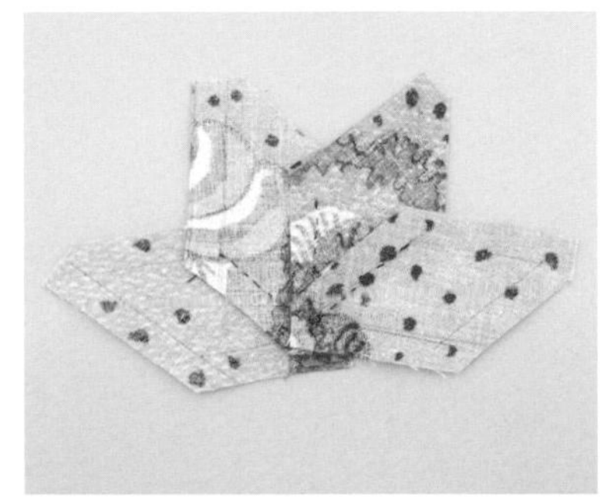

4 縫份整齊修剪成0.6㎝，固定倒向任一個方向。

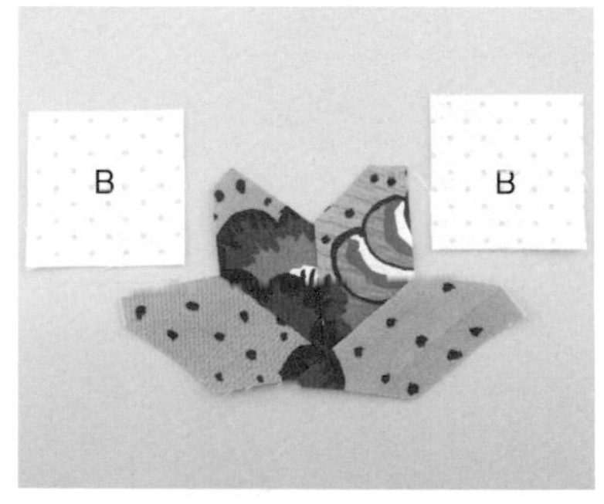


5 左、右側上方分別拼接B布片。完成直角鑲嵌拼縫。

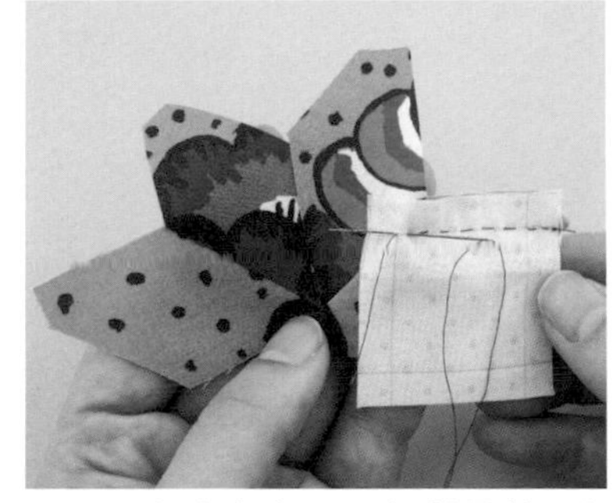

6 A布片上方正面相對疊放B布片，對齊記號，以珠針固定，由布端進行一針回針縫後，開始拼縫。在記號處進行回針縫後，暫停拼縫作業。

7 改變B布片方向，疊合相鄰的A布片，以珠針固定後，再次由記號處開始拼縫。拼縫角上部位時，不縫A布片縫份，穿入縫針時，避開縫份。

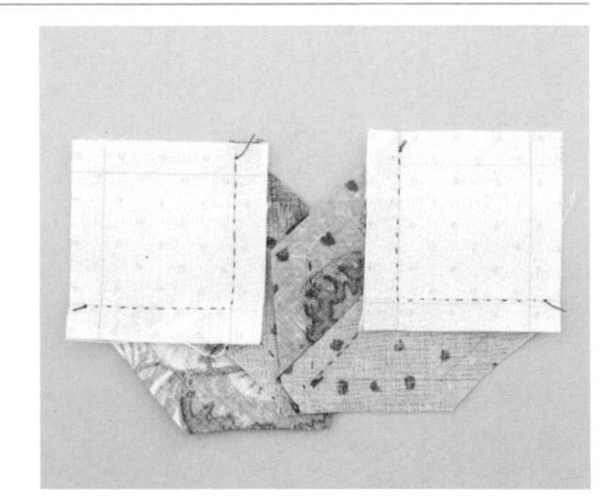

8 縫至布端為止，拼縫終點進行回針縫。另一片B布片也以相同作法完成拼接，縫份倒向A布片側。

9 步驟8完成2片拼片後，拼接2片。重點為拼接檸檬星的中心。

10 正面相對疊合2片拼片，以珠針固定兩端、接縫處與兩者中心。看著布片正面，以珠針固定接縫處，即可避免錯開位置。由記號處進行一針回針縫後，進行平針縫，在中心的接縫處進行一針回針縫，最後縫至記號，再進行一針回針縫。縫份倒向同一個方向。

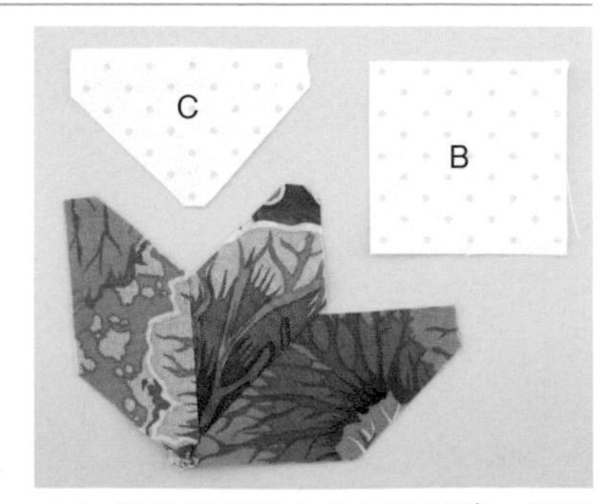


11 製作檸檬星左右側的區塊。拼接3片A布片後，分別鑲嵌拼縫B布片與C布片。拼接A布片時，中心側縫至布端，外側縫至記號為止。

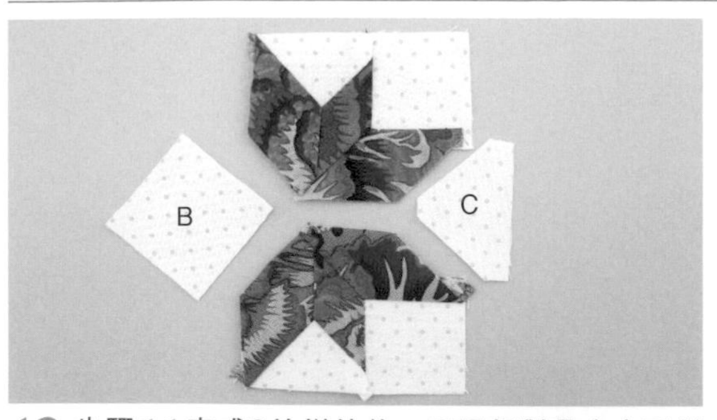


12 步驟11完成2片拼片後，正面相對疊合上下拼片，由記號至記號，進行拼接。完成拼接後，左右分別接縫1片布片B與布片C，完成檸檬星左右側的區塊。布片B與布片C進行鑲嵌拼縫，布片B由記號縫至記號。

13 步驟12完成2個區塊後，接縫於檸檬星的左右側。分別疊合一邊，進行鑲嵌拼縫。縫份倒向A布片側。

14 完成步驟12的區塊後，左右側分別拼接正方形D布片。縫份倒向D布片側。製作2片。

15 步驟13的區塊上下側，分別接縫步驟14的長方形區塊。進行鑲嵌拼縫時，分別疊合一邊。

# 配色教學

## 突顯周圍的星形圖案

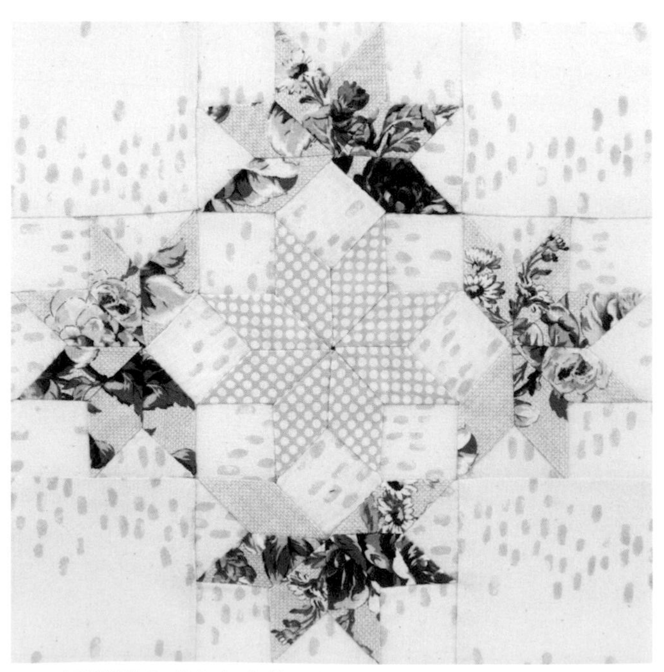

以色彩鮮豔飽和的紅色大花圖案布片，襯托上下左右的區塊，完成華麗繽紛的配色。以不規則配置的水玉模樣印花布為底色，營造生動活潑感。最後以花色素雅的同色系藍色檸檬星圖案統一整體配色。

## 以深色為基底配色表現夜空

以近似素色的黑色布片為基底配色，表現漆黑的夜空。挑選白底與黑白的淺色布片，完成色彩搭配更有層次的圖案。只搭配黑白布片顯得太單調，因此以黃綠或藍色布片為重點配色。

# P.74 手提袋

**手提袋裁布圖（單位：cm）**
※除了註記為原寸裁剪外，其餘皆需外加縫份。

## ●材料

各式拼接用布片　B至D用布兩種各60×50cm　袋底用布110×30cm（包含提把A布、滾邊部分）　E用布100×10cm（包含提把B布部分）　鋪棉、胚布各110×65cm（包含裡袋部分）　包包用底板23×23cm

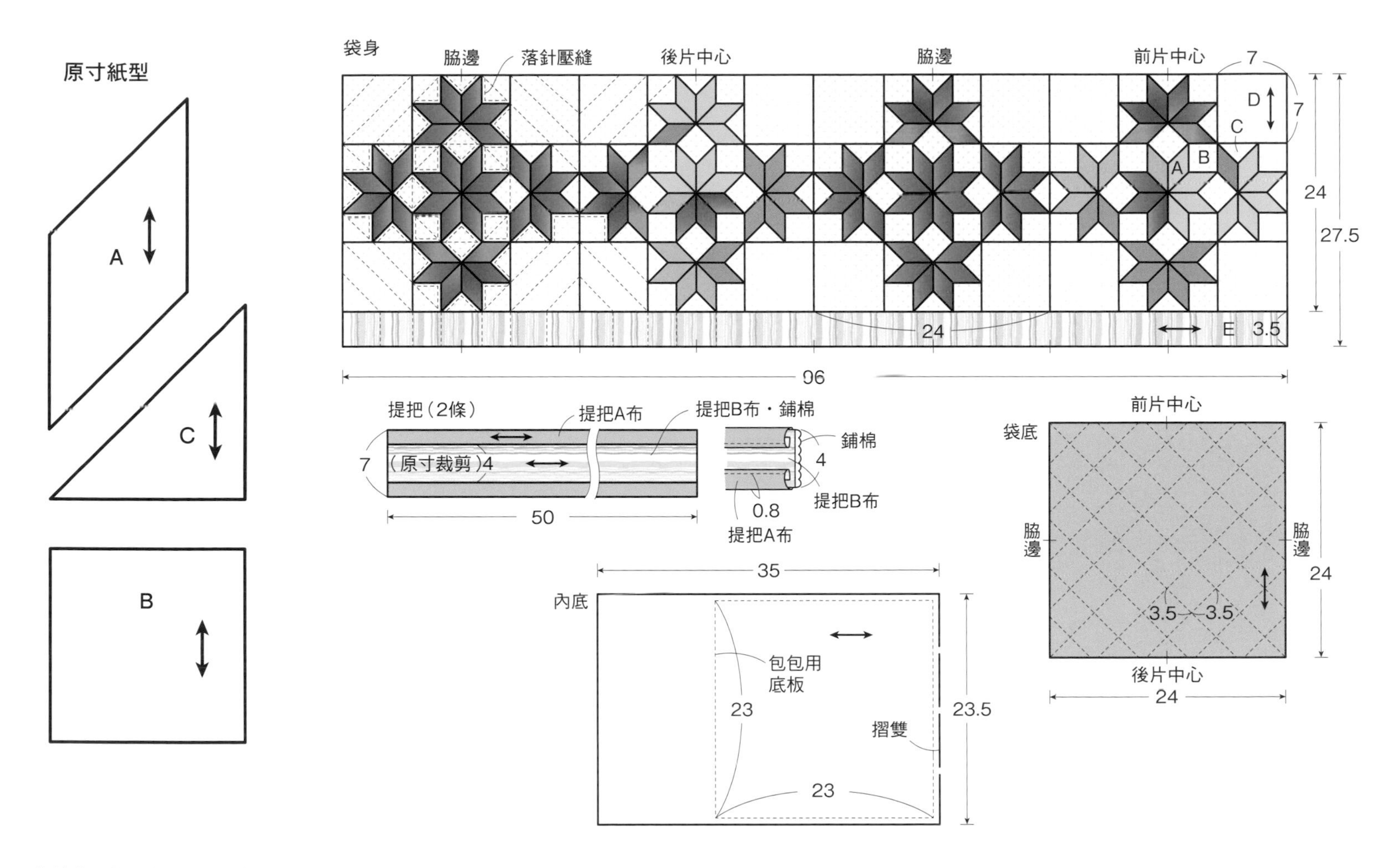


※作法步驟圖示中尺寸小於實際尺寸。

## 1　在表布上描畫壓縫線。

製作袋身表布。拼接A至D布片，完成4片圖案。橫向拼接4片圖案後，下方接縫E布片。接縫E布片時，手縫或車縫皆可。使用定規尺，在表布上描畫壓縫線。

## 2　進行疏縫。

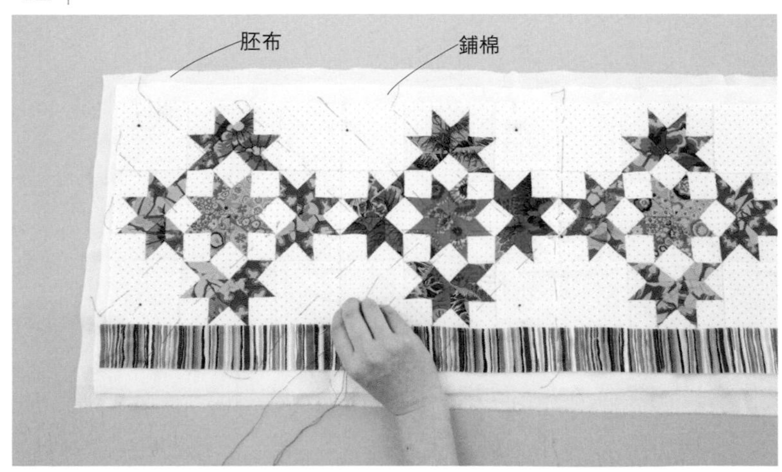


胚布裁大一點，裁布後，依序疊合鋪棉、表布，以珠針固定。由中心開始進行疏縫，先縫成十字形，再縫成放射狀。疏縫終點進行一針回針縫後剪線。剪斷此處，拆疏縫線時更輕鬆。

## 3 進行壓線。

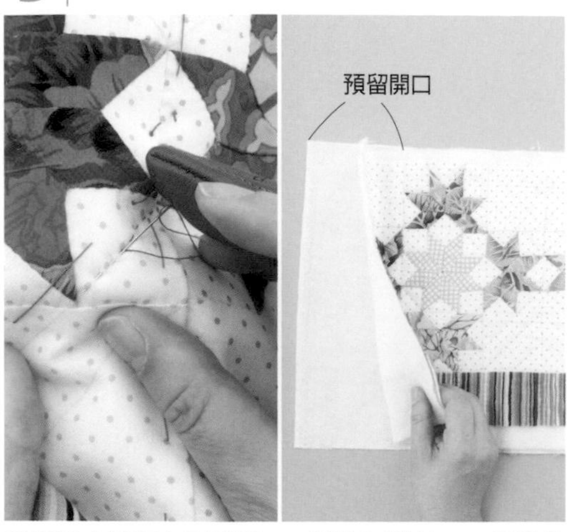


慣用手中指套上頂針器，一邊推壓縫針，一邊挑縫3層。分別挑縫2至3針，壓縫針目更整齊漂亮。袋身左右邊端，分別預留開口約一區塊寬度，不進行壓線。

## 4 將袋身縫成筒狀。

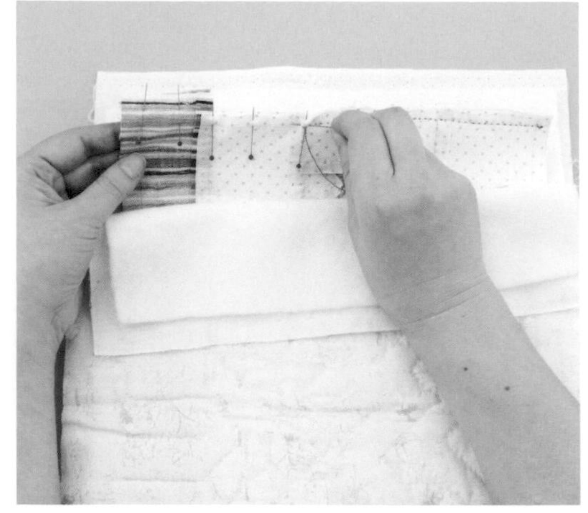

表布的左右邊端正面相對疊合，以珠針固定兩端、接縫處與兩者中心。由布端開始，進行一針回針縫，接縫處也進行回針縫，將袋身縫成筒狀。縫合時避開鋪棉與胚布。

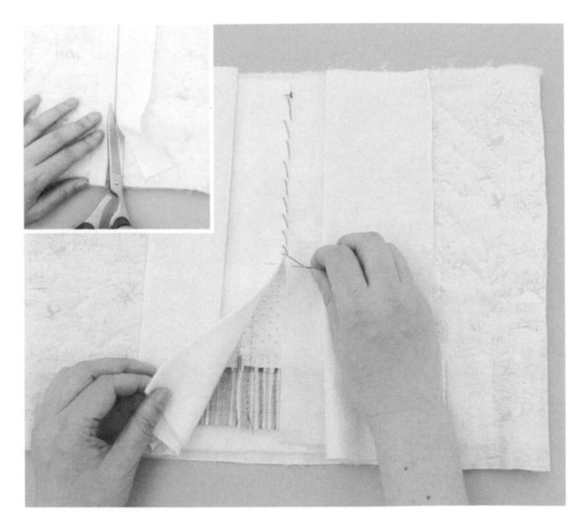

併攏鋪棉，裁掉多餘部分，僅鋪棉部分進行粗針捲針縫。避免重疊步驟4拼接表布的位置，微微地錯開併攏的位置。

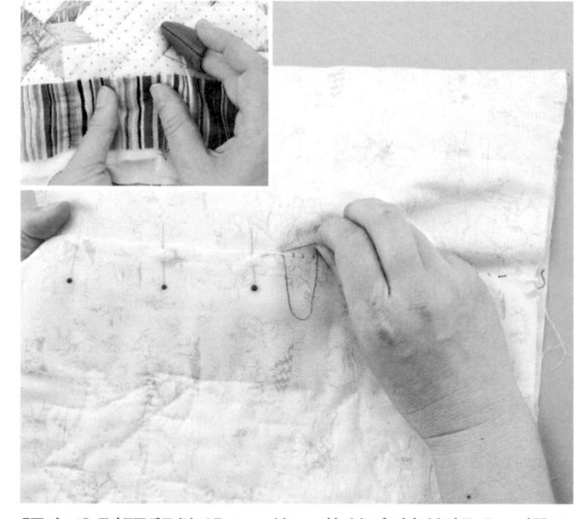

胚布分別預留縫份1cm後，裁掉多餘的部分，摺入縫份後進行藏針縫。接縫處避開表布與鋪棉的接縫處，完成步驟3預留開口部分的壓線作業。

## 5 製作袋底。

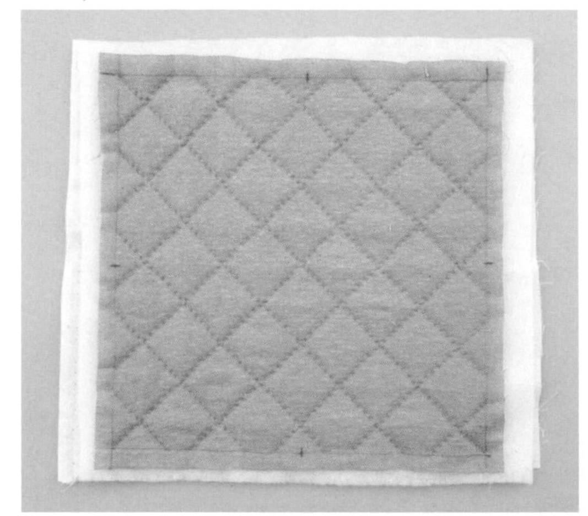

以一整片布裁剪袋底後，疊合鋪棉與胚布，進行方格狀壓線。完成壓線後，重新在布片中心描畫完成線，在各邊中心作合印記號。

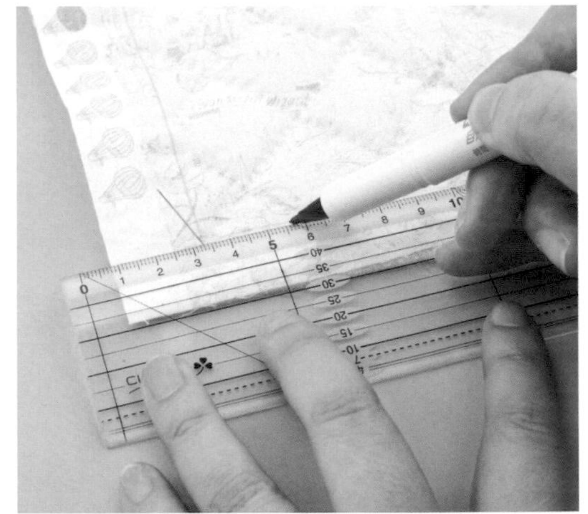

珠針由表側穿入四個角上部位，以珠針位置為大致基準，沿著定規尺，描畫背面側的完成線。袋身也以相同作法描畫完成線與作合印記號。

## 6 縫合袋身與袋底。

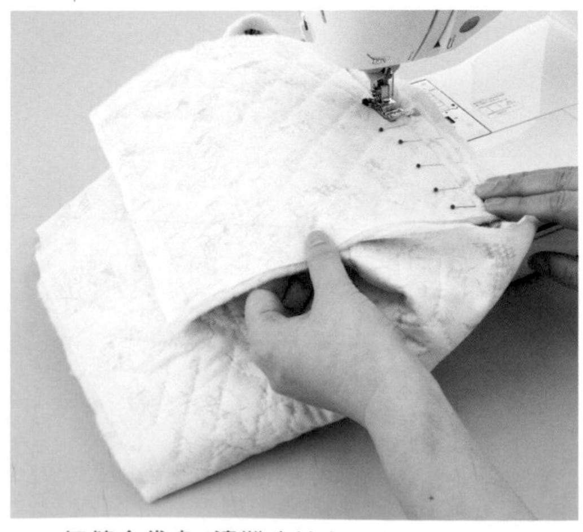

一口氣縫合袋身4邊難度較高，因此建議分別縫合每一個邊。先縫合左右的一邊，對齊角上與合印記號，以珠針細密固定後，由記號至記號，進行車縫。車縫起點與終點進行回針縫。

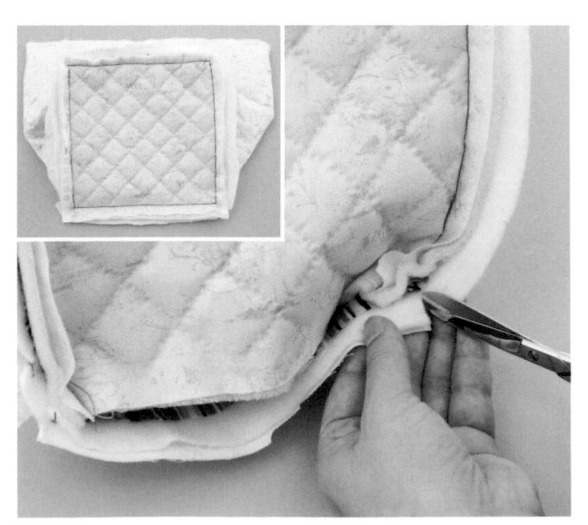

左側也以相同作法進行縫合，袋身角上部位的合印記號剪牙口。如此作法會更容易縫合上下邊。上下邊分別疊合後進行縫合。

## 7 處理袋底的縫份。

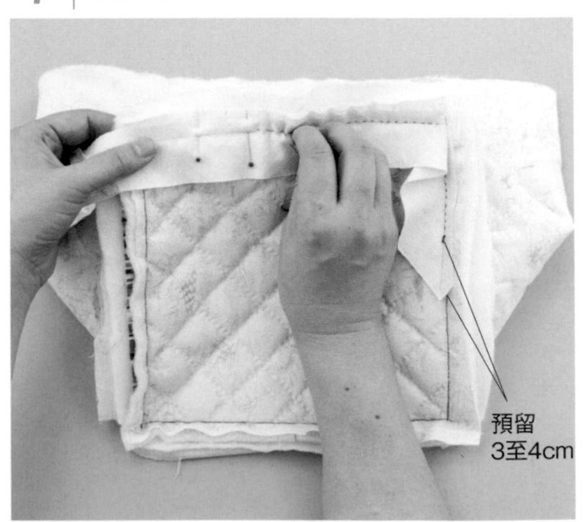


準備寬4cm的斜布條。沿著布邊1cm位置進行畫線，對齊步驟6的縫合線，挑縫至鋪棉為止。縫合起點預留3至4cm左右。角上部位進行畫框式包邊（請參照P.84）。

縫至終點後，併攏斜布條頭尾，預留縫份1cm，裁掉多餘部分，接縫斜布條。燙開縫份，縫合最初預留開口部分，沿著斜布條邊端，裁掉袋底與袋身的多餘部分與鋪棉。

朝著袋身側摺疊斜布條，摺入縫份後進行藏針縫。一邊隱藏步驟6的縫合針目，一邊進行藏針縫，完成更精美的作品。與正面側逆向摺疊角上部位的縫份後，進行藏針縫。

## 8 進行袋口滾邊。

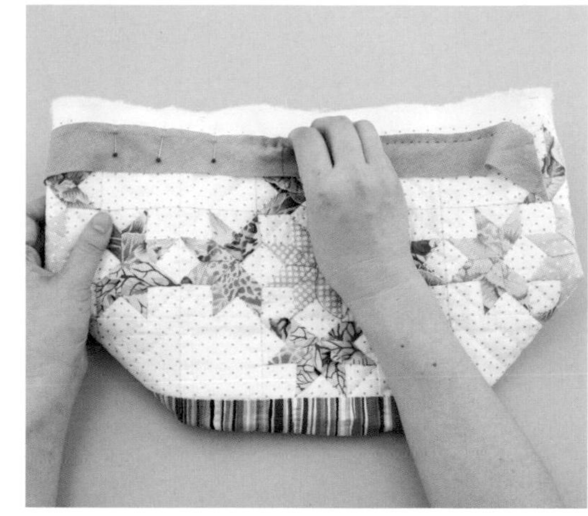

準備寬3.5cm斜布條。由後片側比較不顯眼的位置開始，如同袋底作法，滾邊起點預留3至4cm開口不縫。進行滾邊一整圈後，如同袋底作法，併攏斜布條頭尾，進行縫合。

## 9 製作提把後進行接縫。

燙開縫份，縫合預留開口部分，整齊修剪袋口的縫份，以斜布條包覆後，在內側進行藏針縫。縫針就近穿入挑縫部位上方，進行立針藏針縫，縫合針目就不會太顯眼。

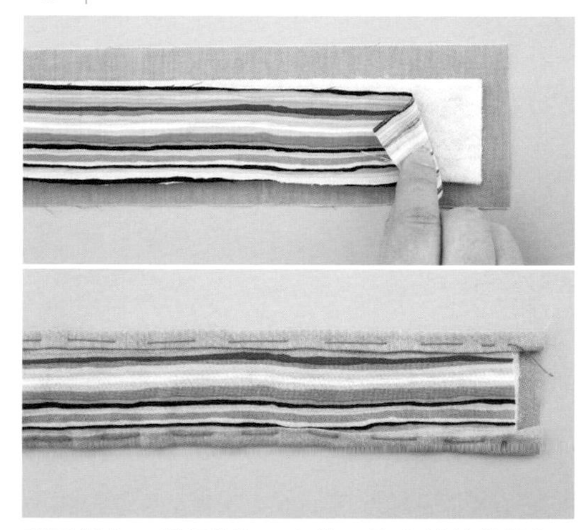

背面朝上，擺好提把A布後，疊合鋪棉與提把B布。以提把A布包覆上方的2片素材，進行疏縫後，車縫褶山部位。

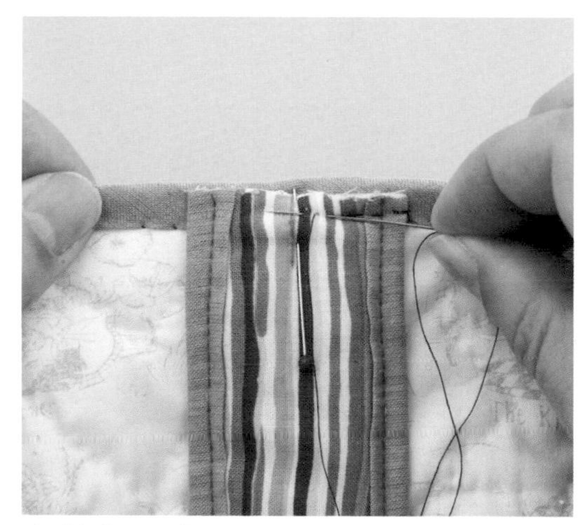

完成提把後，背面相對疊在袋身內側的提把接縫位置※。避免縫合針目出現在正面，將提把接縫於滾邊部位。以回針縫接縫提把而更牢固。

※距離中心6cm位置。

## 10 製作內底。

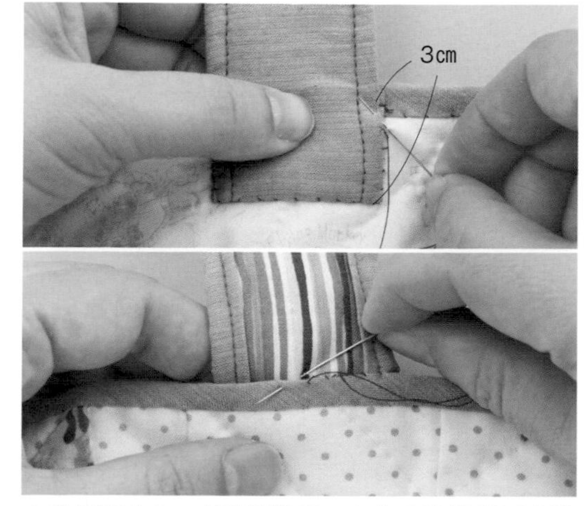


由袋口下方3cm處反摺提把，在左右脇邊與下部進行藏針縫。正面側袋口滾邊的邊端也進行藏針縫，確實地接縫提把。

裁剪裡袋用布，兩端開口摺成三褶後，進行車縫。手縫亦可。正面相對對摺後，縫合脇邊，縫成袋狀。

包包用底板裁成23×23cm，放入裡袋的袋子後，摺疊袋口。摺疊袋口側朝下，放入手提袋底部，完成內底。

# 自行配置，進行製圖吧！

不妨自己試著將書中出現的圖案進行製圖吧！由於是為了易於製圖而圖案化，因此雖是與原本構圖有些微差異的圖，但只要配合喜歡的大小製圖，即可應用於各式各樣的作品當中。另外，也將一併介紹基本的接縫順序。請連同P.86以後作品的作法，一起當作作品製作的參考依據。

※箭頭為縫份倒向。

## 風車(P.29)

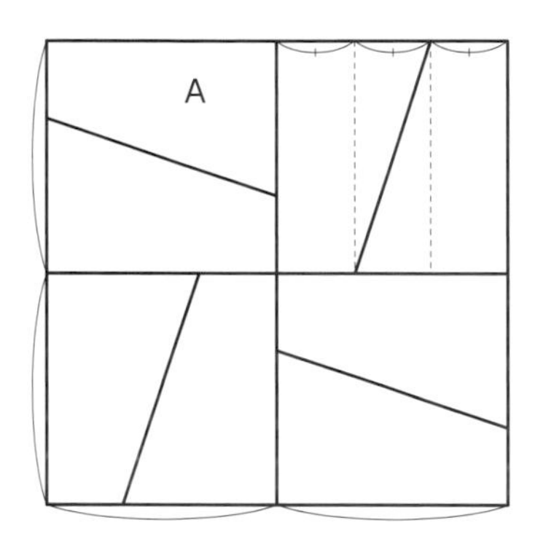


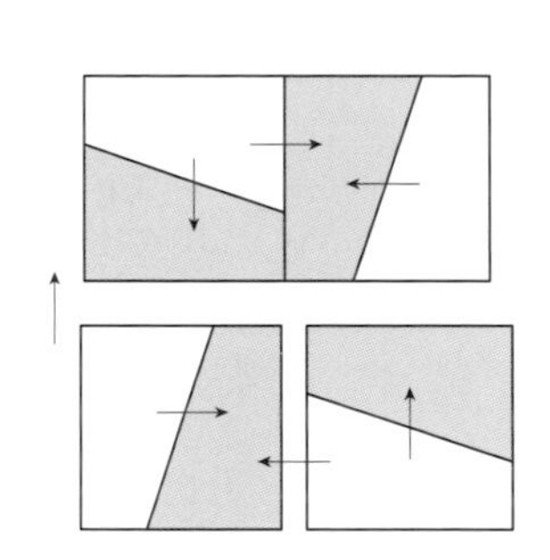

## 法院的階梯（P.29）

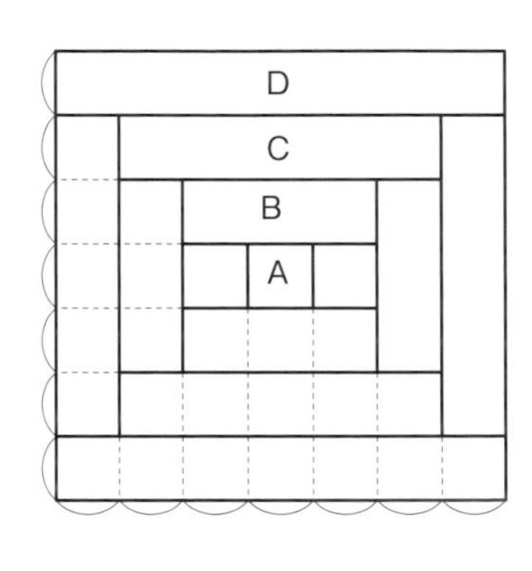


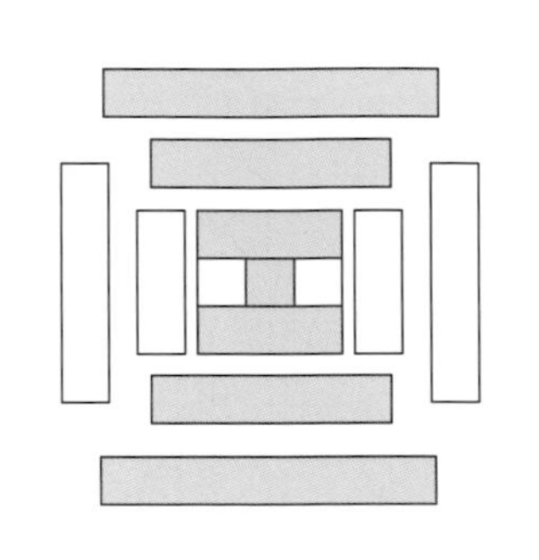

由中心開始，依序接縫左右上下，縫份皆倒向外側。

## 混合T(P.30)

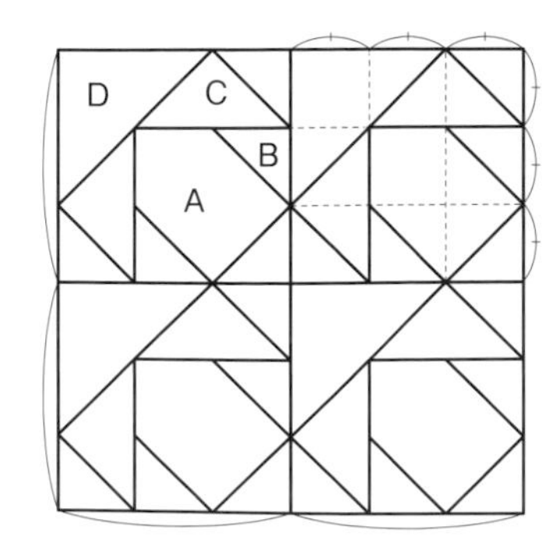


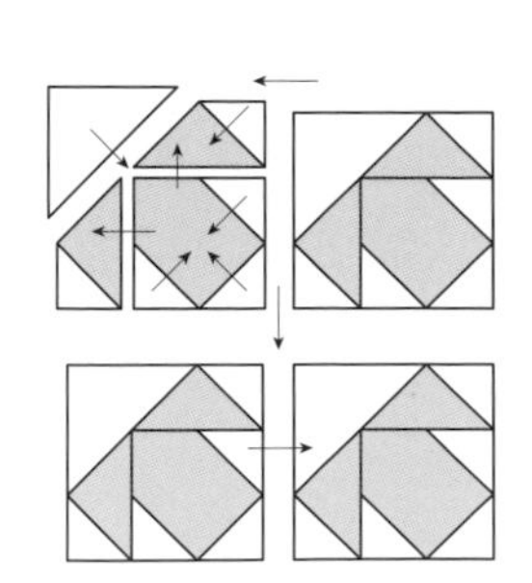

## 心形(P.31)

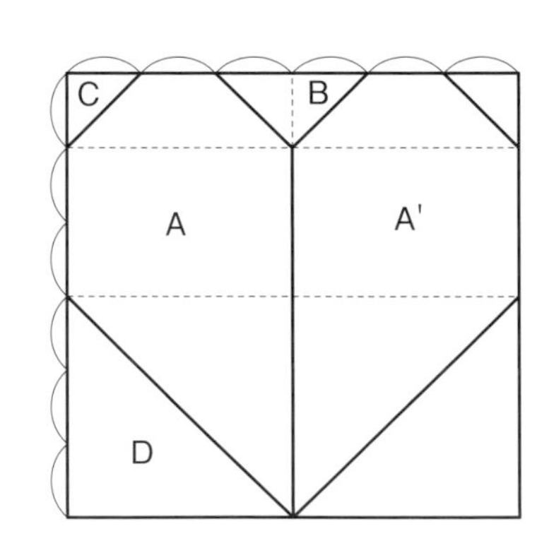


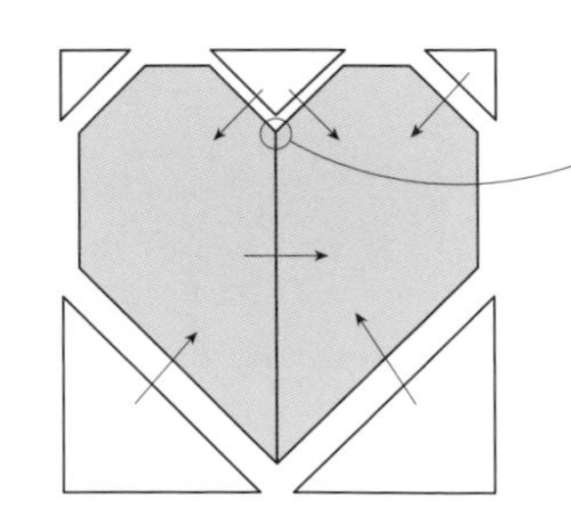

縫至記號，進行鑲嵌拼縫。

## 雙重Z(P.32)

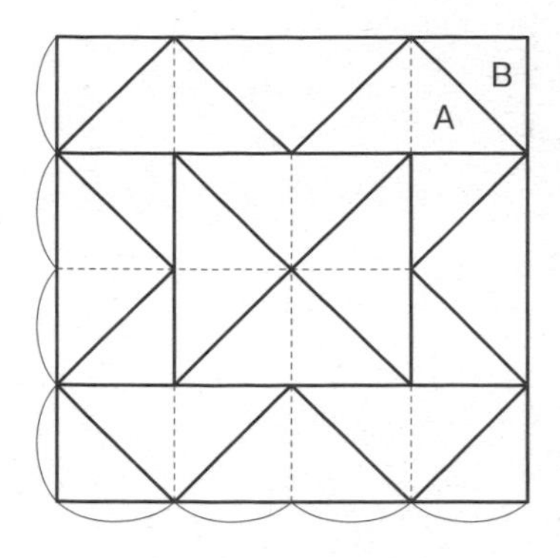


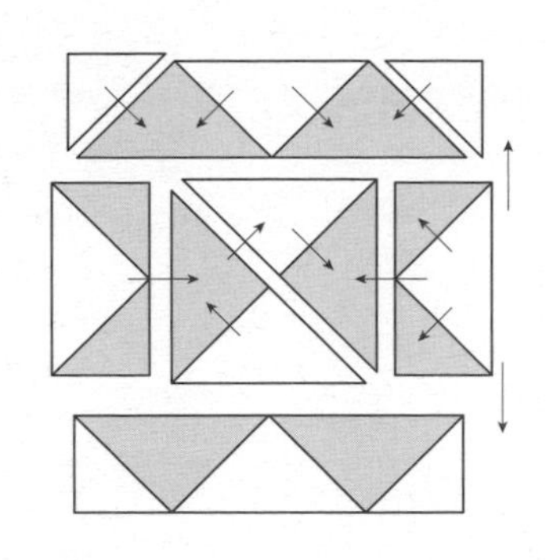

## 八角形(P.33)

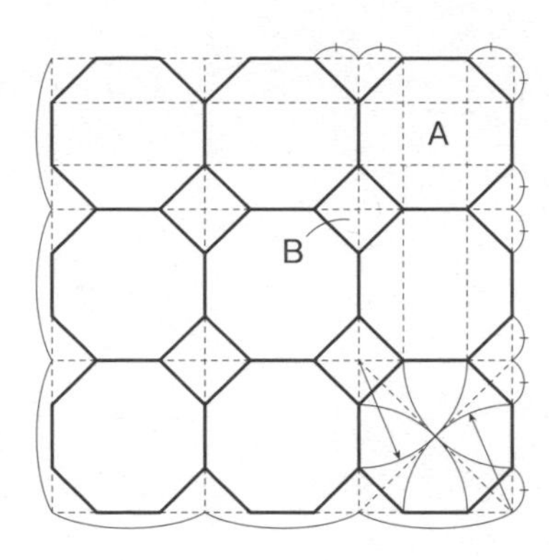


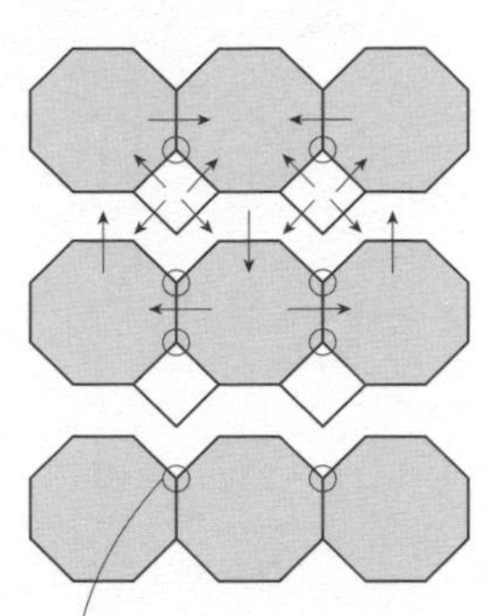

縫至記號，進行鑲嵌拼縫。

## 飛翼廣場(P.34)

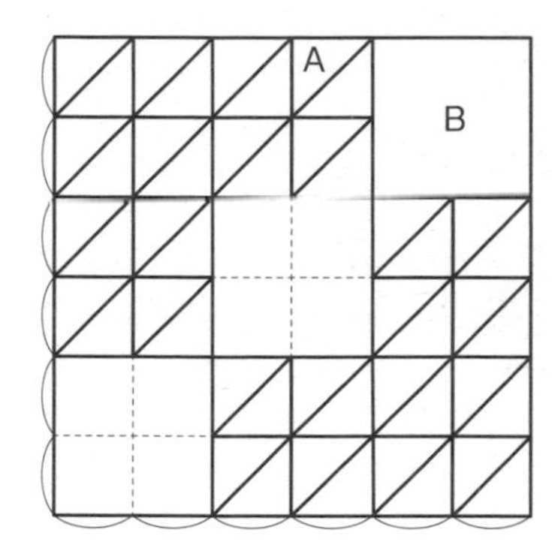


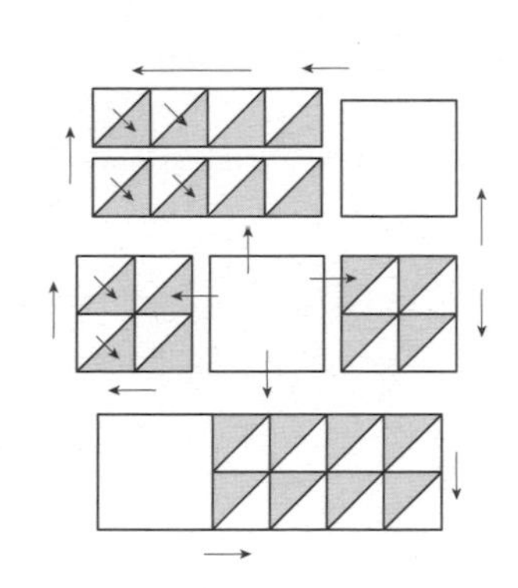

# 複習製圖的基礎

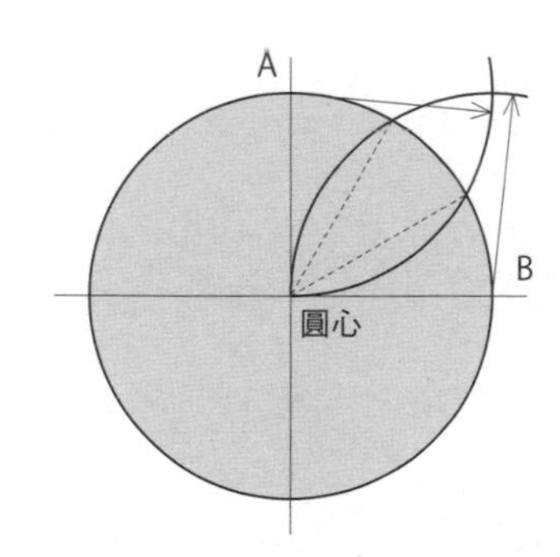


將1/4圓分割成3等分……分別由AB兩點為中心，畫出通過圓心的圓弧，得出兩弧線相交的交點。

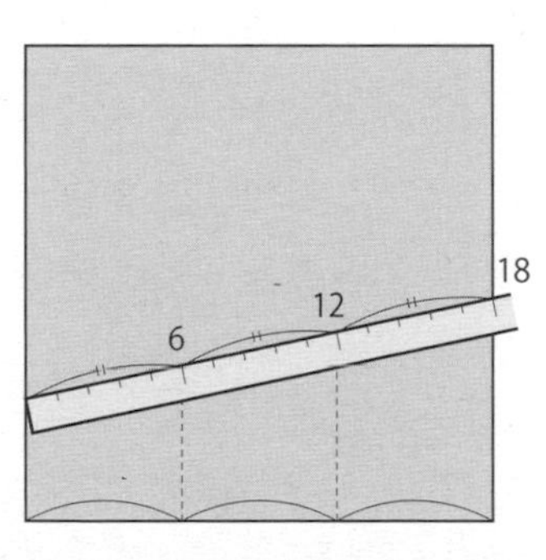


分割成3等分……選取方便分成3等分的寬度，斜放上定規尺，並於被分成3等分的點上，畫出垂直線。

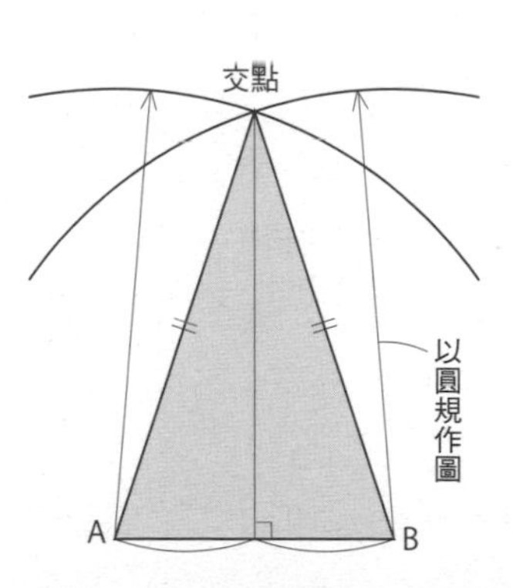


等邊三角形……決定底邊線段AB，並由端點A為圓心，取任意長度的線段為半徑，畫弧。這次改以端點B為圓心，並以相同長度的線段畫弧，得出交點。

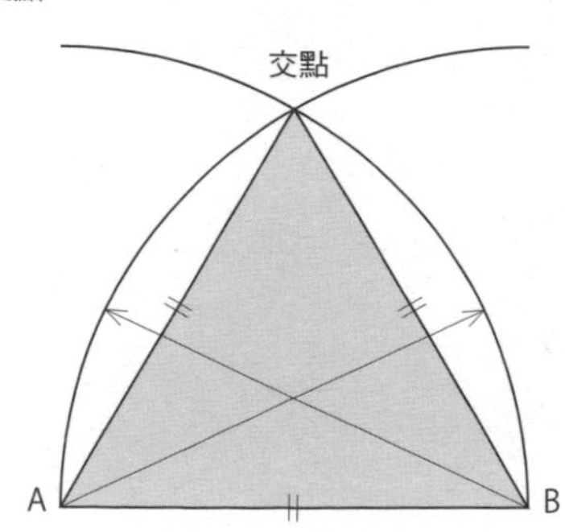


正三角形……先決定線段AB的邊長，再分別以端點AB為圓心，以此線段為半徑畫弧，得出交點。

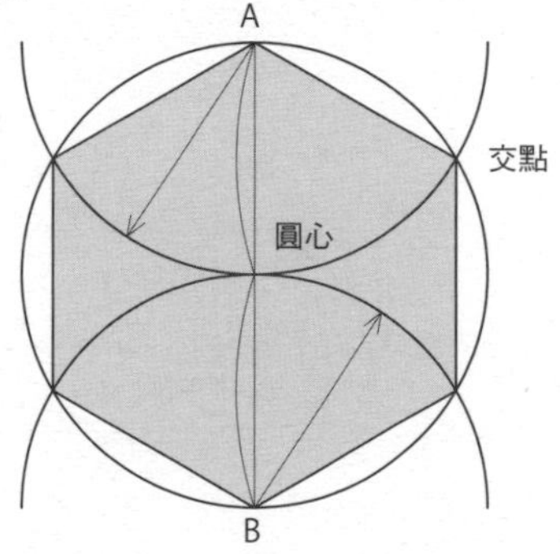


正六角形……畫圓，並畫上一條通過圓心的線段AB。分別由AB兩點為中心，畫出通過圓心的圓弧，得出各交點。

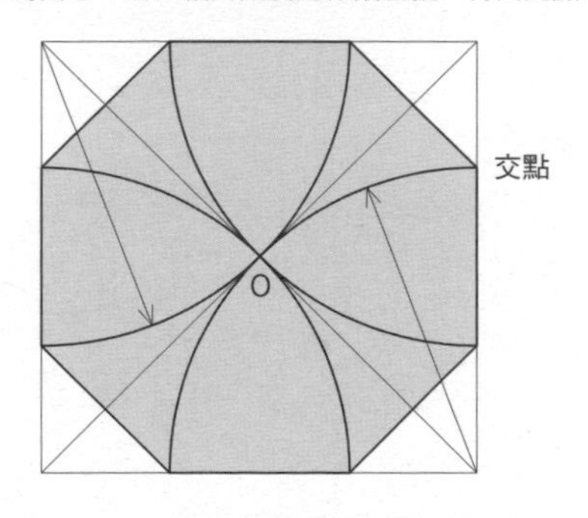


正八角形……取正方形對角線的交點為O。再分別由四個邊角畫出穿過交點O的圓弧，得出各交點。

# 一定要學會の拼布基本功

## 基本工具

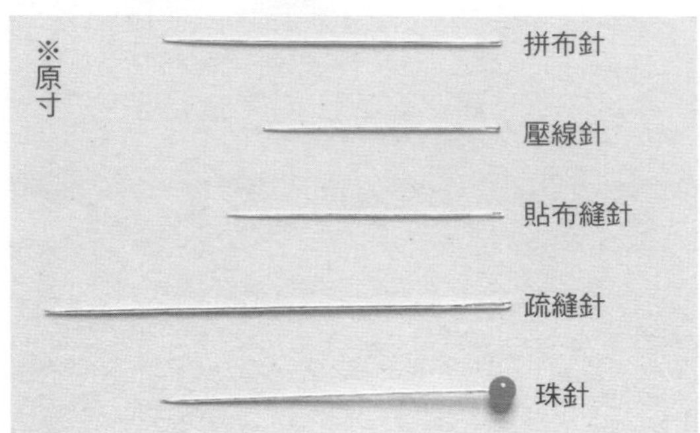


配合用途有各式各樣的針。拼布針為8至9號洋針，壓線針細且短，貼布縫針像絹針一樣細又長，疏縫針則比較粗且長。

### 線

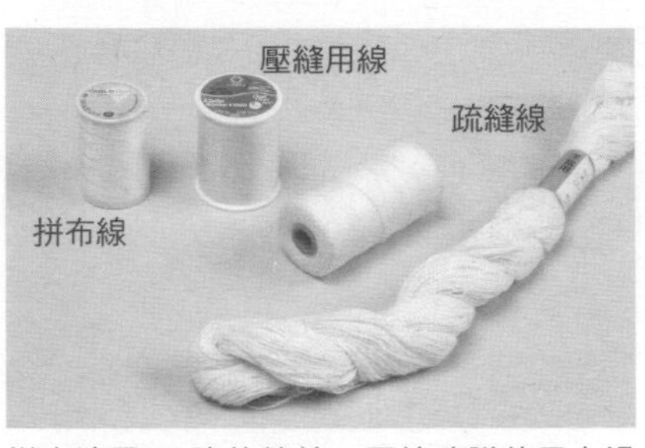


拼布適用60號的縫線，壓線建議使用上過蠟、有彈性的線。但若想保有柔軟度，也可使用與拼布一樣的線。疏縫線如圖示，分成整捲或整捆兩種包裝。

### 記號筆

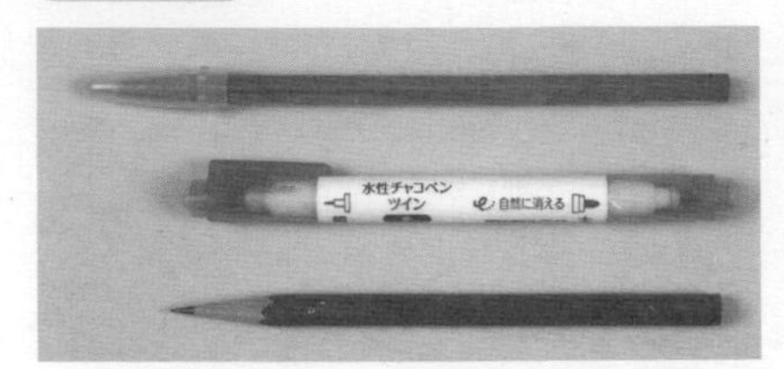

一般是使用2B鉛筆。深色布以亮色系的工藝用鉛筆或色鉛筆作記號，會比較容易看見。氣消筆或水消筆在描畫壓線線條時很好用。

### 頂針器

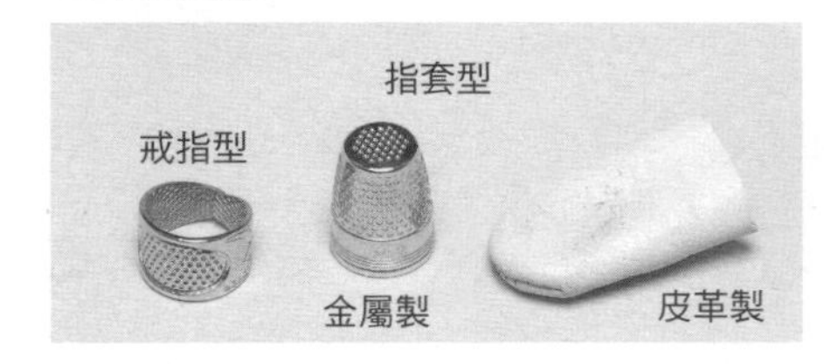


平針縫與壓線時的必備工具。一旦熟練使用，縫出的針趾就會漂亮工整。戒指型主要用於平針縫，金屬或皮革製的指套則用於壓線。

### 壓線框

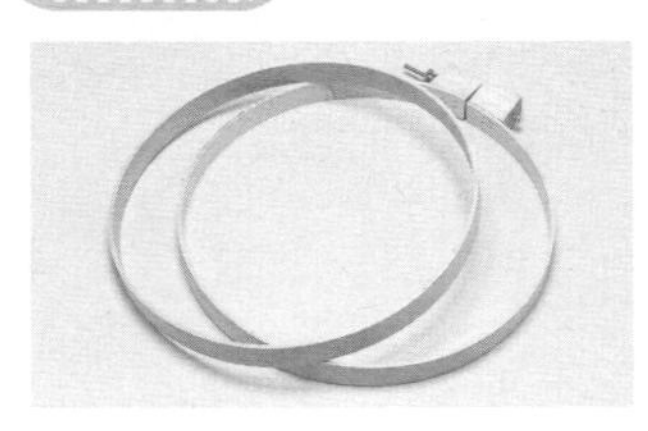

繡框的放大版。壓線時將布框入撐開。直徑30至40cm是好用的尺寸。

## 拼布用語

◆圖案（Pattern）◆

拼縫三角形或四角形的布片，展現幾何學圖形設計。依圖形而有不同名稱。

◆布片（Piece）◆

組合圖案用的三角形或四角形等的布片。以平針縫縫合布片稱為「拼縫」（Piecing）。

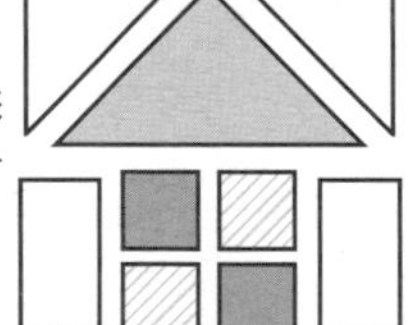

◆區塊（Block）◆

由數片布片縫合而成。有時也指完成的圖案。

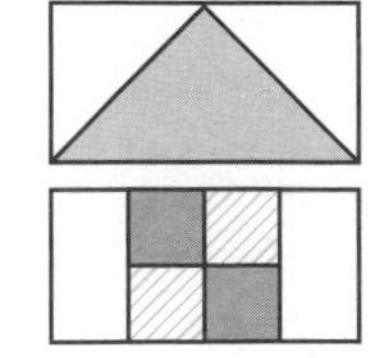

◆表布（Top）◆

尚未壓線的表層布。

◆鋪棉◆

夾在表布與底布之間的平面棉襯。適用密度緊實的薄鋪棉。

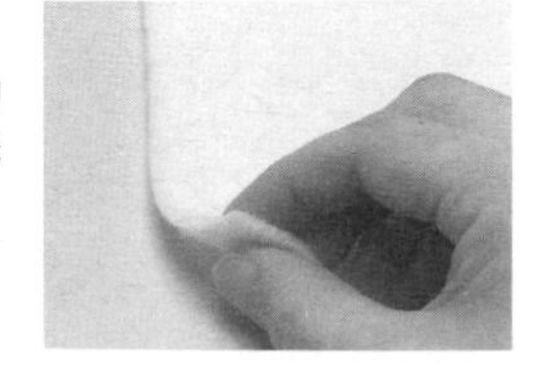

◆底布◆

鋪棉的底布。夾在表布與底布之間。適用織目疏鬆、針容易穿過的材質。薄布會讓壓線的陰影無法漂亮呈現於表層，並不適合。

◆貼布縫◆

另外縫合上其他的布。主要是使用立針縫（參照P.83）。

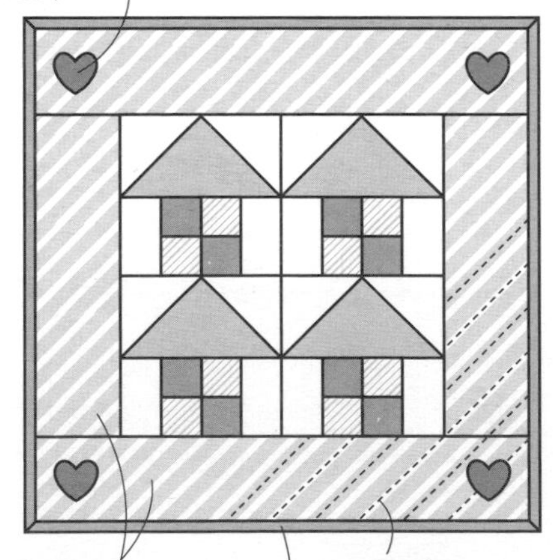

◆大邊條◆

接縫在由數個圖案縫合的表布邊緣的布。

◆壓線◆

重疊表布、鋪棉與底布，壓縫3層。

◆包邊◆

以斜紋布條包覆完成壓線的拼布周圍或包包的袋口縫份。

◆壓線線條◆

在壓線位置所作的記號。

## 主要步驟

製作布片的紙型。

使用紙型在布上作記號後裁布，準備布片。

拼縫布片，製作表布。

在表布描畫壓線線條。

重疊表布、鋪棉、底布進行疏縫。

進行壓線。

包覆四周縫份，進行包邊。

# 拼縫前準備工作

## 下水

新買的布在縫製前要水洗。即使是統一使用相同材質的布拼縫，由於縮水狀況不一，有時作品完成下水仍舊出現皺縮問題。此外，以水洗掉新布的漿，會更好穿縫，且能預防褪色。大片布就由洗衣機代勞，洗後在未完全乾燥時，一邊整理布紋，一邊以熨斗整燙。

## 關於布紋

原寸紙型上的箭頭所指方向代表布紋。布紋是指直橫交織而成的紋路。直橫正確交織，布就不會歪斜。而拼布不同於一般裁縫，布紋要對齊直布紋或橫布紋任一方都OK。斜紋是指斜向的布紋。與直布紋或橫布紋呈45度的稱為正斜向。

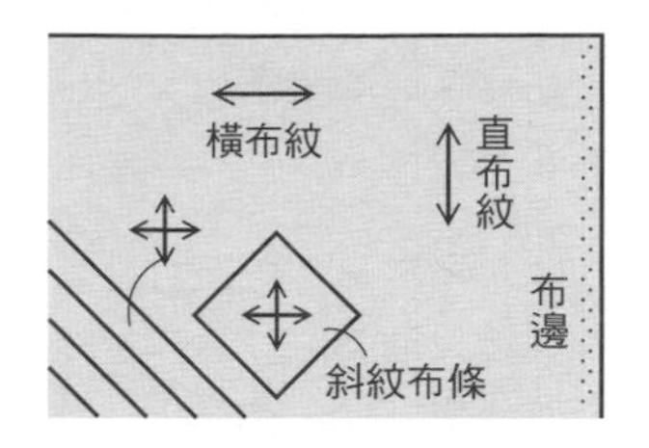


# 製作紙型

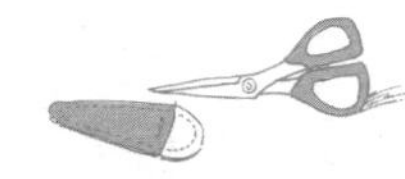

將製好圖的紙，或是自書本複印下來的圖案，以膠水黏貼在厚紙板上。膠水最好挑選不會讓紙起皺的紙用膠水。接著以剪刀沿著線條剪開，註明所需數量、布紋，並視需要加上合印記號。

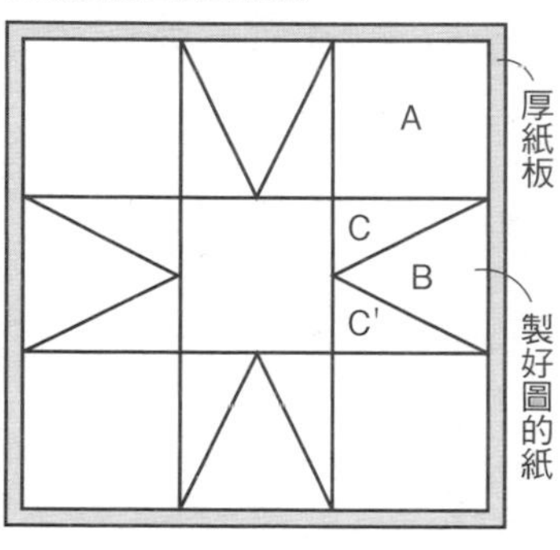


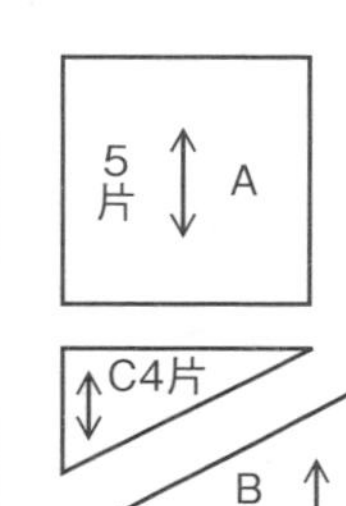


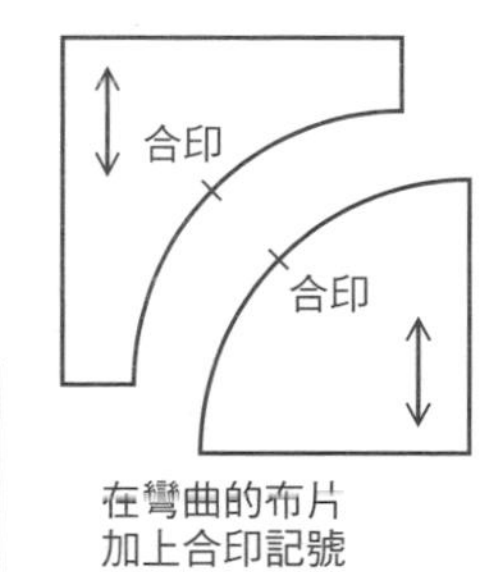


在彎曲的布片加上合印記號

# 作上記號後裁剪布片

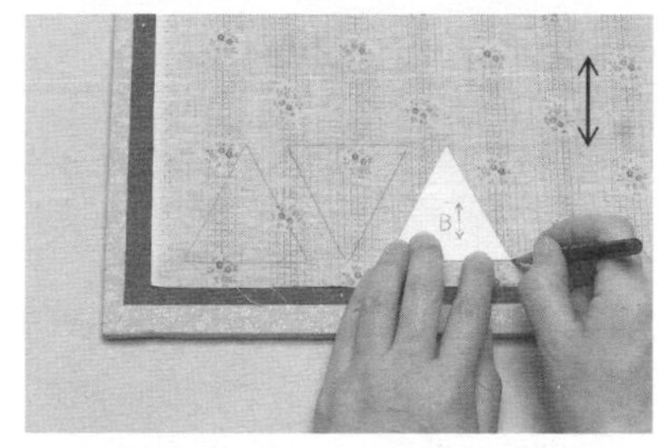

紙型置於布的背面，以鉛筆作上記號。在貼上砂紙的裁布墊上作記號，布比較不會滑動。縫份約為0.7cm，不必作記號，目測即可。

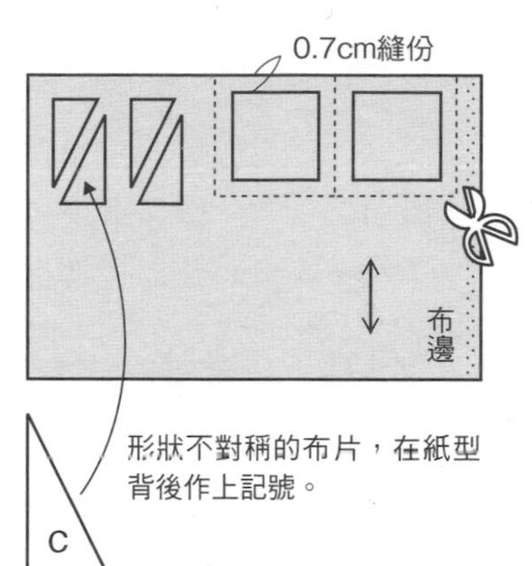


形狀不對稱的布片，在紙型背後作上記號。

# 拼縫布片

◆始縫結◆

縫前打的結。手握針，縫線繞針2、3圈，拇指按住線，將針向上拉出。

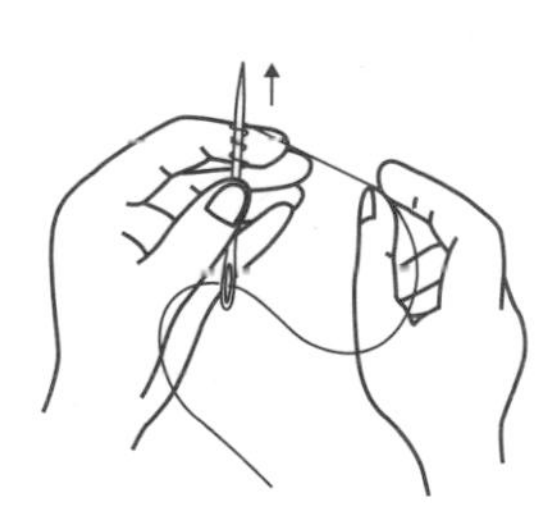

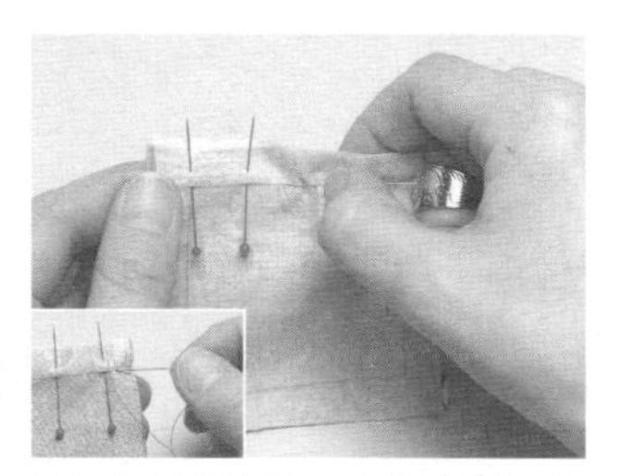

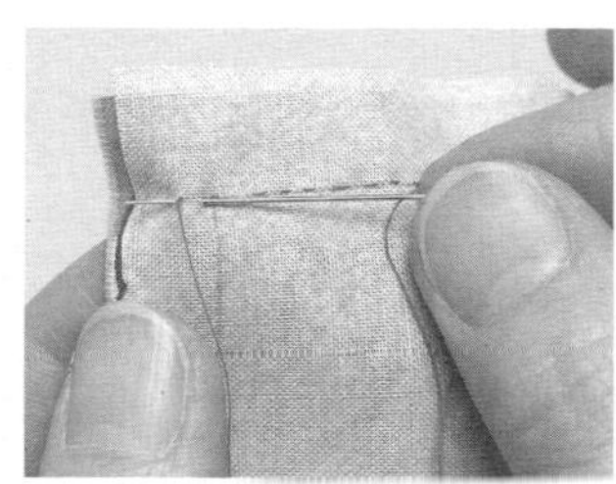

**1** 2片布正面相對，以珠針固定，自珠針前0.5cm處起針。

**2** 進行回針縫，手指確實壓好布片避免歪斜。

**3** 以手指稍微整理縫線，避免布片縮得太緊。

**4** 在止縫處回針，並打結。留下約0.6cm縫份後，裁剪多餘布片。

◆止縫結◆

縫畢，將針放在線最後穿出的位置，繞針2、3圈，拇指按住線，將針向上拉出。

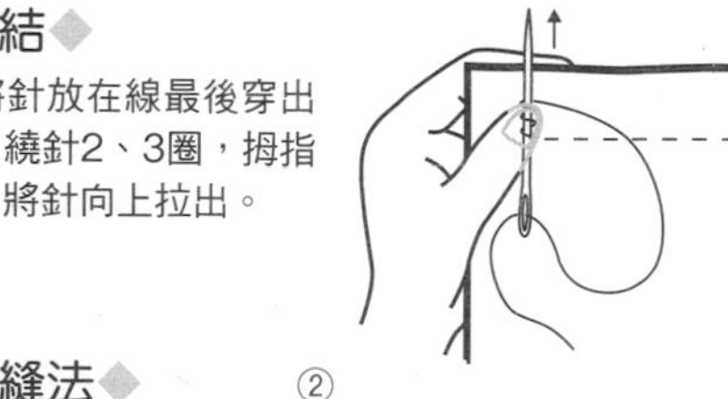

◆分割縫法◆

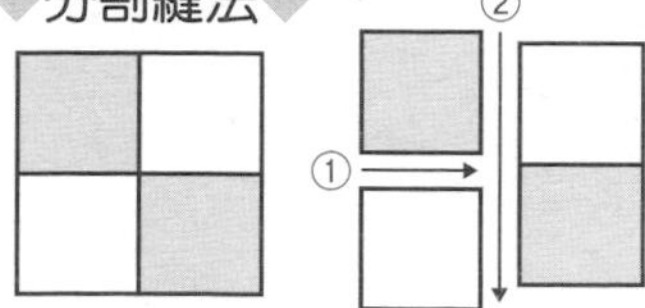


直線方向由布端縫到布端時，分割成帶狀拼縫。

◆鑲嵌縫法◆

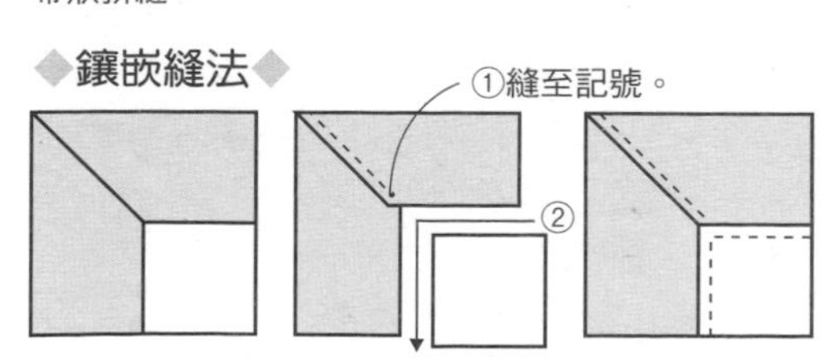


無法使用直線的分割縫法時，在記號處止縫，再嵌入布片縫合。

## 各式平針縫

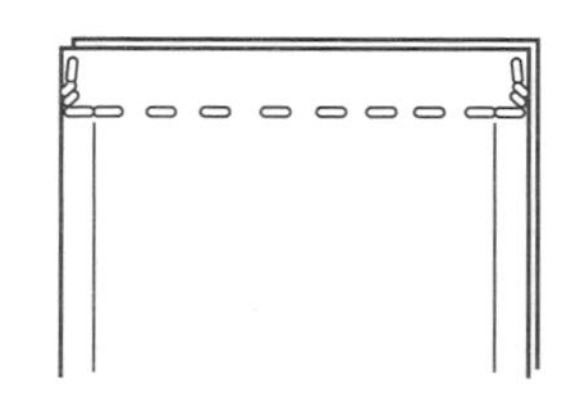

由布端到布端
兩端都是分割縫法時。

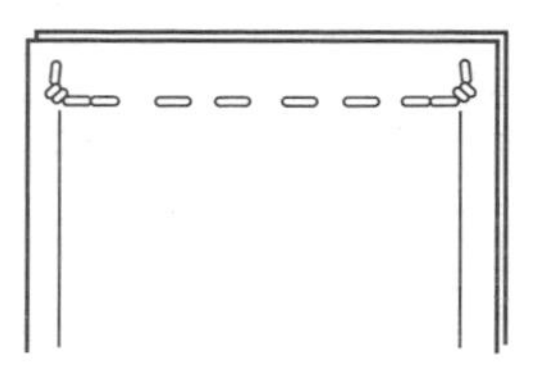

由記號縫至記號
兩端都是鑲嵌縫法時。

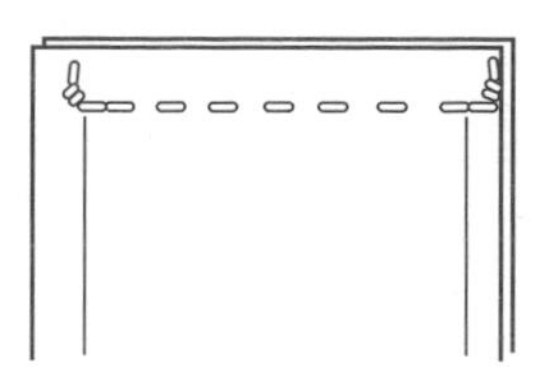

由布端縫至記號
縫至記號側變成鑲嵌縫法時。

## 縫份倒向

縫份不熨開而倒向單側。朝著要倒下的那一側，在針趾向內1針的位置摺疊縫份，以指尖往下按壓。

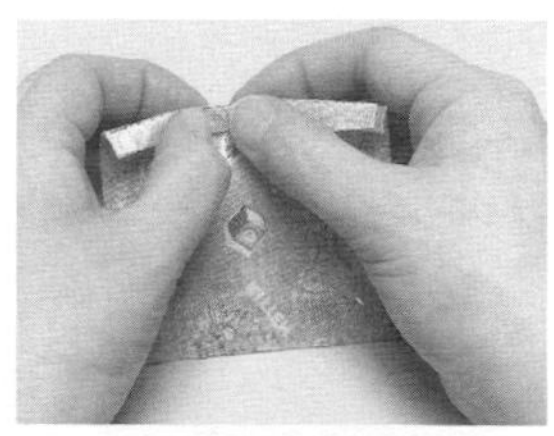

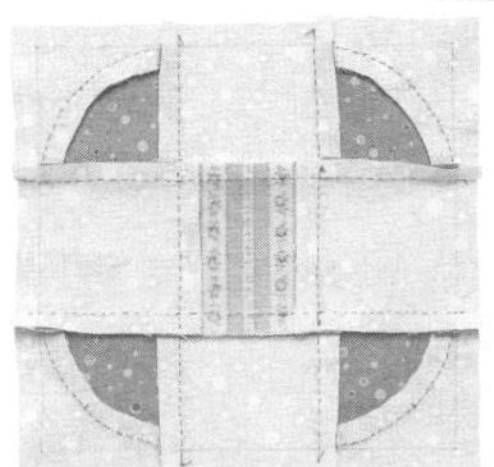

基本上，縫份是倒向想要強調的那一側，彎曲形則順其自然的倒下。其他還有全部朝同一方向倒下，或是倒向外側等，各式各樣的倒向方法。碰到像檸檬星（右）這種布片聚集在中心的狀況，就將菱形布片兩兩縫合成縫份倒向同一個方向的區塊，整合成上下的帶狀布後，再彼此縫合。

## 描畫壓線線條，進行疏縫

以熨斗整燙表布，使縫份固定。接著在表面描畫壓線記號。若是以鉛筆作記號，記得不要畫太黑。在畫格子或條紋線時，使用上面有平行線及方眼格線的尺會很方便。

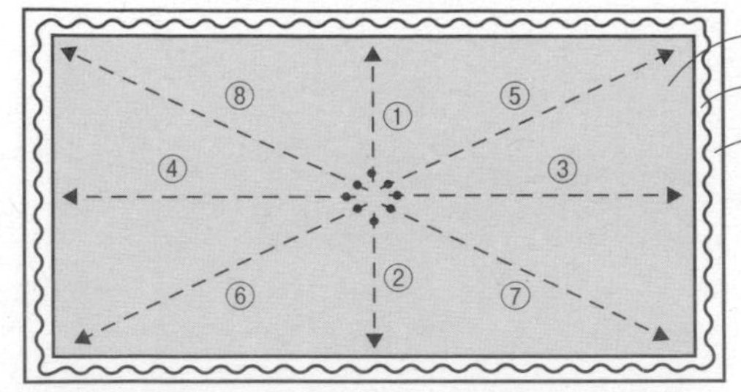


準備稍大於表布的底布與鋪棉，依底布、鋪棉、表布的順序重疊，以手撫平，再以珠針重點固定。由中心向外側進行疏縫。上圖是放射狀疏縫的例子。

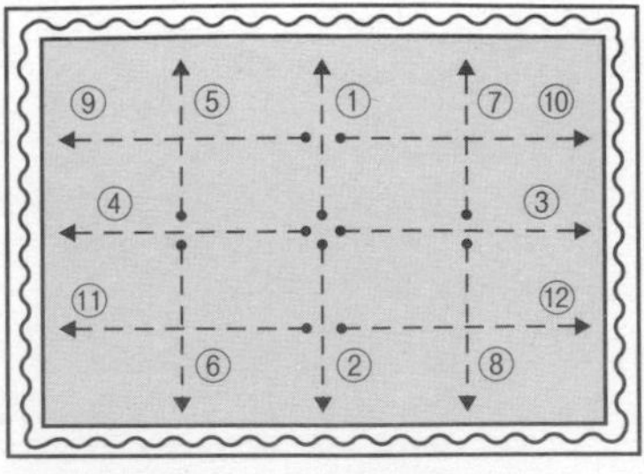

格狀疏縫的例子。適用拼布小物等。

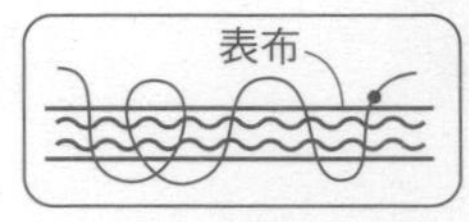


止縫作一針回針縫，不打止縫結，直接剪掉線。

## 壓線

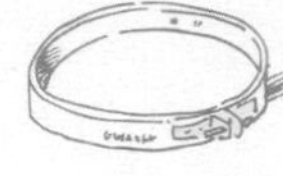

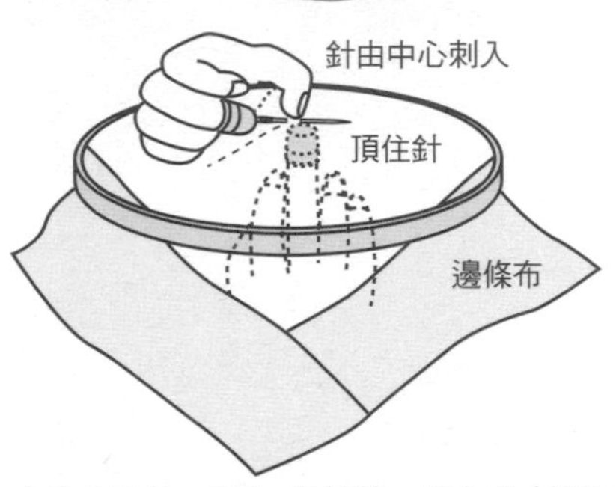


由中心向外，3層一起壓線。以右手（慣用手）的頂針指套壓住針頭，一邊推針一邊穿縫。左手（承接手）的頂針指套由下方頂住針。使用拼布框作業時，當周圍接縫邊條布，就要刺到布端。

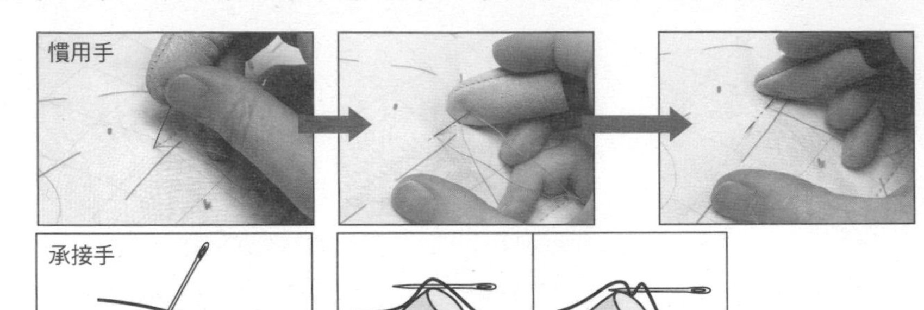


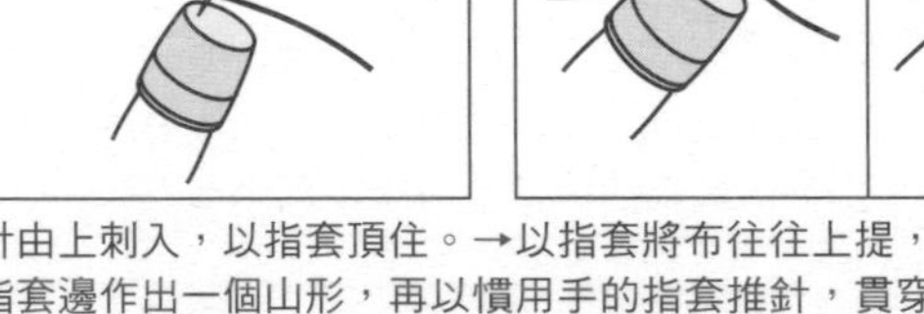


針由上刺入，以指套頂住。→以指套將布往往上提，在指套邊作出一個山形，再以慣用手的指套推針，貫穿山腰。→以指套往左錯開，製造下個一山形，再依同樣方式穿縫。

每穿縫2、3針，就以指套壓住針後穿出。

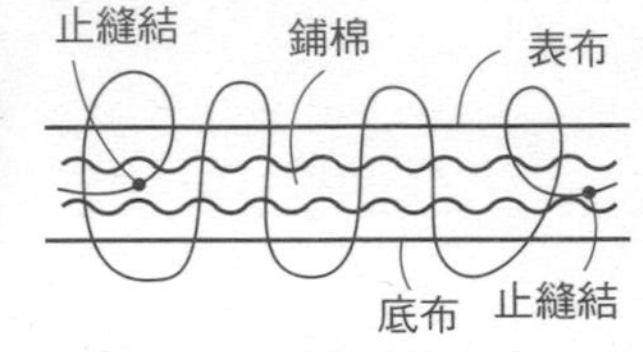


從稍偏離起針的位置入針，將始縫結拉至鋪棉內，縫一針回針縫，止縫也要縫一針回針縫，將止縫結拉至鋪棉內藏起來。

## 包邊

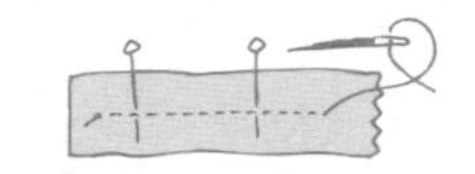

### 畫框式滾邊

所謂畫框式滾邊，就是以斜紋布條包覆拼布四周時，將邊角處理成及畫框邊角一樣的形狀。

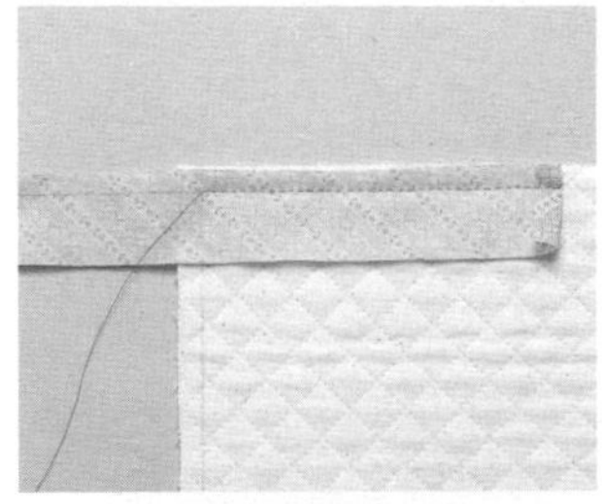

**1** 在正面描畫四周的完成線。斜紋布條正面相對疊放在拼布上，對齊斜紋布條的縫線記號與完成線，以珠針固定，縫到邊角的記號，在記號縫一針回針縫。

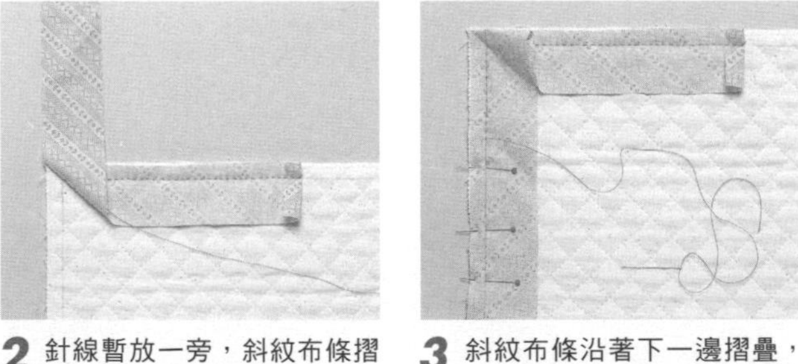

**2** 針線暫放一旁，斜紋布條摺成45度（當拼布的角是直角時）。重要的是，確實沿記號邊摺疊成與下一邊平行。

**3** 斜紋布條沿著下一邊摺疊，以珠針固定記號。邊角如圖示形成一個褶子。在記號上出針，再次從邊角的記號開始縫。

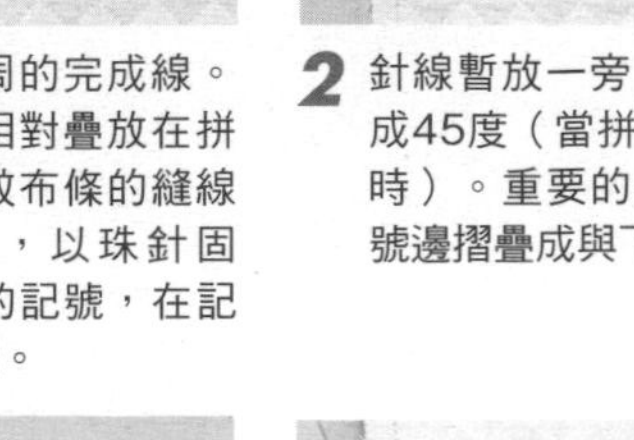

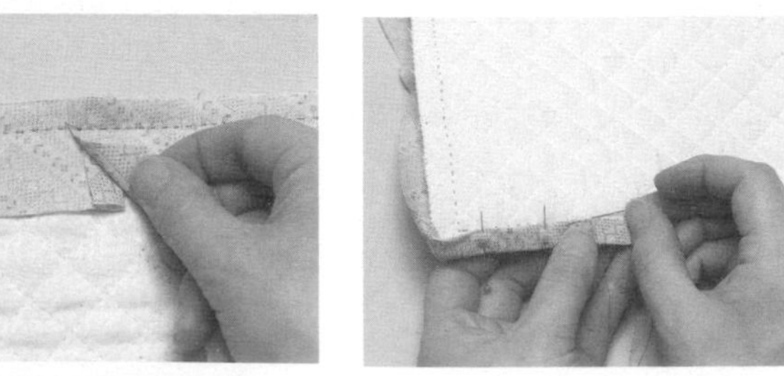

**4** 布條在始縫時先摺1cm。縫完一圈後，布條與摺疊的部分重疊約1cm後剪斷。

**5** 縫份修剪成與包邊的寬度，布條反摺，以立針縫縫合於底布。以布條的針趾為準，抓齊滾邊的寬度。

**6** 邊角整理成布條摺入重疊45度。重疊處縫一針回針縫變得更牢固。漂亮的邊角就完成了！

### 斜紋布條作法

**◆量少時◆**

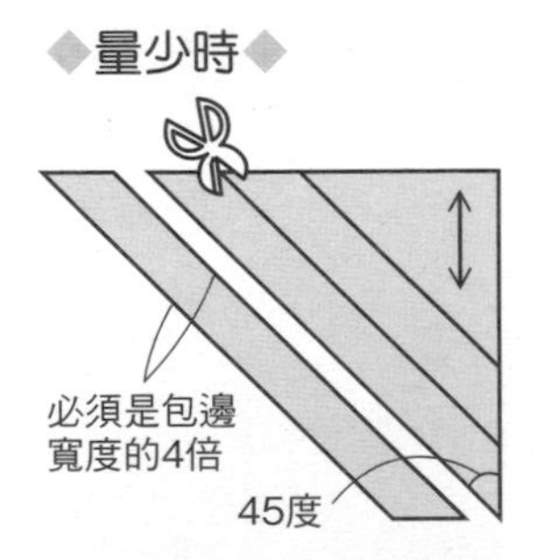


布摺疊成45度，畫出所需寬度。1cm寬的包邊需要4cm、0.8cm寬要3.5cm、0.7cm寬要3cm。包邊寬度愈細，加上布的厚度要預留寬一點。

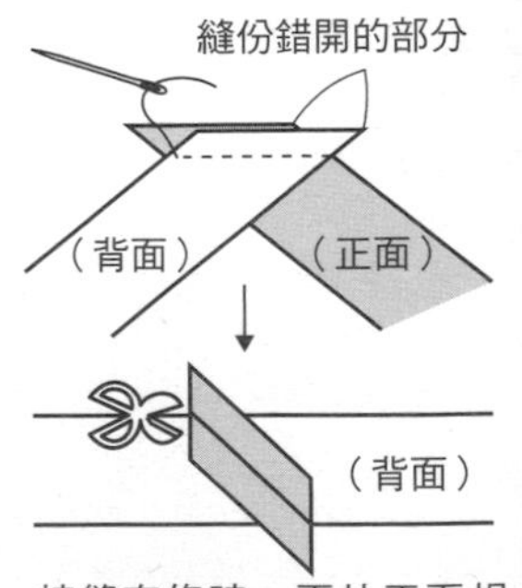


接縫布條時，兩片正面相對，以細針目的平針縫縫合。熨開縫份，剪掉露出外側的部分。

**◆量多時◆**

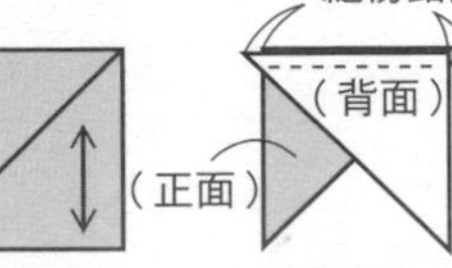


布裁成正方形，沿對角線剪開。

裁開的布正面相對重疊並以車縫縫合。

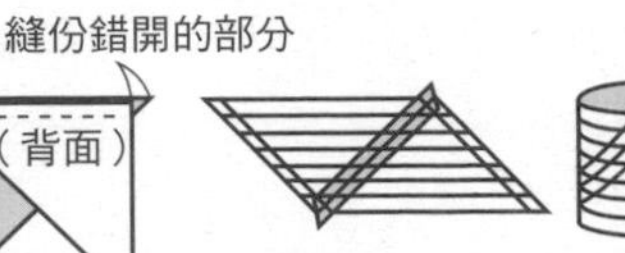

熨開縫份，沿布端畫上需要的寬度。另一邊的布端與畫線記號錯開一層，正面相對縫合。以剪刀沿著記號剪開，就變成一長條的斜紋布。

## 拼布包縫份處理

### A 以底布包覆

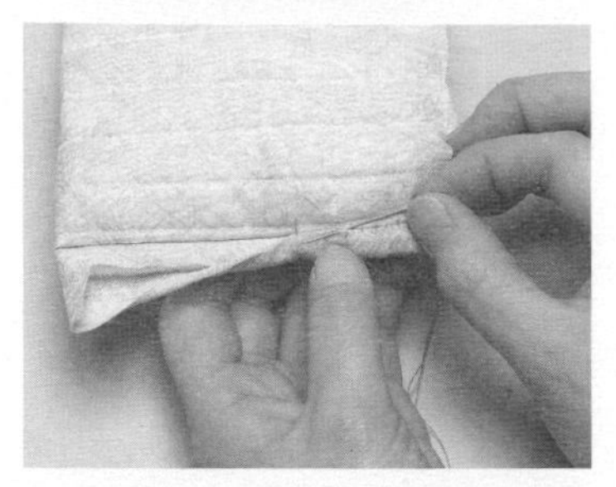

側面正面相對縫合，僅一邊的底布留長一點，修齊縫份。接著以預留的底布包覆縫份，以立針縫縫合。

### B 進行包邊（外包邊的作法相同）

適合彎弧部分的處理方式。兩片正面相對疊合（外包邊是背面相對），疏縫固定，斜紋布條正面相對，進行平針縫。

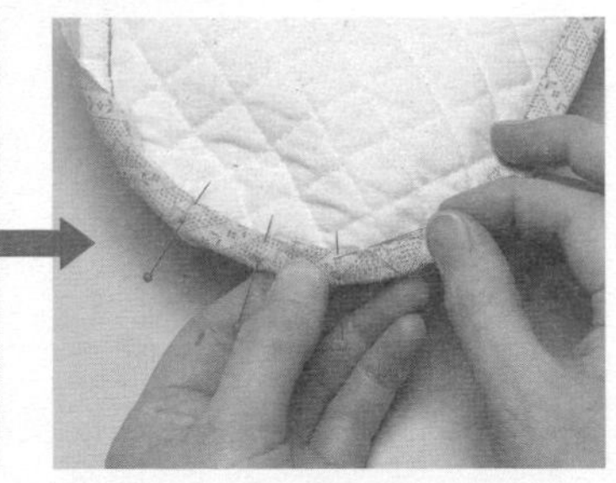

修齊縫份，以斜紋布條包覆進行立針縫，即使是較厚的縫份也能整齊收邊。斜紋布條若是與底布同一塊布，就不會太醒目。

### C 接合整理

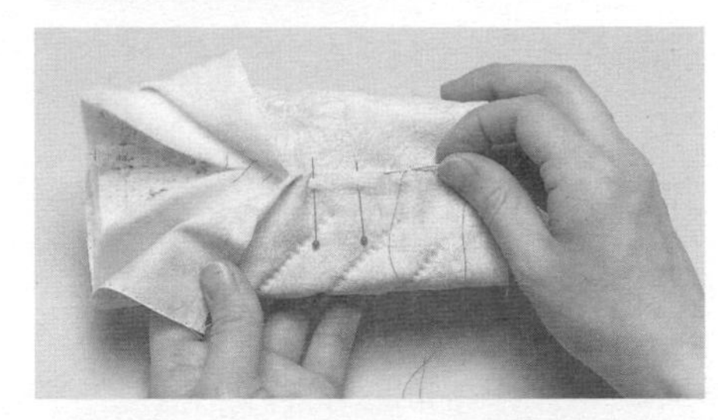

處理後縫份不會出現厚度，可使作品平坦而不會有突起的情形。以脇邊接縫側面時，自脇邊留下2、3cm的壓線，僅表布正面相對縫合，縫份倒向單側。鋪棉接合以粗針目的捲針縫縫合，底布以藏針縫縫合。最後完成壓線。

## 貼布縫作法

### 方法A（摺疊縫份以藏針縫縫合）

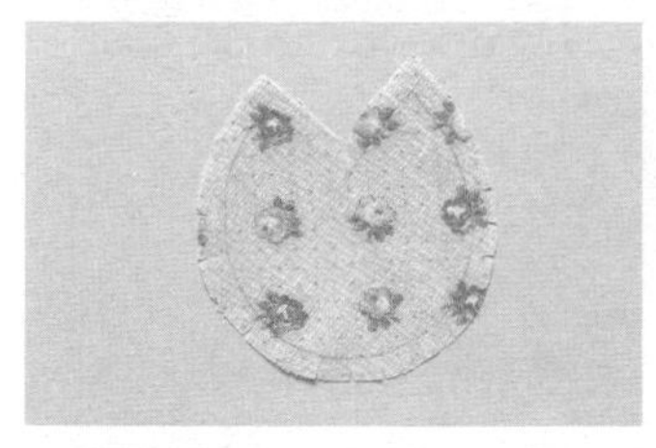

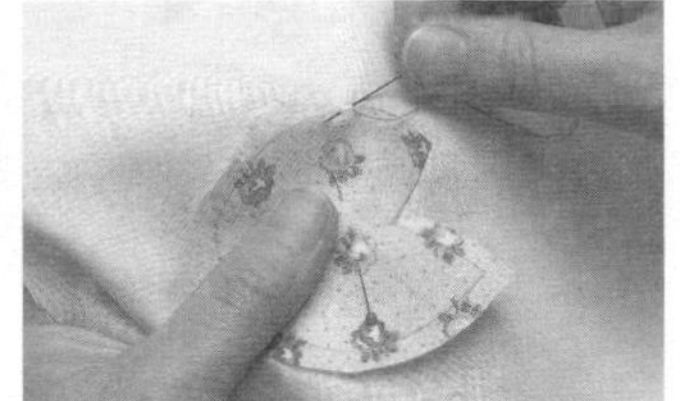

在布的正面作記號，加上0.3至0.5cm的縫份後裁布。在凹處或彎弧處剪牙口，但不要剪太深以免綻線，大約剪到距記號0.1cm的位置。接著疊放在土台布上，沿著記號以針尖摺疊縫份，以立針縫縫合。

### 方法B（作好形狀再與土台布縫合）

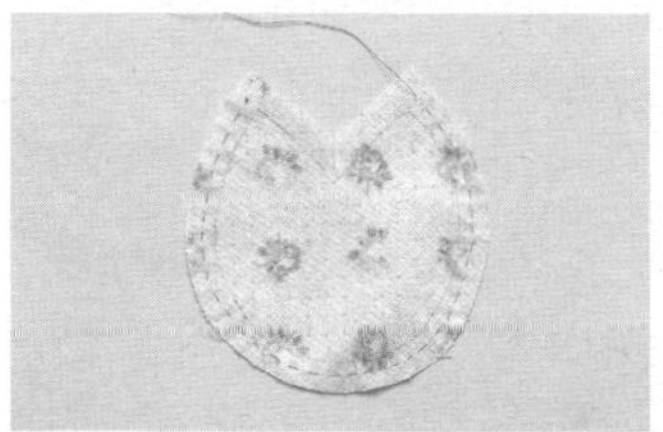

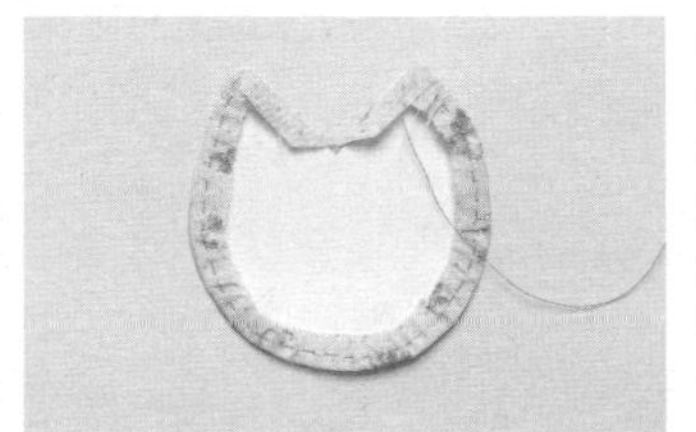

在布的背面作記號，與A一樣裁布。平針縫彎弧處的縫份。始縫結打大一點以免鬆脫。接著將紙型放在背面，拉緊縫線，以熨斗整燙，也摺好直線部分的縫份。線不動，抽掉紙型，以藏針縫縫合於土台布上。

## 基本縫法

◆平針縫◆

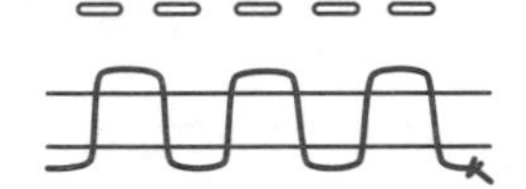

◆回針縫◆

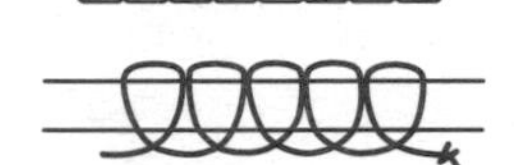

◆立針縫◆

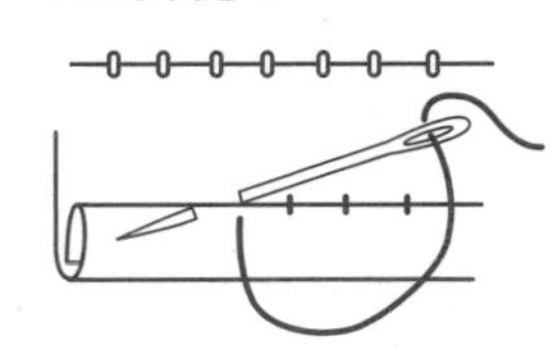

◆星止縫◆

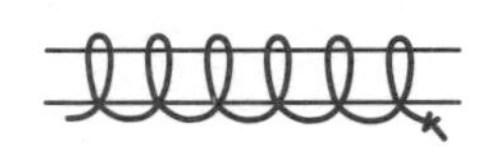

◆捲針縫◆

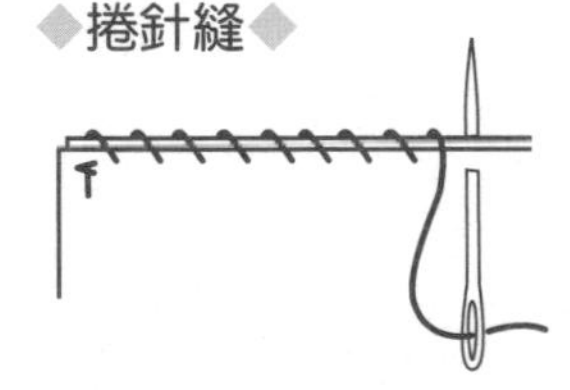

◆梯形縫◆

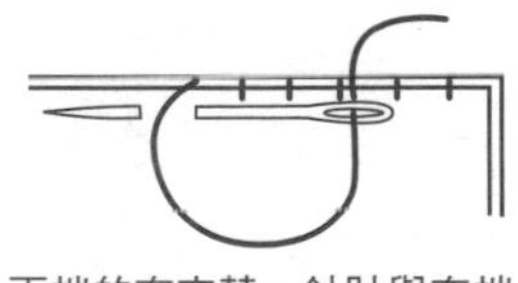

兩端的布交替，針趾與布端呈平行的挑縫

## 安裝拉鍊

### 從背面安裝

對齊包邊端與拉鍊的鍊齒，以星止縫縫合，以免針趾露出正面。以拉鍊的布帶為基準就能筆直縫合。
※縫合脇邊再裝拉鍊時，將拉鍊下止部分置於脇邊向內1cm，就能順利安裝。

### 從正面安裝

同上，放上拉鍊，從表側在包邊的邊緣以星止縫縫合。縫線與表布同顏色就不會太醒目。因為穿縫到背面，會更牢固。背面的針趾還可以裡袋遮住。

拉鍊布端可以千鳥縫或立針縫縫合。

## 包邊繩作法

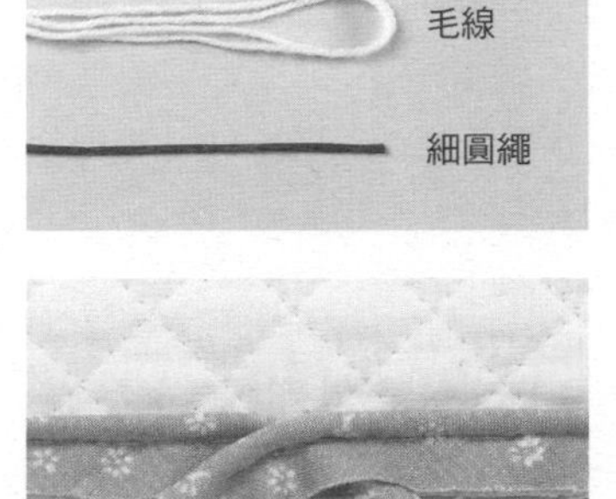

縫合側面或底部時，先暫時固定於單側，再壓緊一邊將另一邊包邊繩縫合固定。始縫與止縫平緩向下重疊。

以斜紋布條將芯包住。若想要鼓鼓的效果就以毛線當芯，或希望結實一點就以棉繩或細圓繩製作。棉繩與細圓繩是以用斜紋布條邊夾邊縫合，毛線則是斜紋布條縫合成所需寬度後再穿。

◆棉繩或細圓繩◆

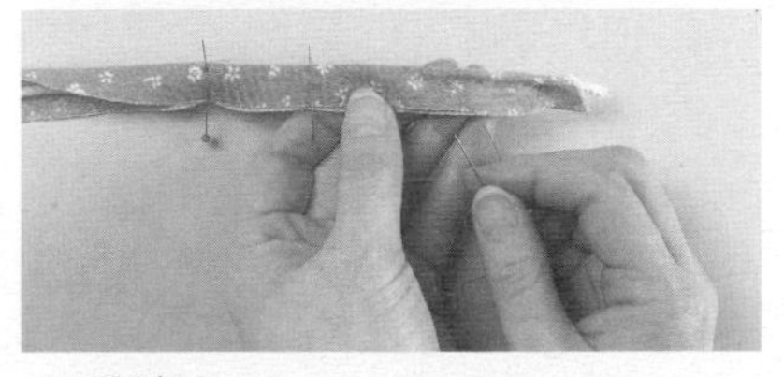

◆毛線◆

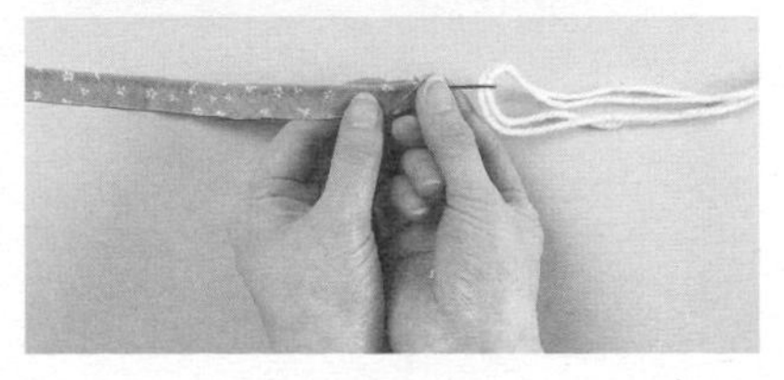

# 作品紙型＆作法

＊圖中的單位為cm。
＊圖中的❶❷為紙型號碼。
＊完成作品的尺寸多少會與圖稿的尺寸有所差距。
＊關於縫份，原則上布片為0.7cm、貼布縫為0.3至0.5cm，其餘則預留1cm後進行裁剪。
＊附註為原寸裁剪標示時，不留縫份，直接裁剪。
＊P.82至P.85請一併參考。
＊刺繡方法請參照P.94。

## P4 No.3 壁飾 ●紙型A面⓬（圖案H、K、L布片的原寸紙型＆貼布縫圖案）

◆材料
各式拼接、貼布縫用布片 A用原色素布110×350cm（包含C至E、H、I、N部分） BB'用粉紅色印花布 K、L用黃綠色條紋布各110×60cm J用綠色素布110×350cm（包含A、F、G、M至N、滾邊部分） 鋪棉、胚布各90×480cm

◆作法順序
進行拼接、貼布縫，完成24片「提籃㋐」、15片「提籃㋑」、20片「提籃㋒」圖案→「提籃㋐」與「提籃㋑」圖案拼接D、H布片，完成內側表布→I布片進行貼布縫後，接縫於左右→「提籃㋒」拼接K、L布片，完成帶狀區塊，內側表布上下拼接J、M布片→拼接A與N布片完成帶狀區塊後，接縫於左右，完成表布→疊合鋪棉、胚布，進行壓線→進行周圍滾邊。

◆作法重點
○角上進行畫框式滾邊（請參照P.84）。

完成尺寸 229.5×160cm

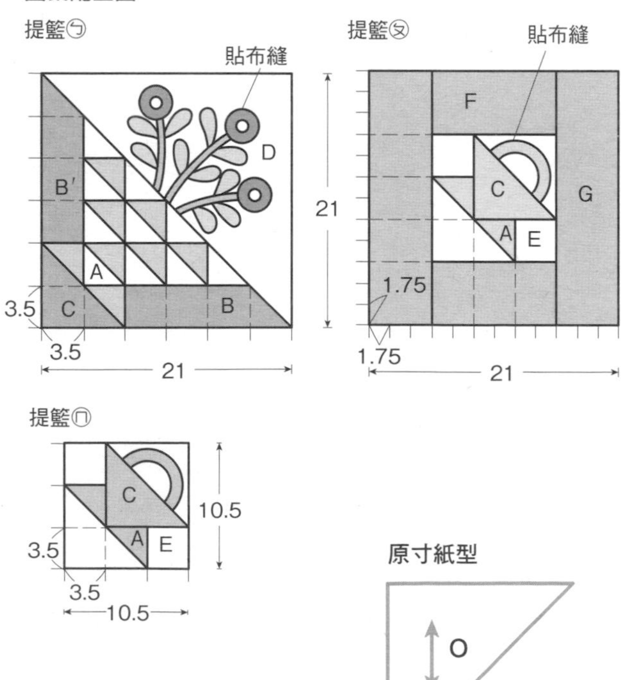

## P3 No.2 手提包 ●紙型B面❻（側身的原寸紙型＆貼布縫圖案）

**◆材料**

各式貼布縫用布片　袋身用布30×50cm　側身用布30×25cm　釦絆裝飾用表布10×10cm　釦絆用布15×25cm（包含釦絆裝飾用裡布部分）　鋪棉、胚布各50×60cm　寬2.5cm滾邊繩用斜布條、直徑0.3cm繩帶各100cm　寬3.5cm滾邊用斜布條65cm　寬1cm蕾絲25cm　5×6cm包釦心1顆　塑膠板5×6cm　長38cm皮革提把1組

**◆作法順序**

袋身與側身表布疊合鋪棉與胚布後，進行壓線→製作釦絆裝飾→製作釦絆→製作滾邊繩→依圖示完成縫製。

完成尺寸　21.5×23cm

袋身　提把接縫位置　中心　6.5　6.5　3　3　0.7　23.5　脇邊　袋底中心摺雙　脇邊　23

側身（2片）　中心　1.5cm方格狀壓線　20.7　袋底中心　10.2　※胚布預留縫份2cm。

釦絆裝飾　貼布縫　5　5.8　落針壓縫　※裡布相同尺寸。

釦絆　（2片）　1　裝飾固定位置　10　5

釦絆裝飾

① 完成壓線的表布（正面）　平針縫　包釦心（背面）　疊合三層，進行壓線，完成表布後，周圍進行平針縫，背面疊放包釦心，拉緊縫線。

② 蕾絲　（背面）　（正面）　縫份縫上蕾絲

③ 鋪棉　平針縫　裡面布（正）　塑膠板　裡布周圍進行平針縫，背面疊放鋪棉與塑膠板，拉緊平針縫的縫線。

縫製方法

① 長49cm滾邊繩　完成壓線的袋身（正面）　摺雙側　摺雙側　暫時固定　袋身完成壓線後，兩脇邊暫時固定滾邊繩。

② 袋身（正面）　縫合。　完成壓線的側身（背面）　對齊袋底中心　完成壓線的側身與袋身，正面相對疊合後進行縫合。

釦絆

① （正面）　縫合。　（背面）　鋪棉　2片正面相對疊合，疊放鋪棉，縫合兩脇邊。

② 壓線　（正面）　翻向正面，進行壓線。

滾邊繩

夾住繩帶　0.3　摺雙　原寸裁剪寬2.5cm斜布條（正面）　縫合邊緣

③ 0.7cm滾邊　本體（正面）　原寸裁剪寬4cm斜布條（正面）　縫份倒向袋身側　1　滾邊　本體（背面）　以側身胚布包覆脇邊縫份，進行藏針縫，進行袋口滾邊。

④ ①以回針縫縫合固定提把。　本體（正面）　②適當大小的小布片，進行藏針縫，遮擋釦絆端部。　③適當大小的小布片，進行藏針縫，遮擋胚布側的提把縫合針目。

③ 釦絆（正面）　裡布釦絆裝飾　釦絆裝飾　以釦絆裝飾與釦絆裝飾裡布，夾住端部，以梯形縫縫合周圍。

④ 釦絆（正面）　縫合。　中心　本體（正面）　1　滾邊　由背面側疊在本體的中心，縫合固定於滾邊部位的邊緣。

## P2 No.1 壁飾 ●紙型A面❷（原寸貼布縫圖案）

**◆材料**

各式貼布縫用布片　台布、鋪棉、胚布各55×55cm　寬3.5cm斜布條、寬1.5cm蕾絲、寬0.3cm織帶各220cm　25號繡線適量

**◆作法順序**

台布進行貼布縫、刺繡，完成表布→背面疊合鋪棉、胚布，進行壓線→以斜布條進行周圍滾邊→沿著周圍縫合固定蕾絲→蕾絲上縫織帶。

**◆作法重點**

○織帶與角上皆以畫框式滾邊完成縫製（請參照P.84）。

○貼布縫方法請參照P.85。

完成尺寸　52.5×52.5cm

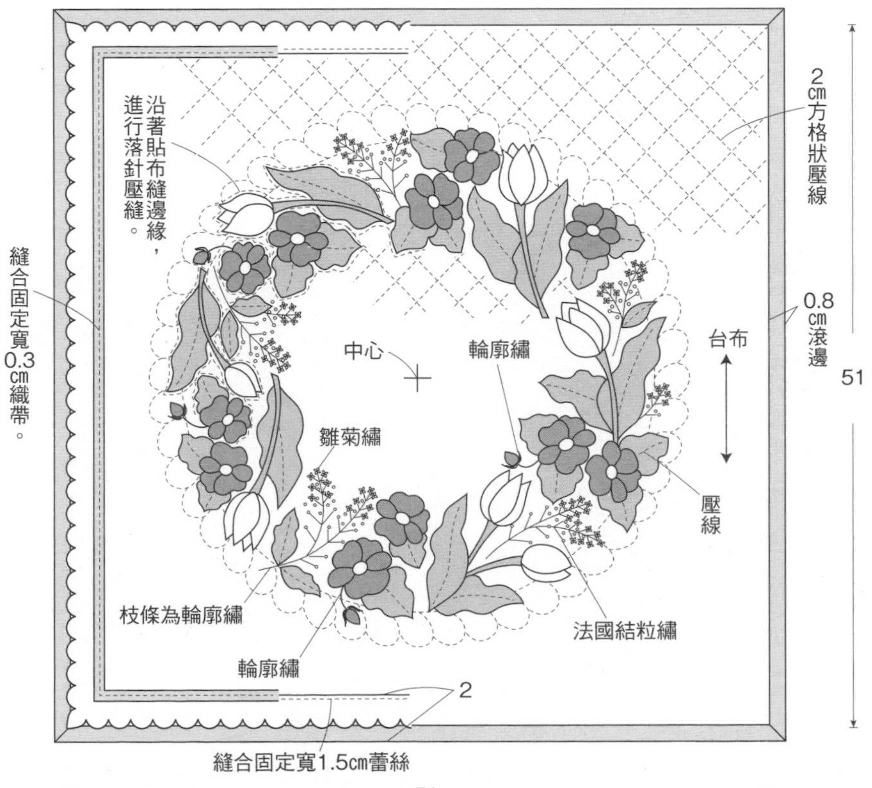

## P8 No.7 壁飾 ●紙型B面㉖（原寸貼布縫圖案）

**◆材料**

各式拼接、貼布縫用布片　A、B、D用米黃色先染布110×80cm　E用布55×45cm　F、G用水玉圖案印花布110×100cm（包含滾邊部分）　鋪棉、胚布各110×120cm　25號繡線適量

**◆作法順序**

拼接A至D布片，完成52片圖案→E布片進行貼布縫與刺繡，接縫圖案→周圍接縫F、G布片，完成表布→疊合鋪棉與胚布，進行壓線→進行周圍滾邊。

**◆作法重點**

○角上進行畫框式滾邊（請參照P.84）。
○由縱向的中心線，反轉圖案的方向。

原寸紙型

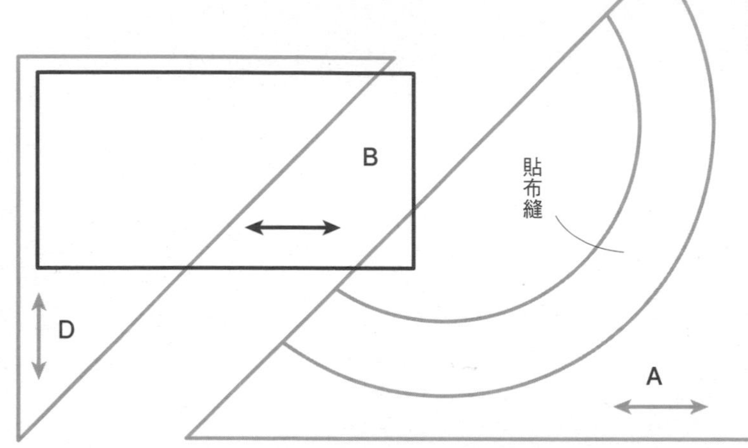


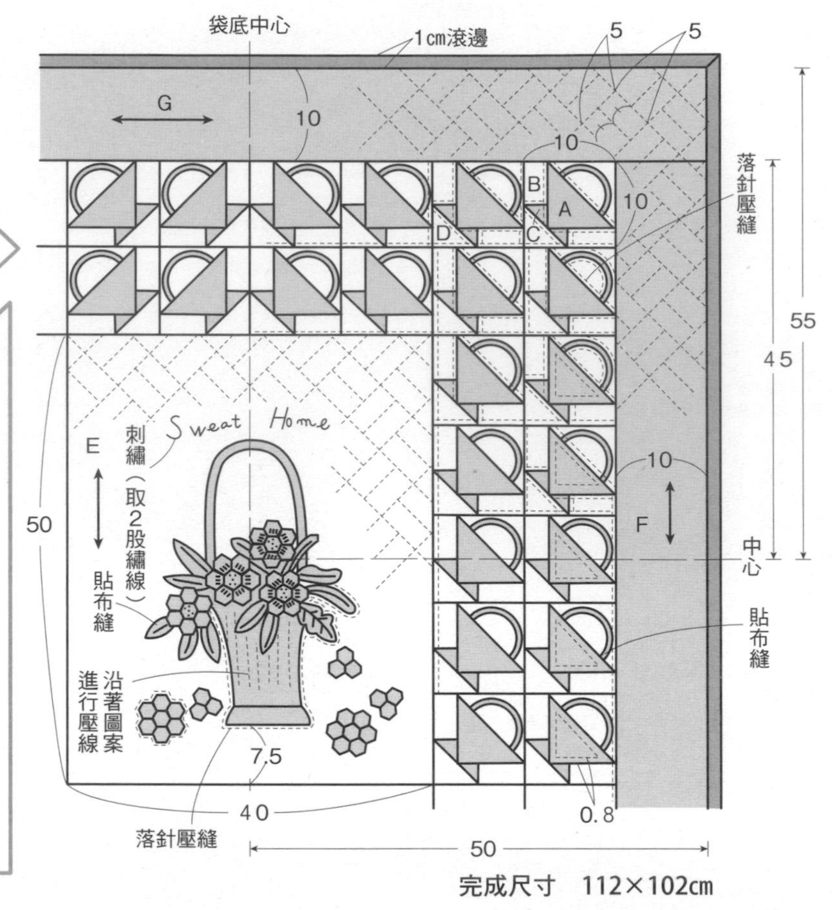


完成尺寸　112×102cm

## P8 No.8 波奇包 ●紙型B面❾（圖案的原寸紙型）

**◆材料**

各式拼接、貼布縫用布片　側身用藍色素布15×35cm　單膠鋪棉、胚布、裡袋用布各40×30cm　長20cm拉鍊1條　襠片用片狀皮革適量

**◆作法順序**

拼接A至D布片，進行貼布縫，完成前片，拼接E至G布片，完成後片表布→疊合鋪棉與胚布，進行壓線→上部側身安裝拉鍊後，與下部側身進行縫合（此時夾縫襠片）→依圖示完成縫製。

**◆作法重點**

○裡袋與本體為一整片相同尺寸布料裁成。
○摺原寸裁剪成7×1.3cm的片狀皮革，完成襠片。

完成尺寸　10×15cm

前片　中心　5　C　5　A　B　D　貼布縫　10　袋底中心　15

後片　中心　落針壓縫　5　E　F　G　5　袋底中心　15

上部側身（2片）中心　2　21

下部側身　袋底中心　5　27.5

圓弧部位的尺寸　2　2　2

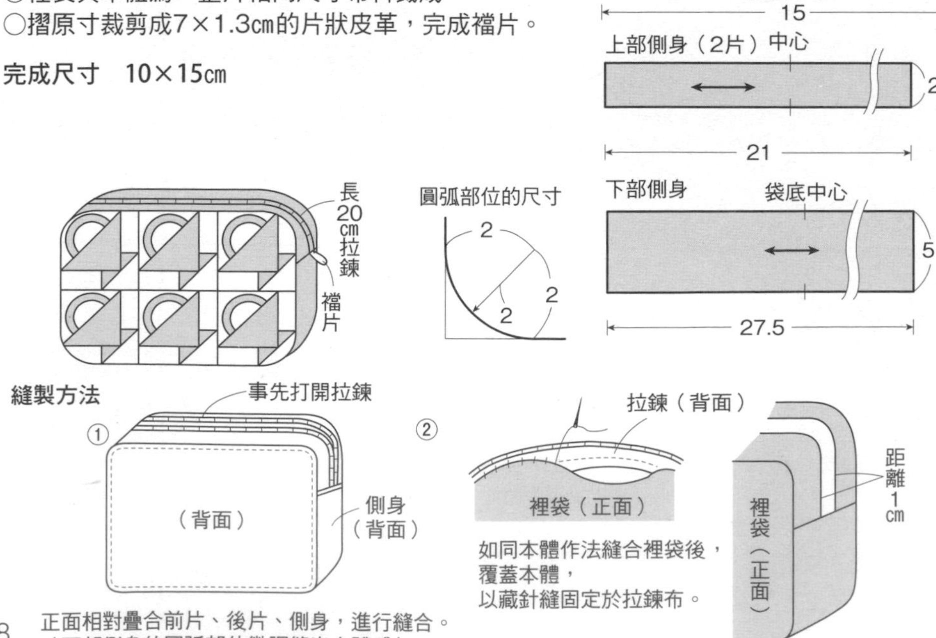


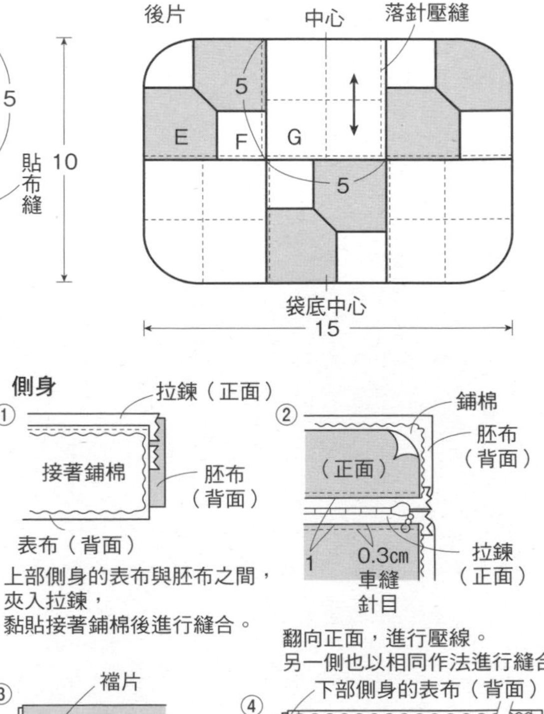

## P6 No.5 壁飾 ●紙型B面⑪（D至G布片的原寸紙型＆貼布縫圖案）

**◆材料**
各式拼接、貼布縫用布片 G至I用原色印花布110×75㎝（包含A至E部分） H用花圖案印花布110×30㎝ J用白色蕾絲布35×20㎝ K用印花布80×35㎝ 鋪棉、胚布85×85㎝ 寬4㎝滾邊用斜布條330㎝

**◆作法順序**
拼接A至G布片（拼接順序請參照P.22），進行貼布縫，完成5片提籃圖案→接縫H至J布片，周圍接縫K布片，進行貼布縫，完成表布→疊合鋪棉與胚布，進行壓線→進行周圍滾邊。

**◆作法重點**
○角上進行畫框式滾邊（請參照P.84）。

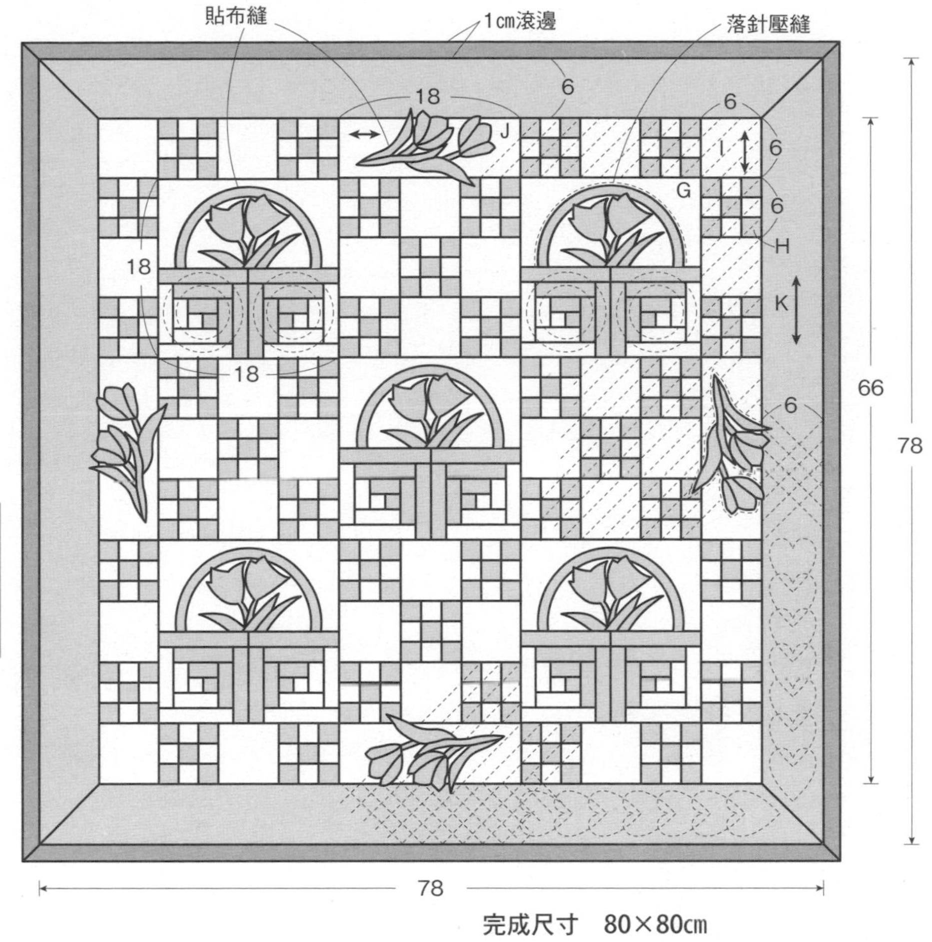


完成尺寸 80×80㎝

原寸紙型

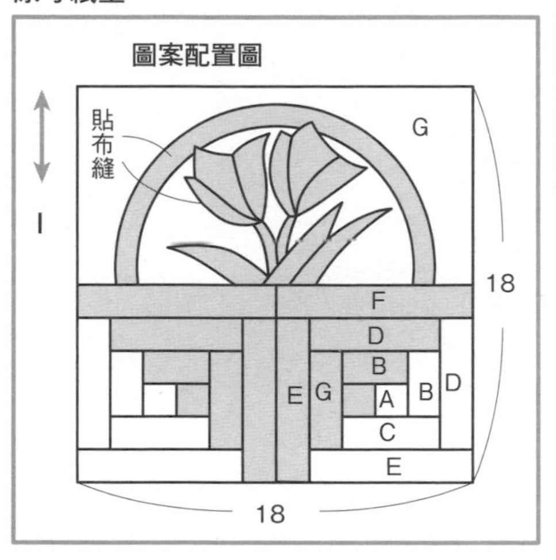


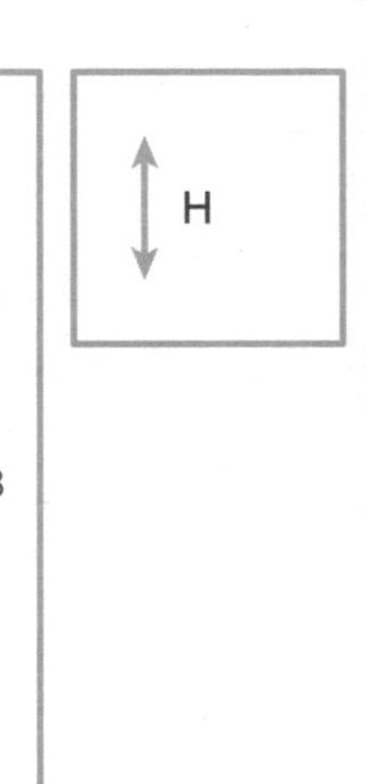


## P15 No.17 波奇包

**◆材料**
各式拼接用布片 D至E'用先染布50×15㎝ 寬3.5㎝滾邊用斜布條40㎝ 鋪棉、胚布各40×25㎝ 長16㎝拉鍊1條

**◆作法順序**
拼接A至C布片，製作圖案（拼接順序請參照P.23），接縫D至G布片，完成表布→疊合鋪棉與胚布，進行壓線→依圖示完成縫製。

**◆作法重點**
○脇邊縫份處理方法請參照P.85-A。

完成尺寸 16×18㎝

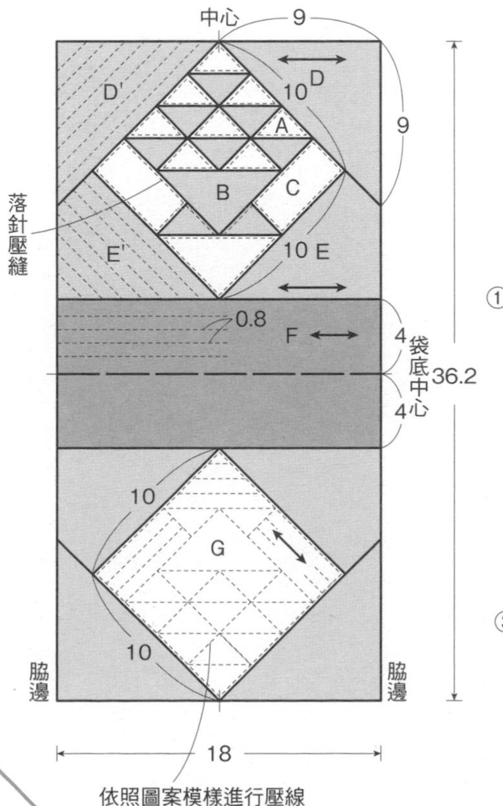


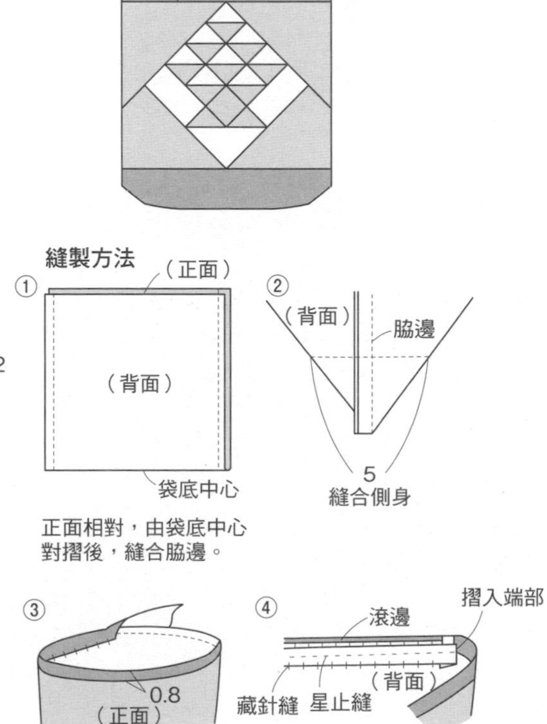


原寸紙型

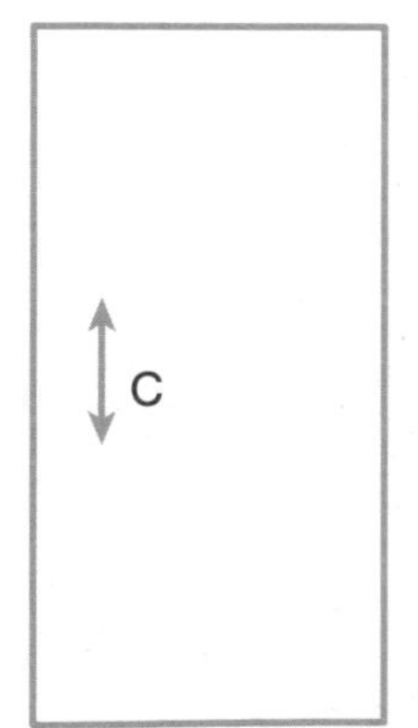


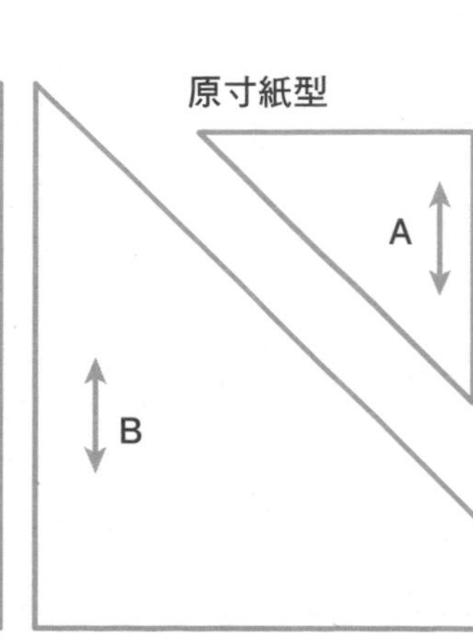

## P 12 NO.12 床罩 ●紙型B面⑰（圖案的原寸紙型）

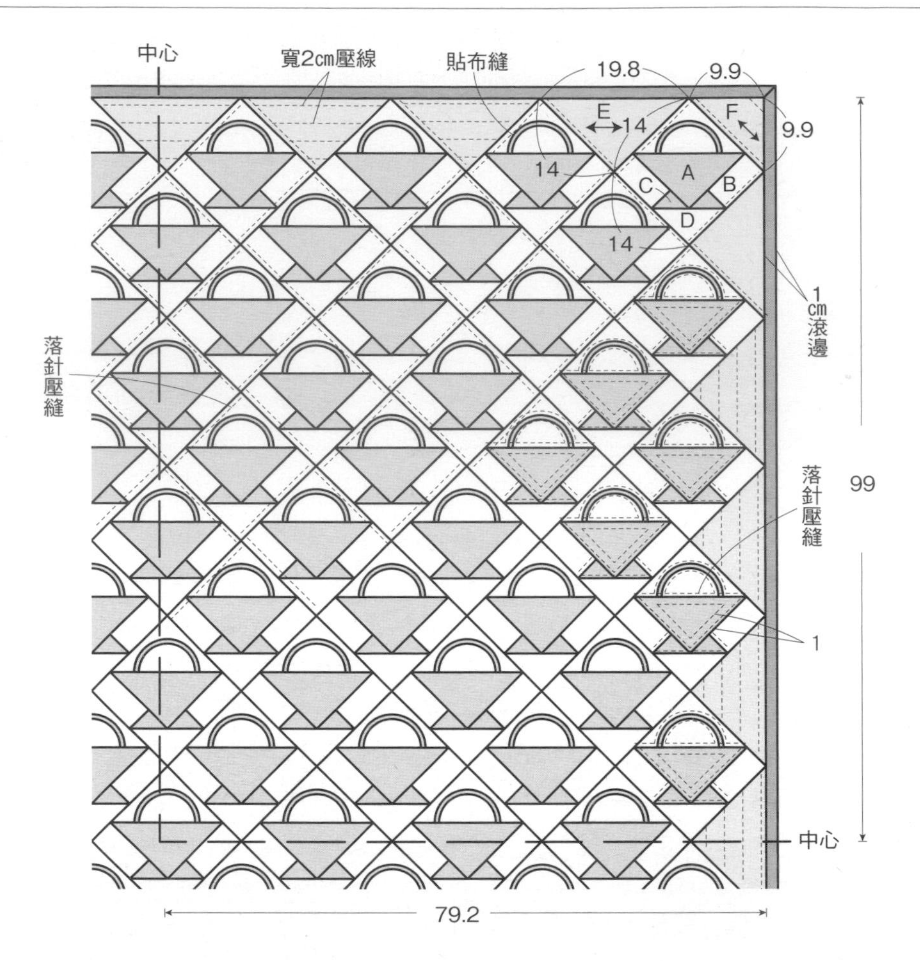


**◆材料**
各式拼接用布片　A、B、D用原色素布110×310cm
E、F用布110×60cm　寬6cm滾邊用斜布條730cm
鋪棉、胚布各100×420cm

**◆作法順序**
拼接A至D布片，完成143片「提籃」圖案→接縫「提籃」圖案與E、F布片，完成表布→疊合鋪棉與胚布，進行壓線→進行周圍滾邊。

**◆作法重點**
○以雙幅寬斜布條進行滾邊。
○角上進行畫框式滾邊（請參照P.84）。

完成尺寸　200×160cm

滾邊方法

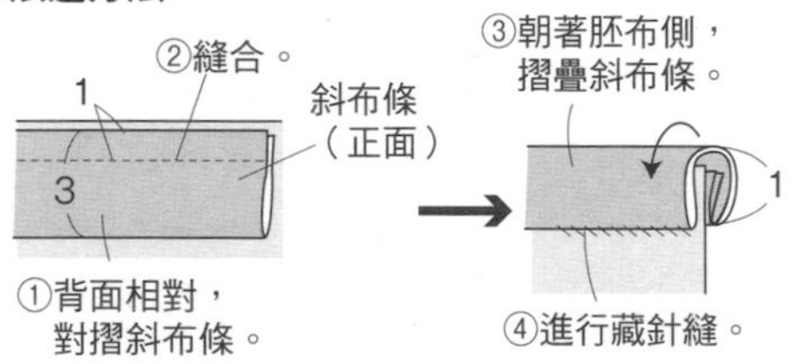


## P 13 NO.13 壁飾 ●紙型B面⑬（圖案的原寸紙型）

**◆材料**
各式拼接用布片　A、B用白色素布110×65cm（包含D部分）　E用布55×40cm　F、G用布110×120cm（包含滾邊部分）　鋪棉、胚布各100×125cm

**◆作法順序**
拼接A至C布片，完成12片「郵票提籃」圖案→以4片D布片完成區塊後，依序拼接E布片與圖案→接縫F、G布片，完成表布→疊合鋪棉與胚布，進行壓線→進行周圍滾邊。

**◆作法重點**
○圖案拼接順序請參照P.22。
○角上進行畫框式滾邊（請參照P.84）。

完成尺寸　116×94cm

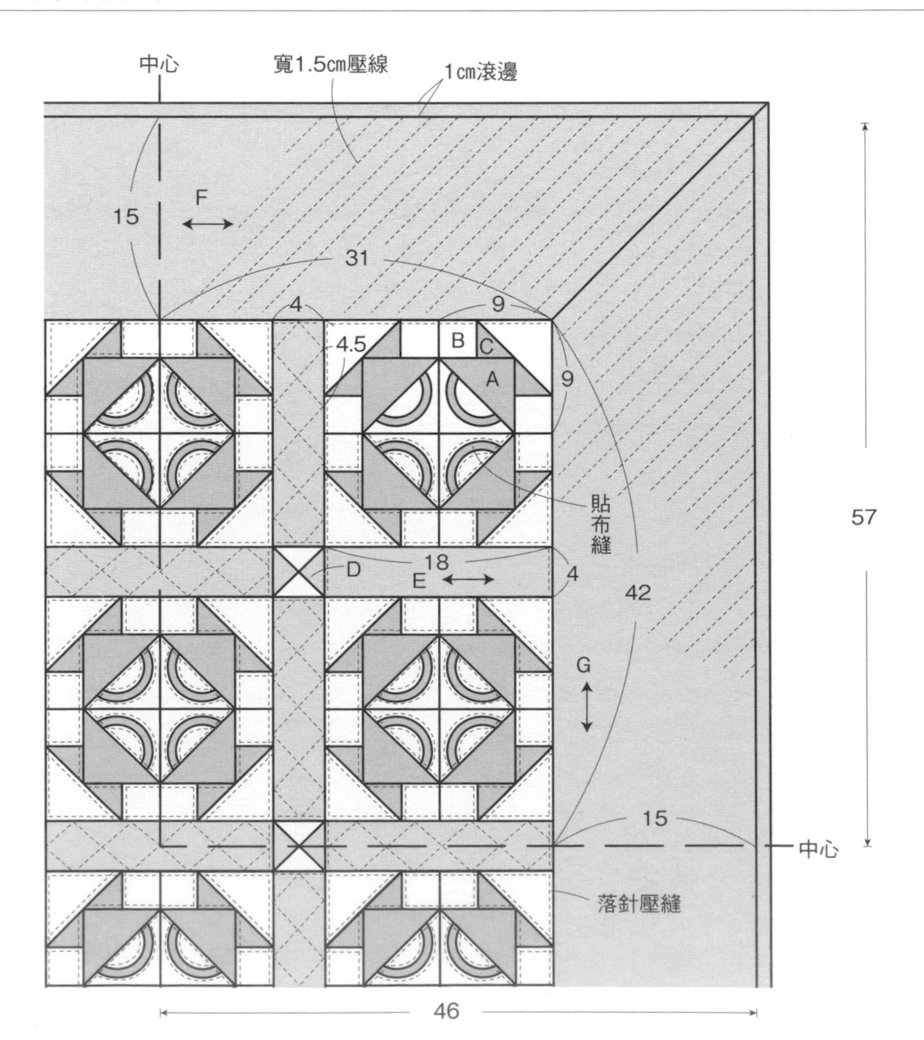


原寸紙型

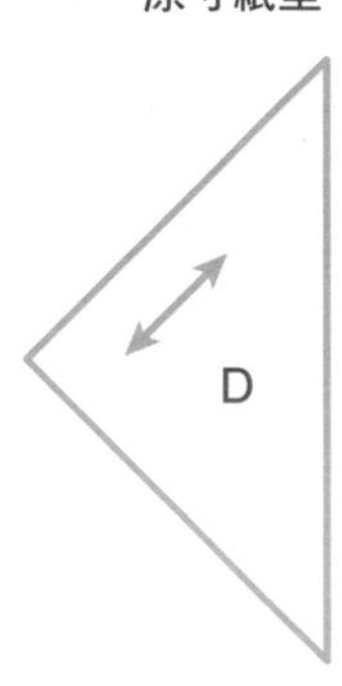

## P14 No.15 床罩 ●紙型B面⑩（圖案的原寸紙型＆壓線圖案）

◆**材料**

各式拼接用布片　A用白色素布110×350cm（包含B、D至F部分）　F、G用綠色素布110×70cm（包含滾邊部分）　鋪棉、胚布各100×420cm

◆**作法順序**

拼接A至C布片，製作30片「郵票提籃」圖案→完成圖案後，周圍拼接內側邊飾的D、E布片→接縫外側邊飾的F、G布片，完成表布→疊合鋪棉與胚布，進行壓線→進行周圍滾邊。

◆**作法重點**

○圖案拼接順序請參照P.22。

○角上進行畫框式滾邊（請參照P.84）。

完成尺寸　199×169cm

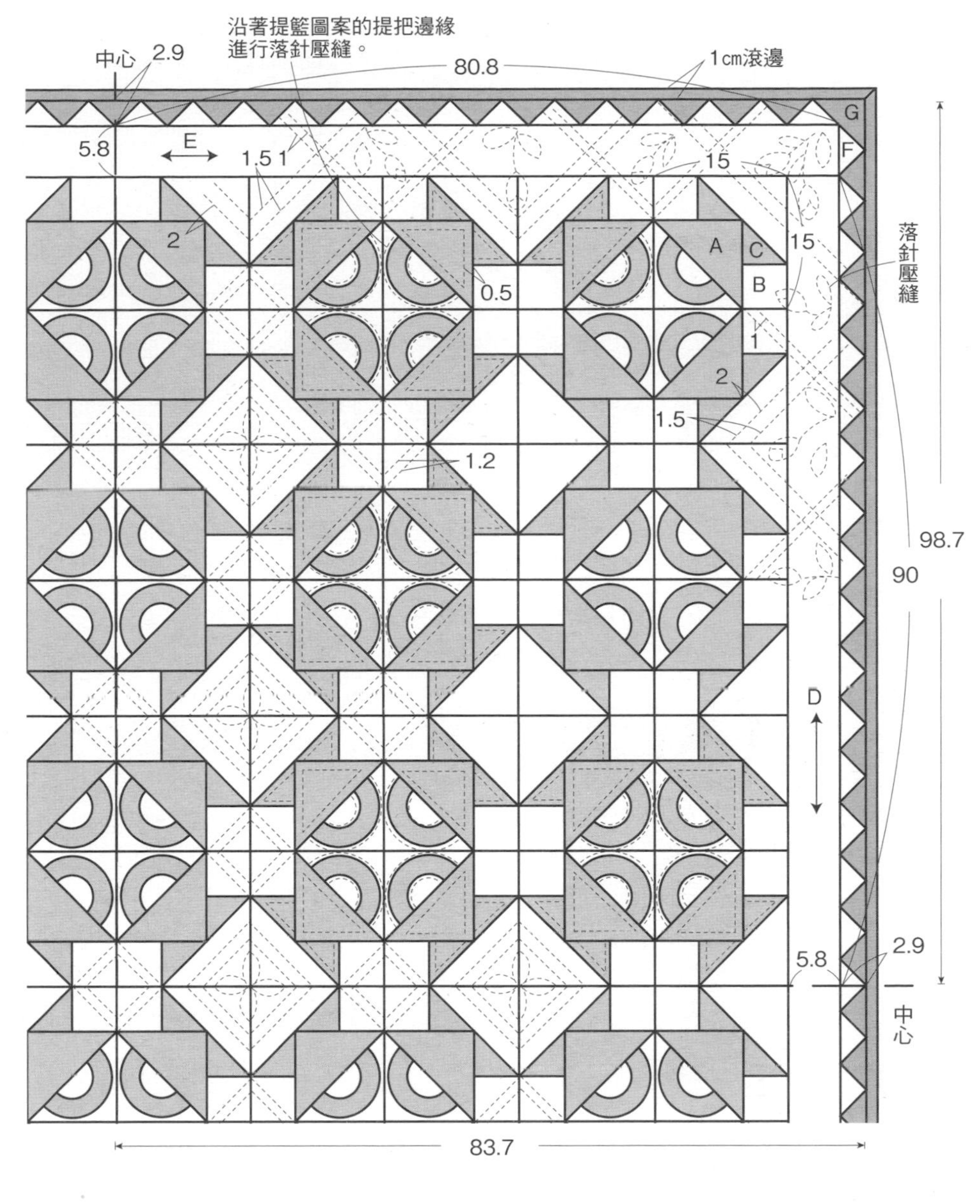


原寸紙型

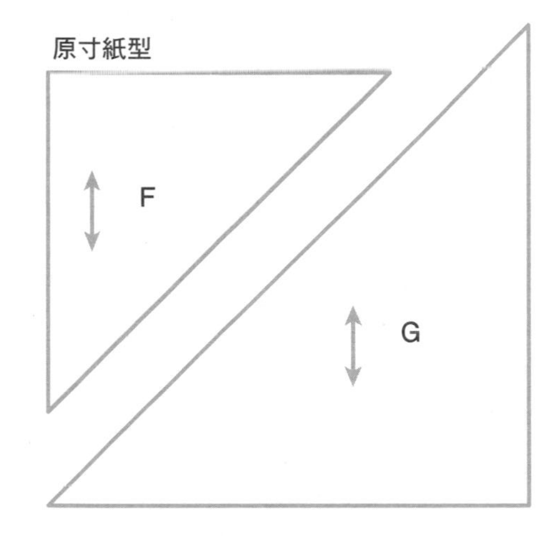


## P13 No.14 抱枕 ●紙型B面㉗（A至F布片的原寸紙型）

◆**材料**

各式拼接用布片　裡布75×55cm　鋪棉、胚布各50×50cm

◆**作法順序**

拼接A至D布片，完成「郵票提籃」圖案→周圍接縫E、F拼接完成的帶狀區塊與H布片，完成表布→疊合鋪棉與胚布，進行壓線→製作裡布→依圖示完成縫製。

◆**作法重點**

○圖案拼接順序請參照P.22。

○車縫Z形針目或以捲針縫處理縫份。

完成尺寸　45×45cm

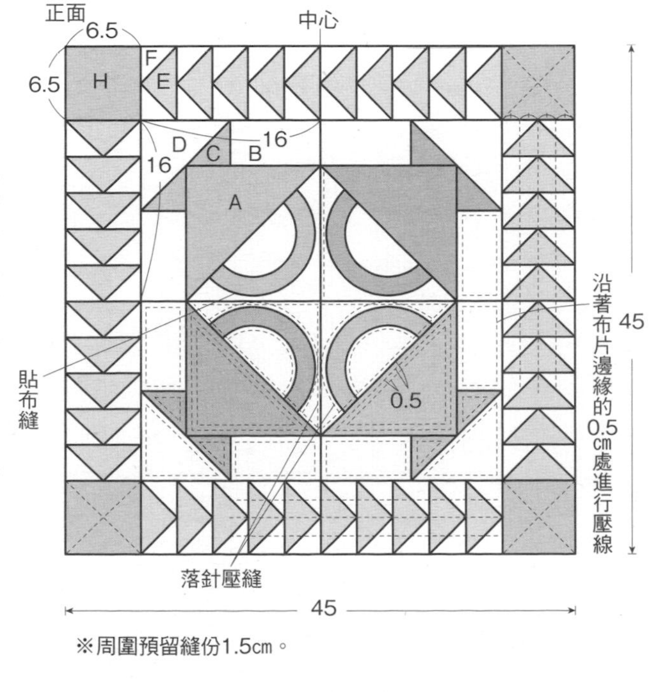


※周圍預留縫份1.5cm。

裡布（2片）

開口

45

29

※開口側預留縫份3cm，其他部分1.5cm。

後片

1

2

開口側摺成三摺

車縫針目

暫時固定

0.2

（背面）

（背面）

1　3

開口側縫份摺成三摺後車縫針目，重疊13cm，暫時固定。

縫製方法

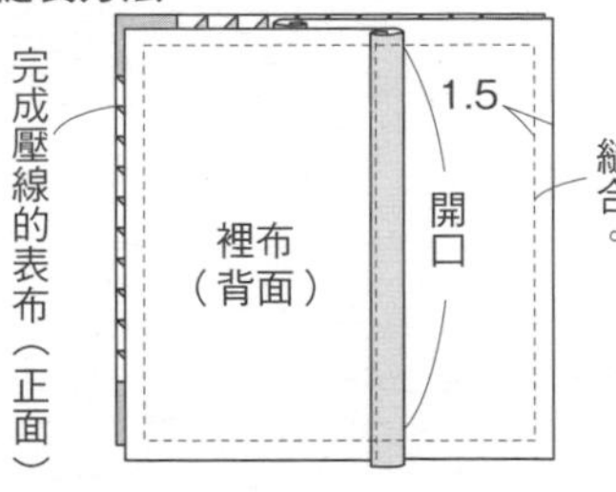


完成壓線的表布，與裡布正面相對疊合，縫合周圍，由開口處翻向正面。

## P39 No.44 手提包 ●紙型B面❼（A至F花、葉的原寸紙型）

◆**材料**

各式拼接用、立體花、包釦用布片　F、G用布100×60cm（包含後片、側身、提把、拉鍊、提把裝飾用斜布條部分）　鋪棉100×50cm　胚布100×50cm（包含處理提把端部部分）　寬2cm滾邊繩用斜布條、直徑0.3cm繩帶各40cm直徑0.4cm繩帶40cm　直徑2.5cm、2cm包釦心各2顆　直徑1.5cm包釦心8顆　長6cm穗飾1個　喜愛的小裝飾2個　25號繡線、薄接著襯各適量

◆**作法順序**

拼接A至E布片，完成「小木屋」圖案，接縫F布片，完成前片，接縫F、G布片，完成後片口袋的表布→前・後片、後片口袋、下部側身，分別疊合鋪棉與胚布，進行壓線→製作側身、口袋、提把→依圖示完成縫製。

◆**作法重點**

○花朵與葉子作法請參照P.39。

**完成尺寸　20×35cm**

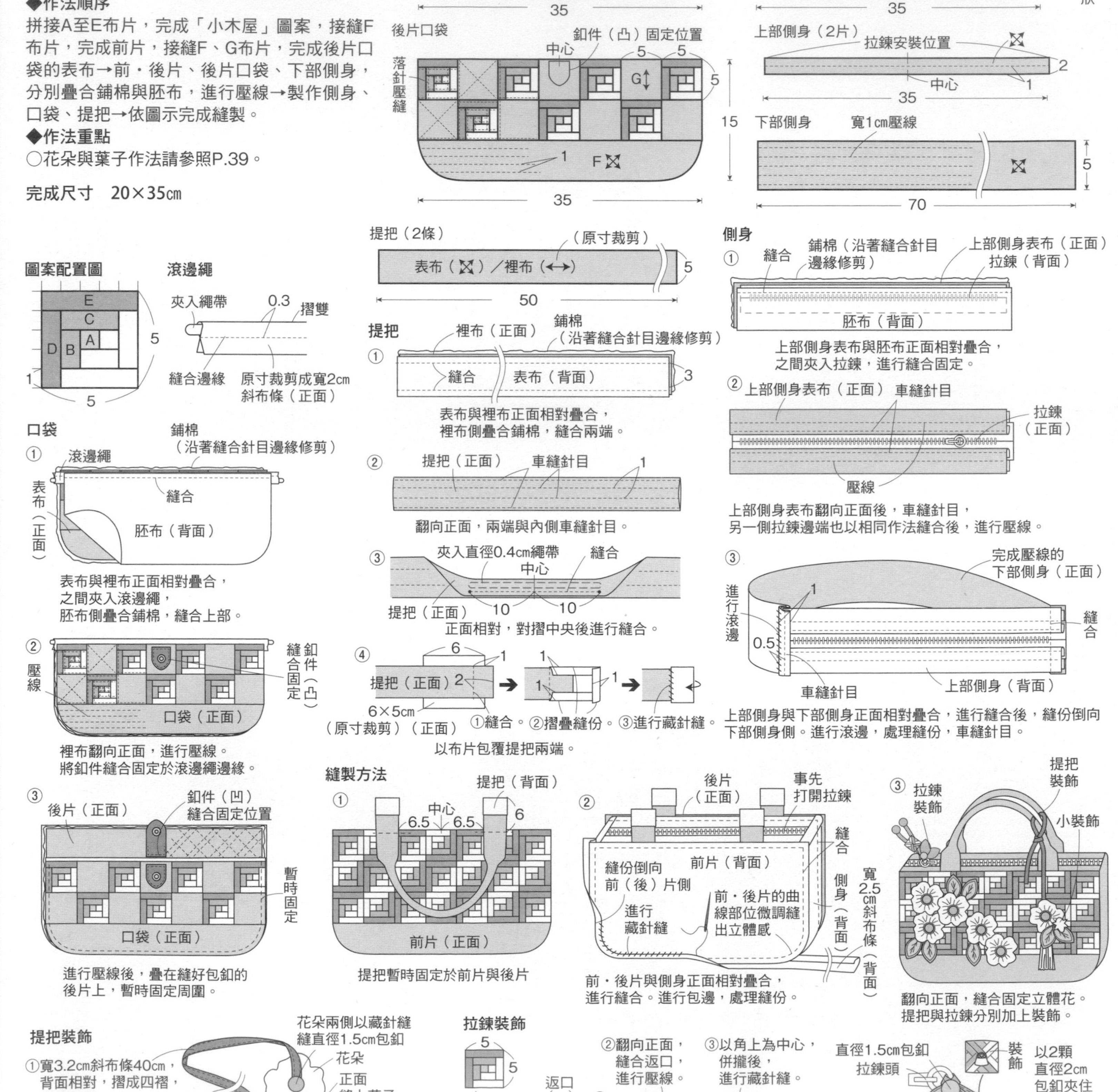

# No.25 午餐袋 No.26 餐巾布

●紙型A面⑨（圖案的原寸紙型）完成尺寸 No.25 21×24cm No.26 50×50cm

**◆材料**

**No.25** 各式拼接、繩帶裝飾用布片 本體用麻布、裡布用防水布各80×50cm 袋口布45×40cm 雙面接著鋪棉、胚布各50×15cm 提把用布60×60cm（包含滾邊部分） 接著襯15×50cm 寬1.5cm蕾絲90cm 直徑0.8cm開口銷4支 直徑0.3cm繩帶170cm 紅色、黃綠色棉紗各適量

**No.26** 各式拼接用布片 本體用布90×55cm（包含裡布、短帶部分） 25號藏青色繡線適量

**◆作法順序**

**No.25** 製作「提籃」主題圖案→前片、後片、側身表布進行刺繡→製作提把與袋口布→依圖示完成縫製。

**No.26** 拼接A至F布片，完成「提籃」區塊→H布片進行刺繡→拼接區塊與G、H布片→依圖示完成縫製。

**◆作法重點**

○No.25本體使用DUNGAREE麻布，容易綻邊，因此多預留2cm縫份後裁剪，周圍進行粗針捲針縫。刺繡時，一邊挑縫麻布織紋，一邊繡縫針目。

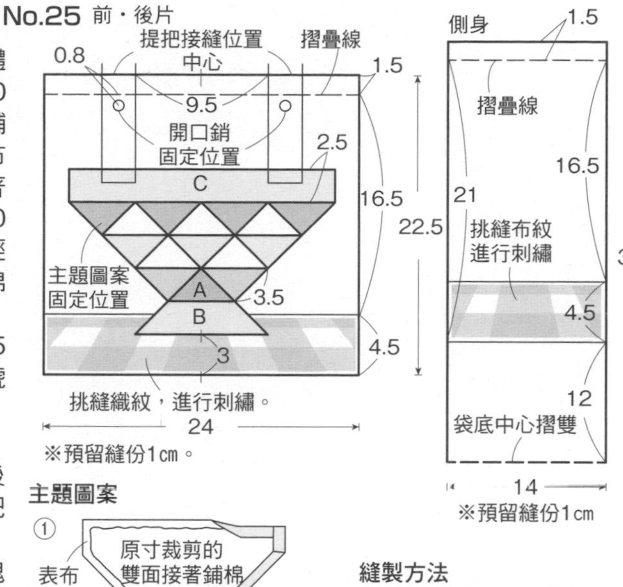


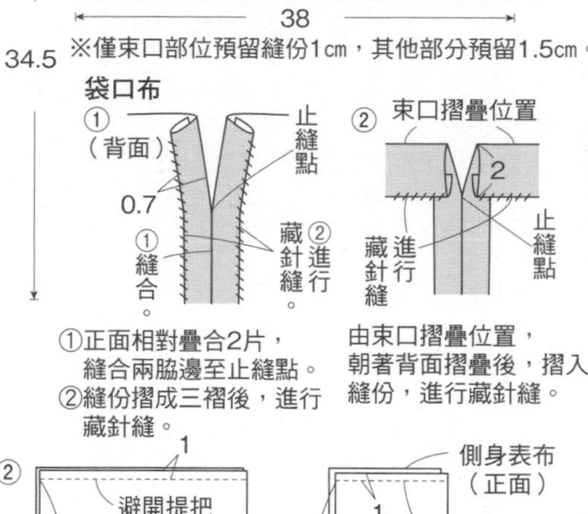


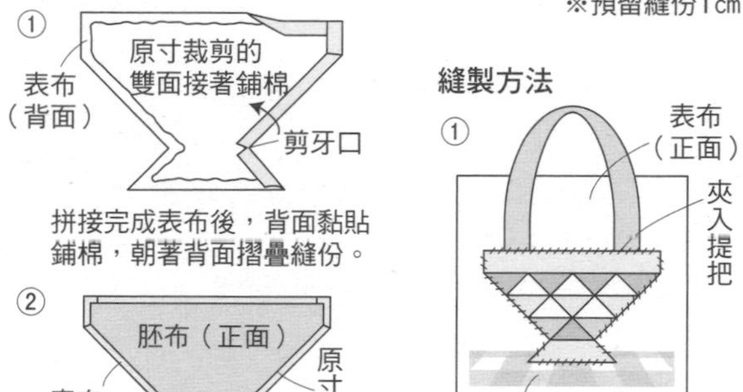


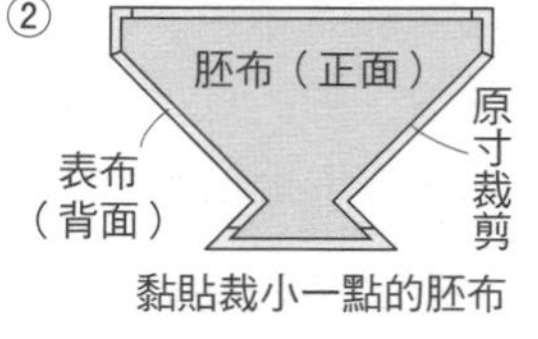


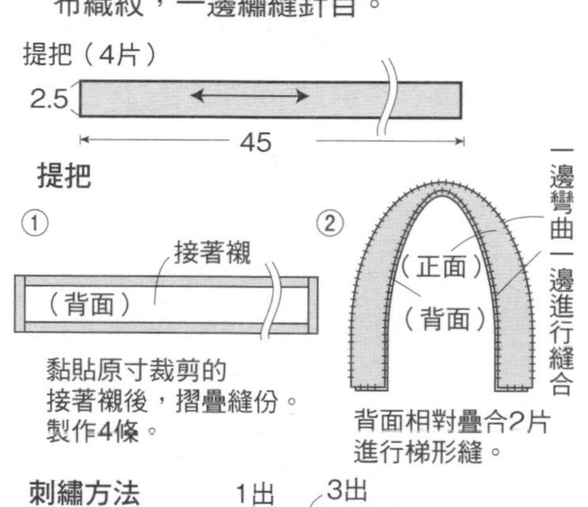


縫製方法

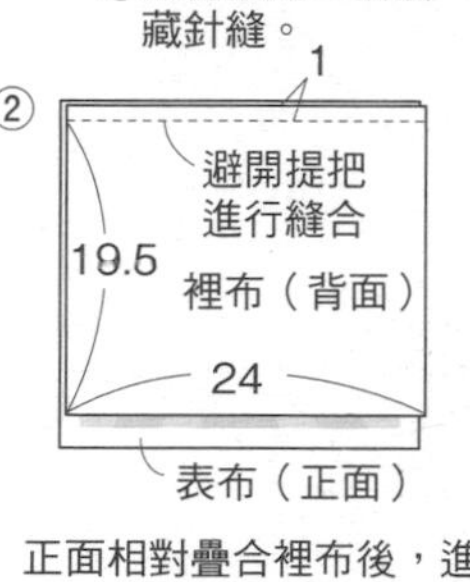


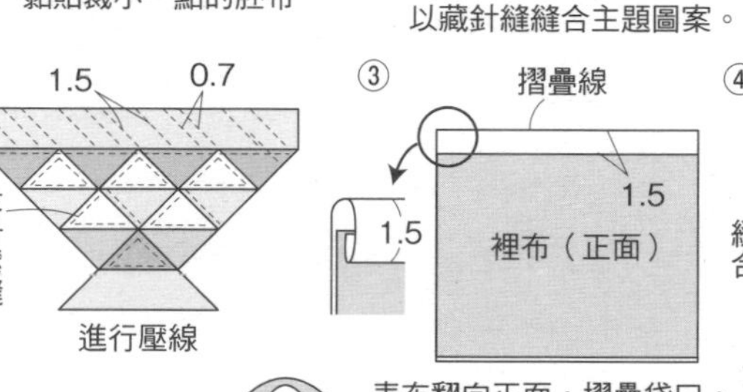


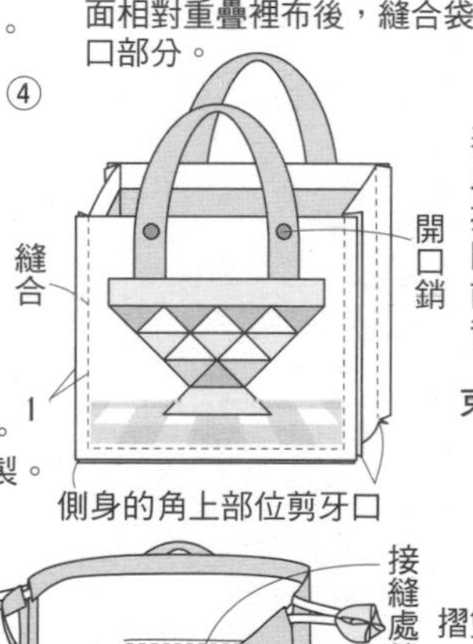


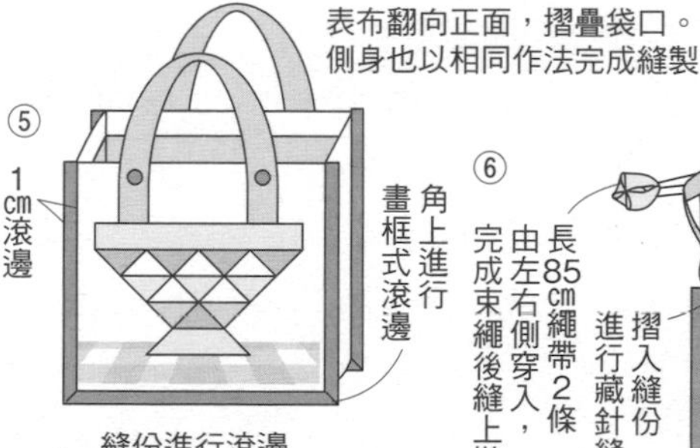


束繩裝飾

繩帶 ②拉緊縫線。 4 ①縫合。 摺雙側 ③縫合固定。

①8×8cm布片，縫成筒狀後，背面相對摺疊。
②穿入繩帶，進行平針縫，拉緊縫線。
③往上反摺，縫合固定上部4處。

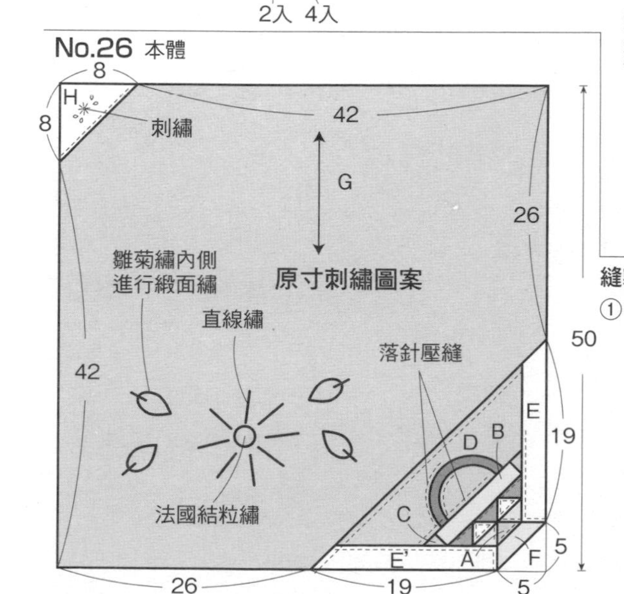


縫製方法

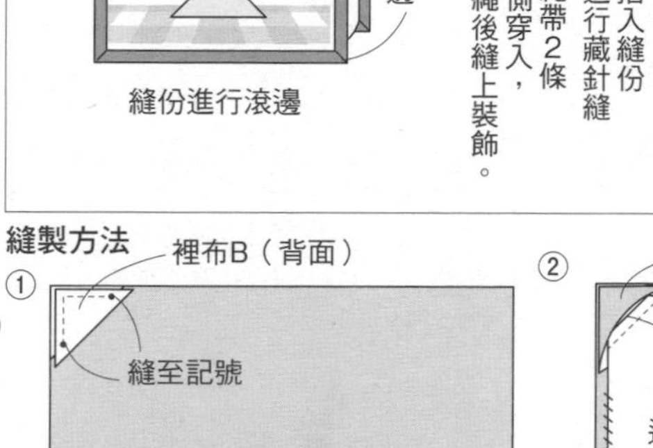


拼接A至F布片，完成提籃區塊，拼接G、H布片，完成本體表布後，裡布A（與提籃區塊相同尺寸）與裡布B（與H相同尺寸），正面相對疊合，進行縫合。

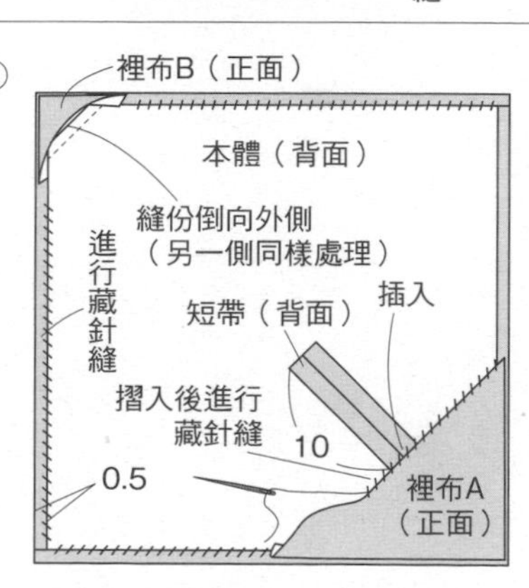


裡布A、B翻向正面，周圍縫份摺成三褶，進行藏針縫，摺入裡布A、B的縫份，進行藏針縫。

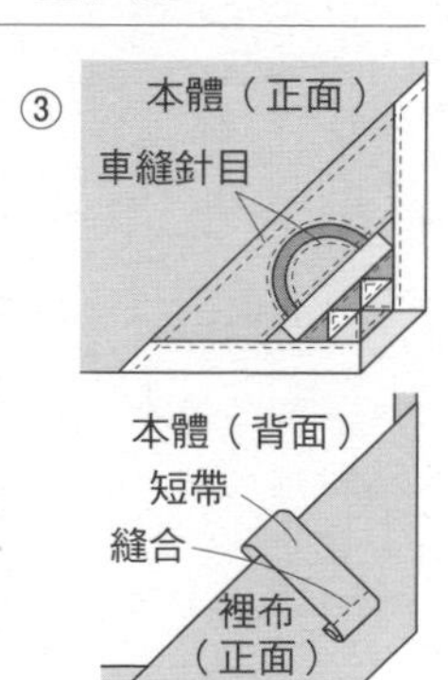


在圖案上車縫針目，摺入短帶端部，避免影響正面，縫合固定。

短帶

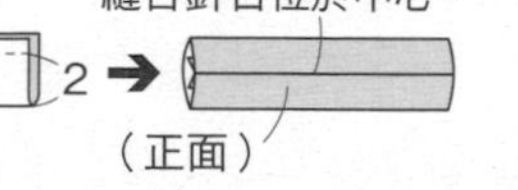

## P7 No.6 壁飾 ●紙型B面⑳（A至G布片的原寸紙型＆貼布縫、壓線圖案）

**◆材料**

各式拼接、貼布縫用布片　H至J用布110×70cm　K用布55×125cm　滾邊用布110×110cm（包含貼布縫部分）　鋪棉、胚布各100×200cm　25號黃色繡線適量

**◆作法順序**

拼接A至G布片，進行貼布縫，完成9片圖案，接縫H至J布片→周圍接縫K布片，進行貼布縫，完成表布→疊合鋪棉與胚布，進行壓線→進行周圍滾邊。

**◆作法重點**

○周圍的角上部位呈圓弧狀。

完成尺寸　123.5×123.5cm

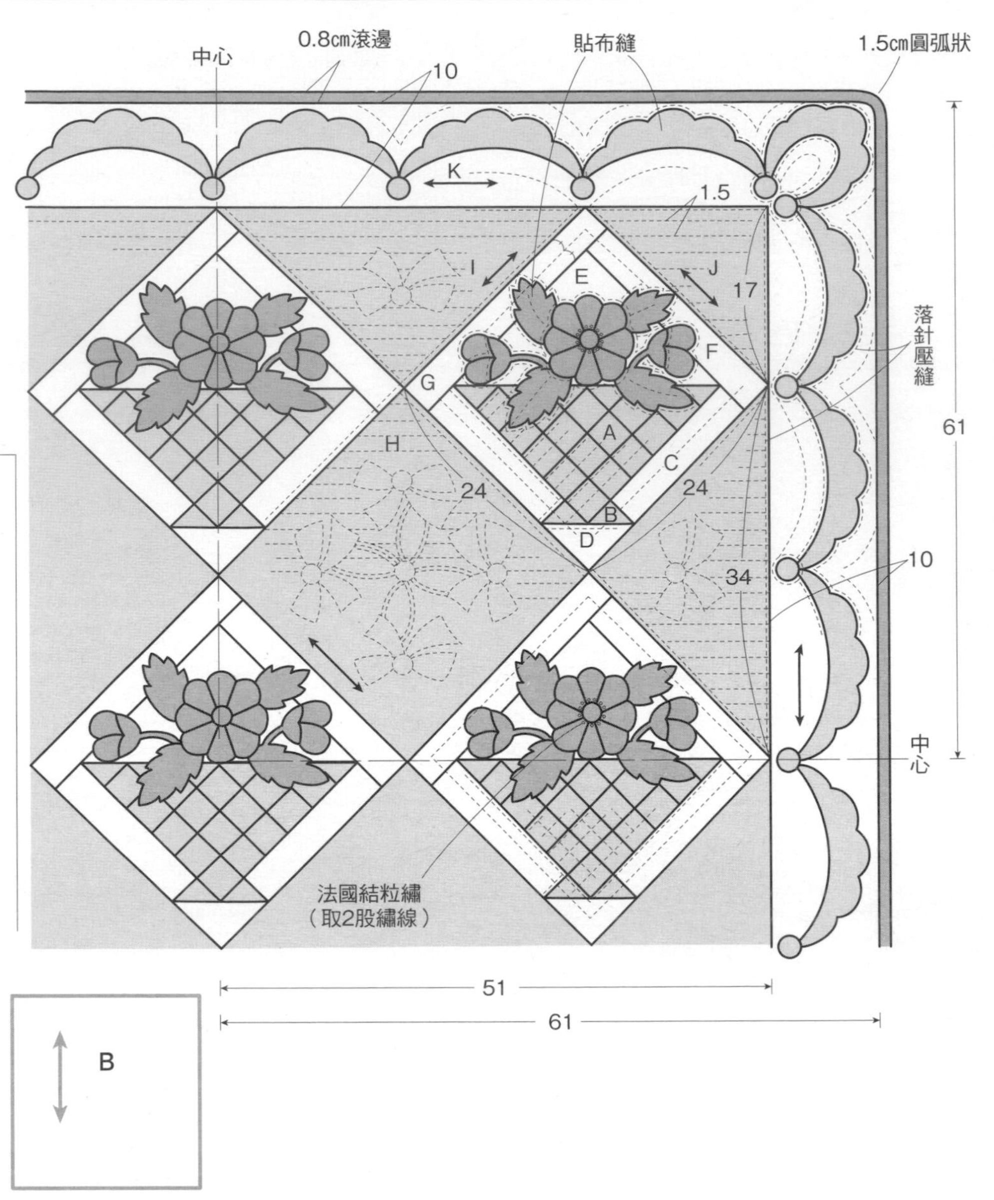


### P.95迷你手袋的原寸紙型

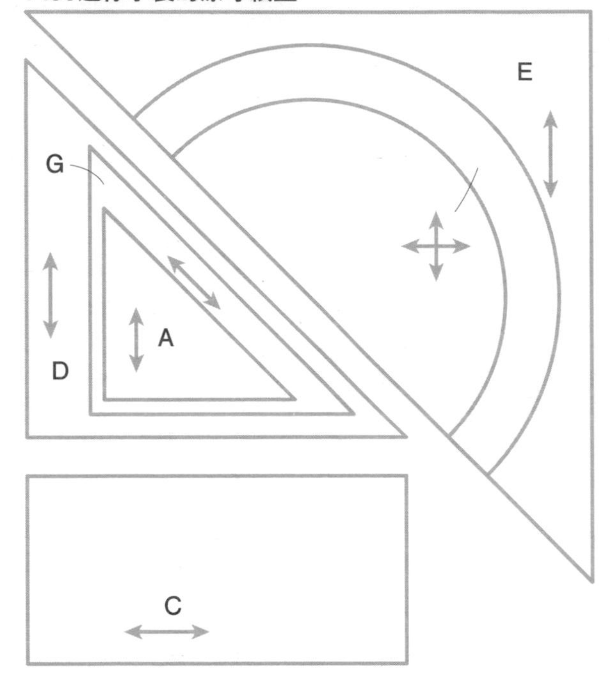


## 繡法

**回針繡**

1出 3出 2入

**輪廓繡**

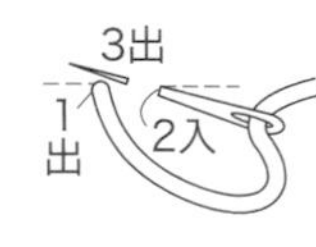


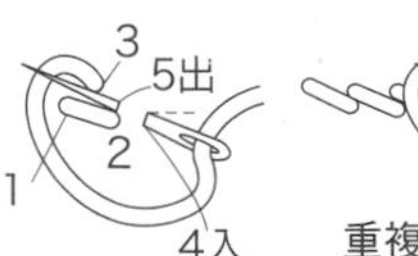

**十字繡**

3出 4入 1出 2入 5出

**雛菊繡**

3出 4入 2入 1出

**魚骨繡**

**緞面繡**

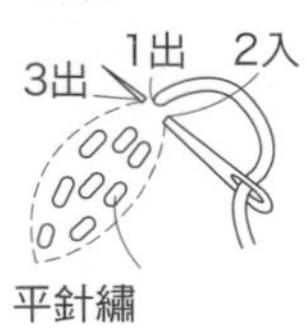


一邊調節針目，一邊重複2至3次。

**飛羽繡**

2入 1出 3出 5出 4入

**8字結粒繡**

**毛邊繡**

5出 3出 1出 4入 2入

重複2至3次，進行刺繡，填滿釦眼繡部分。

**法國結粒繡**

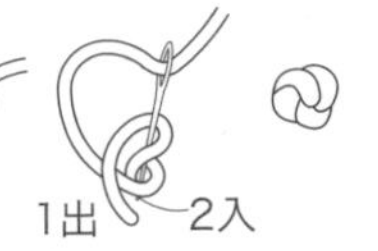


**直線繡**

**鎖鍊繡**

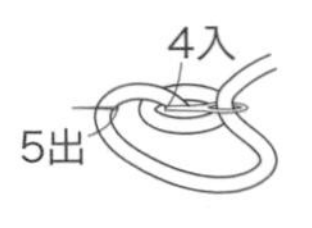


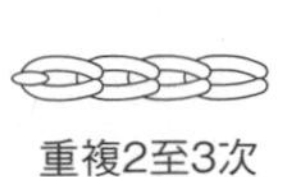

重複2至3次

**纜繩繡**

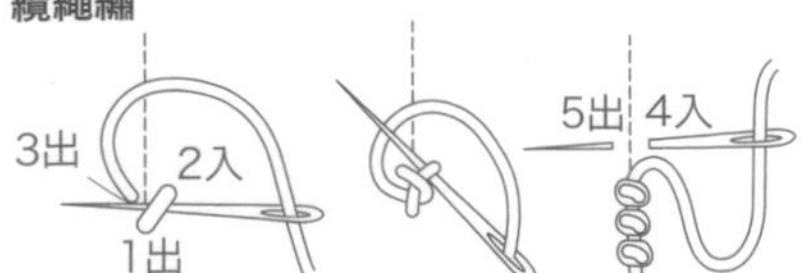


**長短針繡**

配合空間，改變刺繡的長度。

**羊齒繡**

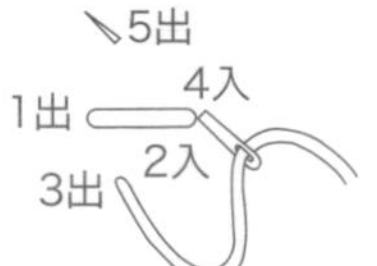


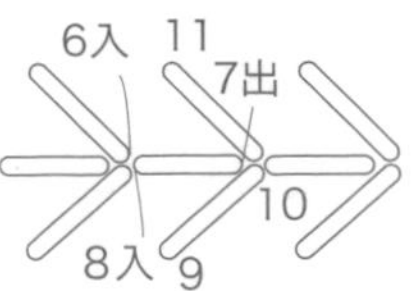


**玫瑰捲線繡**

**捲線繡**

## P15 No.16 壁飾 ●紙型B面⑱（A至E布片的原寸紙型＆貼布縫、壓線圖案）

◆**材料**
各式拼接、貼布縫用布片　G用布110×40cm　鋪棉、胚布各100×120cm　H、I用紅色印花布（包含滾邊部分）各100×70cm　25號繡線適量

◆**作法順序**
拼接A至E布片，進行貼布縫，完成12片圖案→接縫F、G布片，周圍接縫H、I布片，完成表布→疊合鋪棉與胚布，進行壓線→進行周圍滾邊。

◆**作法重點**
○圖案拼接順序請參照P.22。
○角上進行畫框式滾邊（請參照P.84）。

完成尺寸　111.5×89.5cm

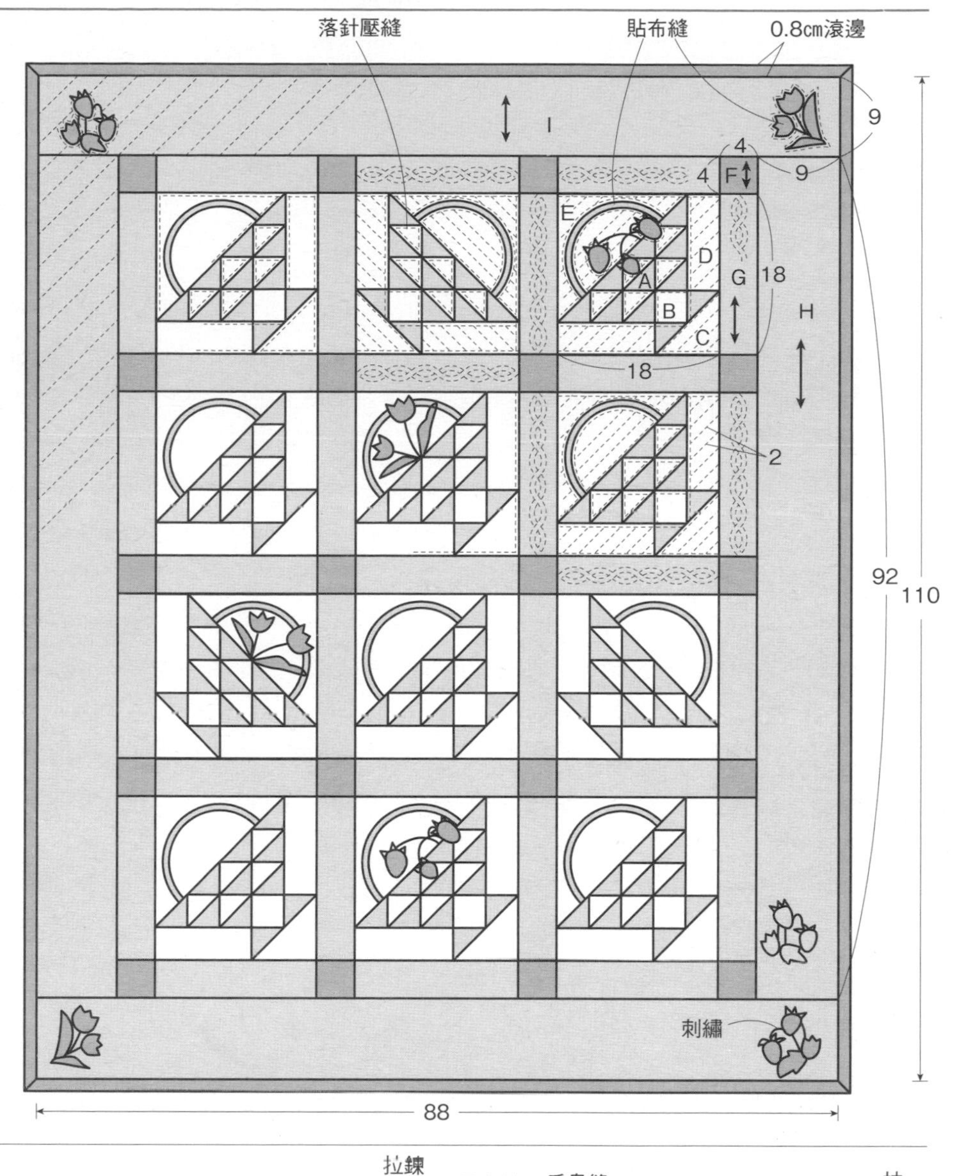


## P15 No.18 筆袋 No.19 迷你手袋

◆**材料**
No.18　各式拼接、貼布縫用布片　E用布30×10cm　鋪棉、胚布各30×30cm　寬3.5cm滾邊用斜布條55cm　長22cm拉鍊1條
No.19　各式拼接、貼布縫用布片　H用布35×10cm　鋪棉、胚布各35×35cm　寬3.5cm滾邊用斜布條70cm　長30cm拉鍊1條　直徑2cm包釦心2顆　寬1cm帶狀皮革65cm

◆**作法順序**
進行拼接、貼布縫，完成表布→疊合鋪棉與胚布，進行壓線→依圖示完成縫製→No.19縫合固定提把。

◆**作法重點**
○No.19原寸紙型請參照P.94。
○包釦作法請參照P.97。
○縫份處理方法請參照P.85-A。

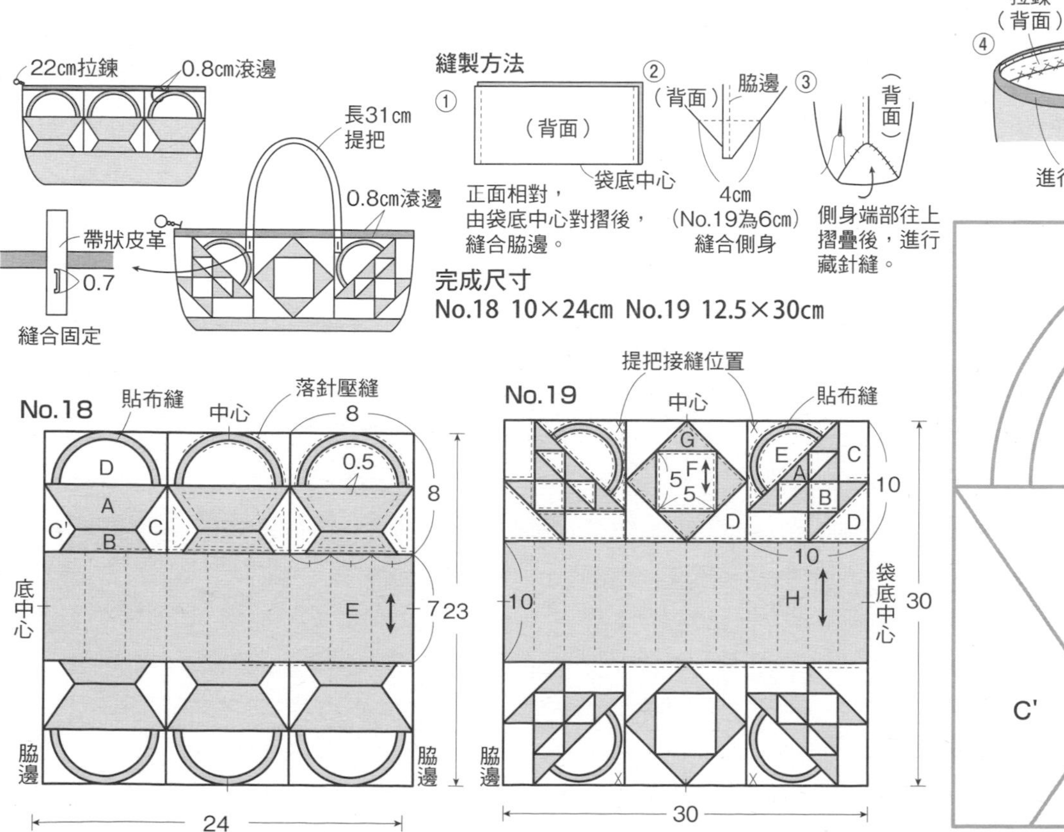


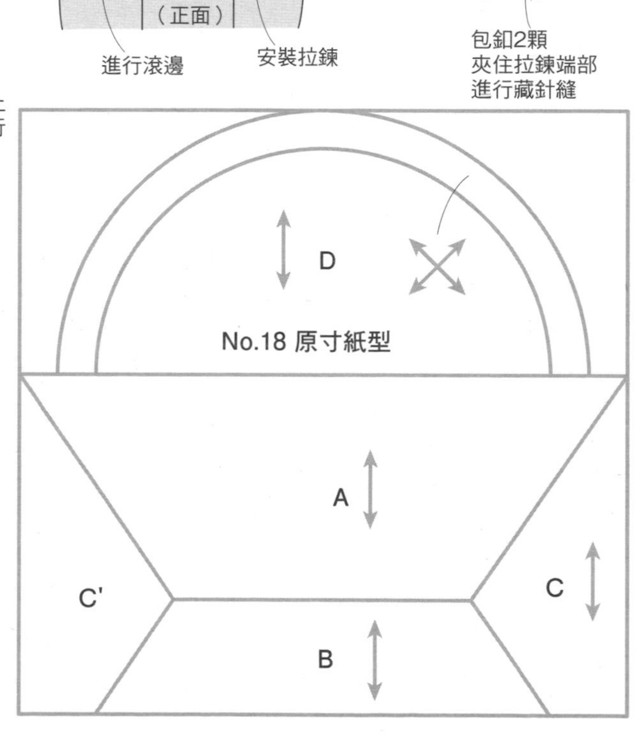

# P17 No.22 壁飾 ●紙型B面⑭（A至H布片的原寸紙型＆壓線圖案）

**◆材料**
各式拼接用布片　AA'用布110×55cm　B、E用布110×35cm　I、J用布60×150cm　鋪棉、胚布各90×260cm　寬4cm滾邊用斜布條540cm

**◆作法順序**
拼接A至G布片，完成30片圖案，周圍接縫H布片→區塊接縫成5×6列後，周圍接縫I與J布片，完成表布→疊合鋪棉與胚布，進行壓線→進行周圍滾邊。

**◆作法重點**
○角上進行畫框式滾邊（請參照P.84）。

完成尺寸　144×124cm

區塊配置圖

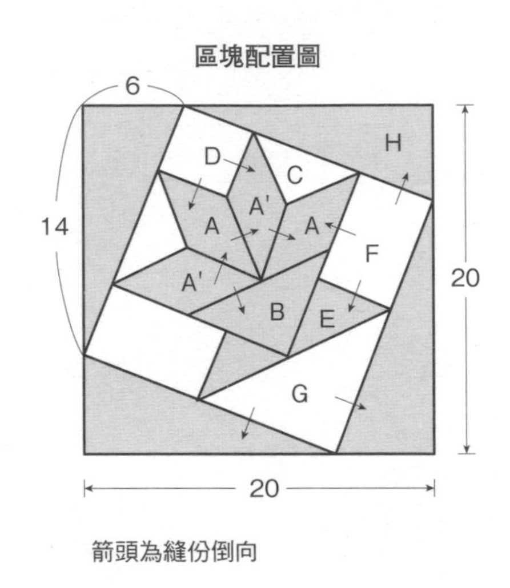


箭頭為縫份倒向

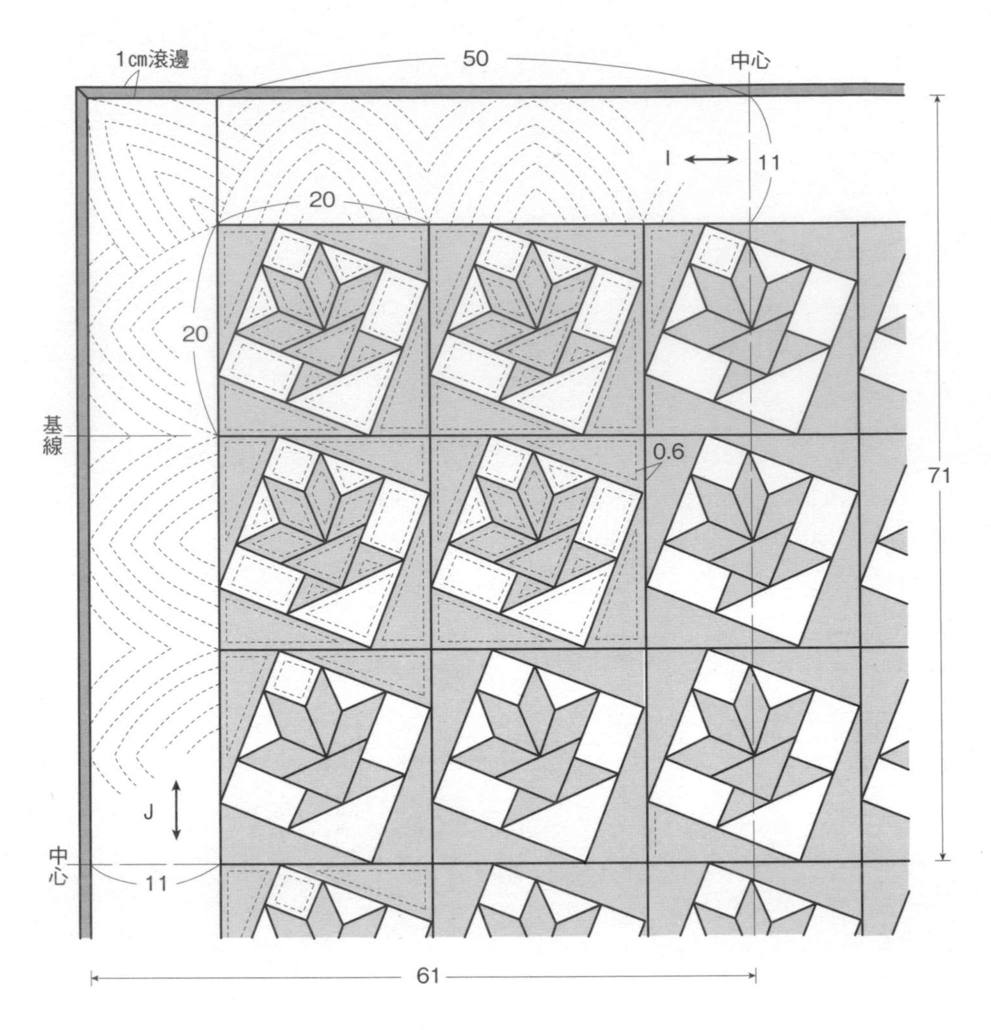


# P16 No.20 迷你壁飾 ●紙型B面❹（A至H'布片的原寸紙型）

**◆材料**
各式拼接用布片　原色印花布55×35cm（包含滾邊部分）　鋪棉、胚布各45×40cm

**◆作法順序**
拼接布片，完成ㄅ至ㄌ'的提籃圖案與區塊後，進行後續接縫→四個角上部位接縫D布片，周圍接縫I至K布片，完成表布→疊合鋪棉與胚布，進行壓線→進行周圍滾邊。

**◆作法重點**
○圖案拼接順序請參照P.22。
○角上進行畫框式滾邊（請參照P.84）。

完成尺寸　38.5×36cm

圖案&區塊配置圖

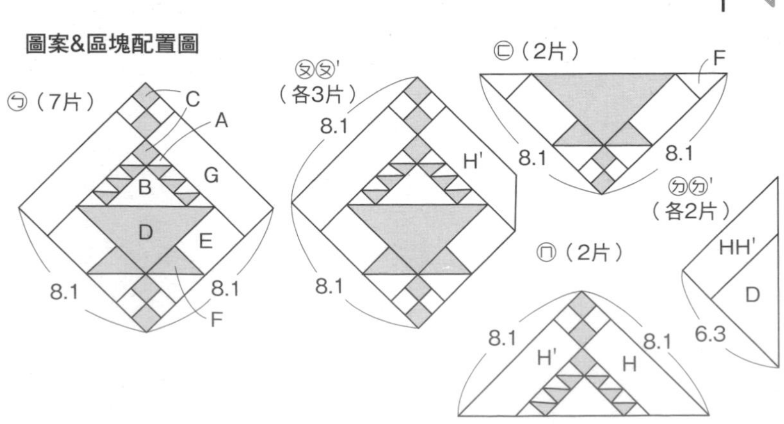


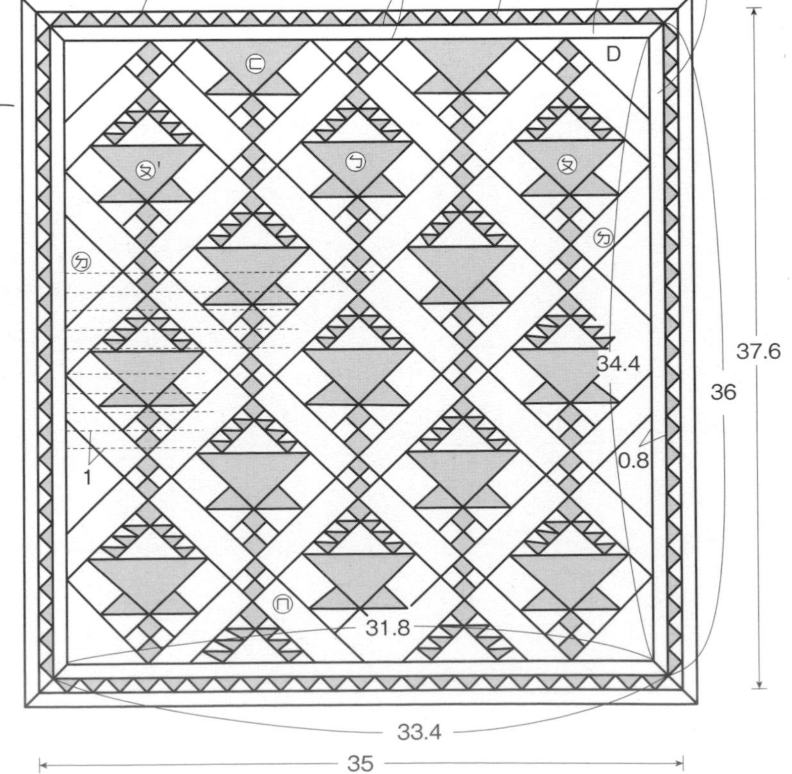

## No.21 壁飾 ●紙型B面❷（圖案的原寸紙型＆壓線圖案）

**◆材料**

各式拼接、貼布縫用布片　圖案用米黃色先染布110×90cm　台布、鋪棉、胚布各110×120cm　寬4cm斜布條450cm　直徑1.5cm包釦心8顆　直徑2cm包釦心2顆　8號段染繡線適量

**◆作法順序**

拼接A至G布片，完成18片圖案（拼接順序請參照P.23），A布片上進行刺繡→接縫圖案，台布中央進行貼布縫→進行周圍貼布縫，縫合固定包釦→進行刺繡，完成表布→疊合鋪棉與胚布，進行壓線→進行周圍滾邊。

**◆作法重點**

○拼接圖案時，由記號縫至記號，縫份倒成風車狀。
○挖空圖案貼布縫下方的台布。
○進行A布片的花朵刺繡，自由刺繡五種花朵。可依喜好改變方向或增加花數。

圖案配置圖

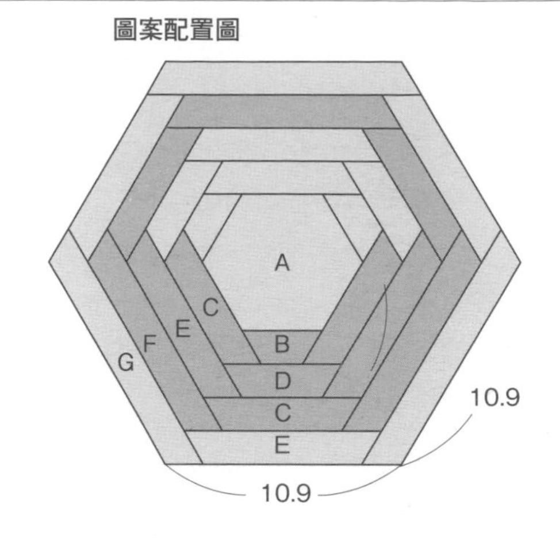


完成尺寸　102×114cm

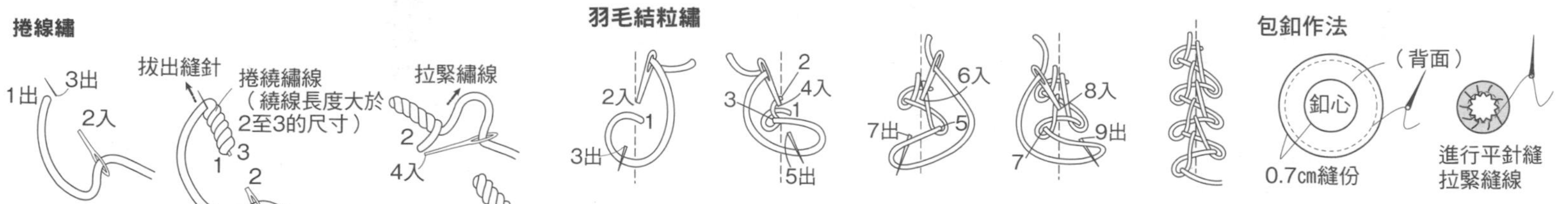

# P21 No.27至No.29 提籃圖案框飾 ●紙型B面❽（圖案的原寸紙型）

◆材料

相同　各式拼接用布片　鋪棉、胚布各25×25cm　內尺寸18×18cm畫框1個　厚紙適量

No.27 A用布25×25cm　寬0.8cm貼布縫用斜布條100cm　25號繡線、繡花線各適量

No.28 白玉拼布用毛線適量

◆作法順序

拼接布片，完成表布（No.29拼接順序請參照P.23）（No.27進行刺繡）→疊合鋪棉與胚布，進行壓線→周圍進行捲針縫，包覆背板。

◆作法重點

○No.29 的D與F布片外側多預留縫份3cm。No.27與No.29外側皆預留縫份1.5cm以上。

完成尺寸　內徑 18×18cm

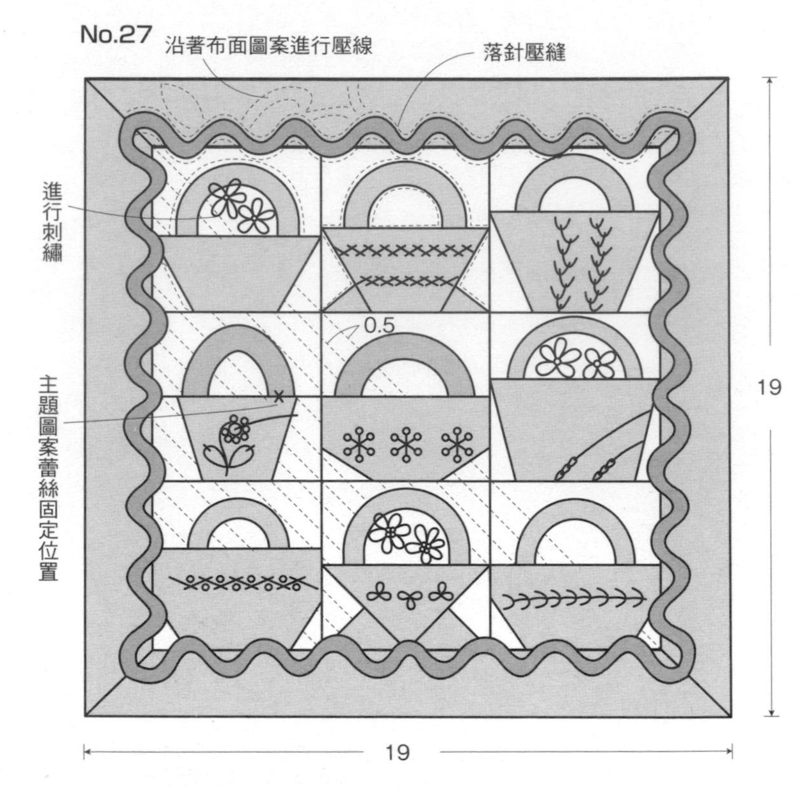


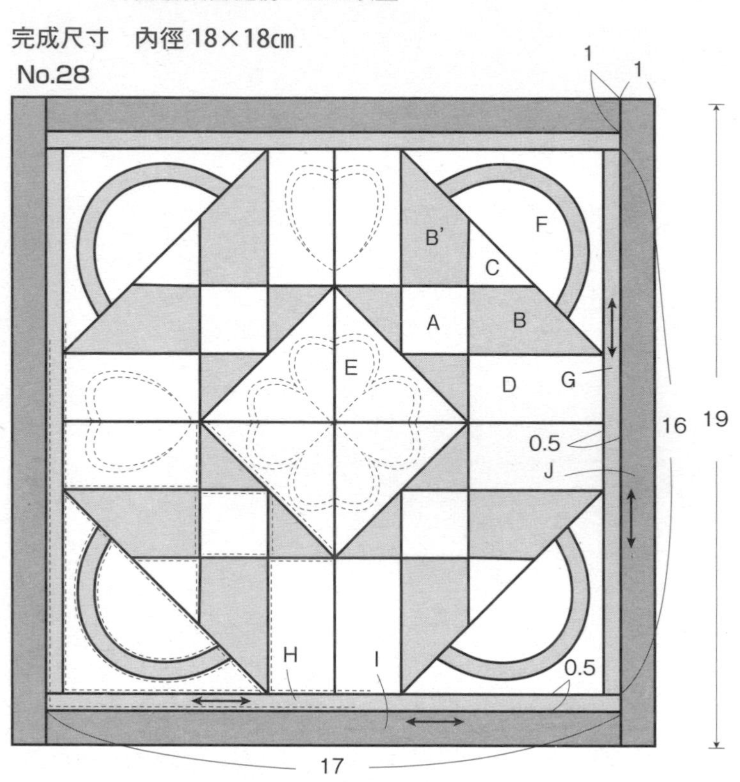


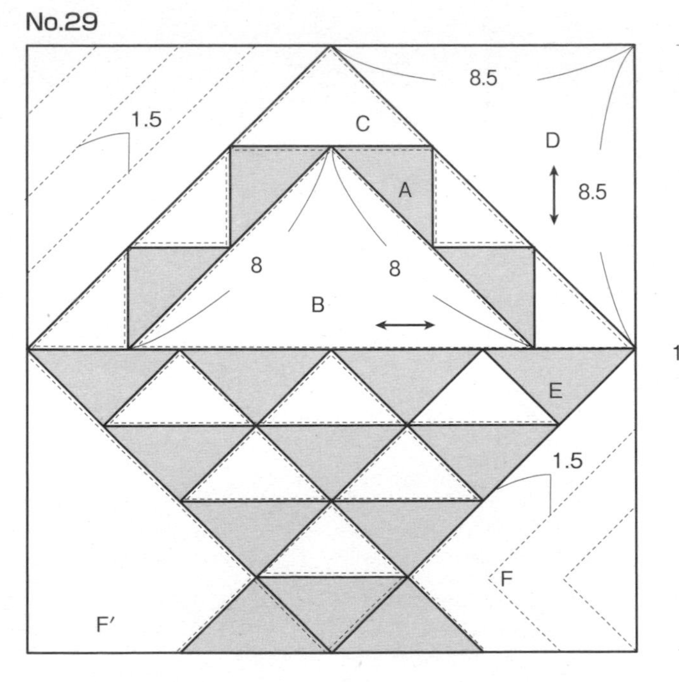


No.28 的原寸紙型

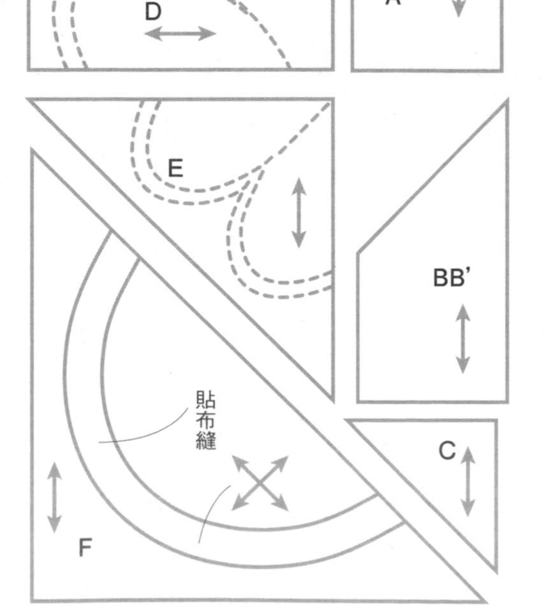


No29 的原寸紙型

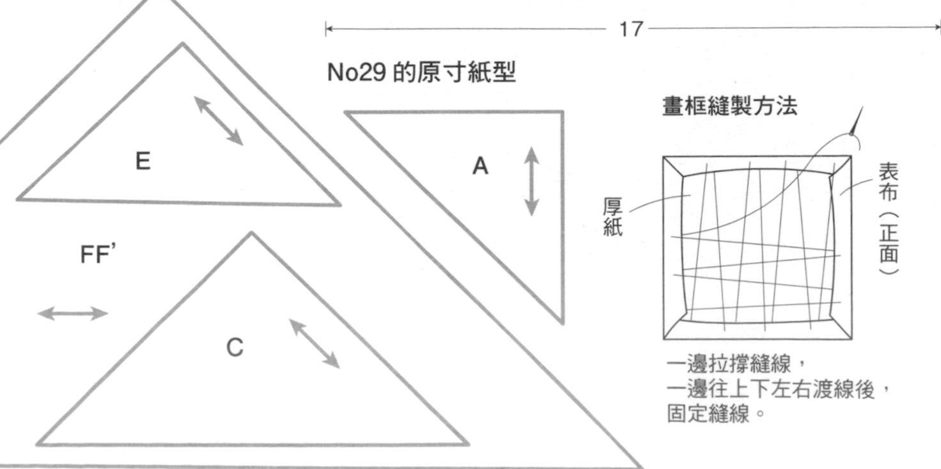

## No.30 胸前包 ●紙型B面㉔（口袋＆拉鍊襠片的原寸紙型）

◆**材料**

各式拼接用布片　本體用先染布110×50cm（包含墊肩、肩背帶、襠片、吊耳、滾邊部分）　單膠鋪棉100×45cm　胚布110×70cm（包含裡袋部分）　厚接著襯60×30cm　長14cm・30cm拉鍊各1條　內尺寸2cm三角環2個　內尺寸3cm活動鉤各1個　寬3cm平面織帶75cm　寬3.7cm帶釦1組

◆**作法順序**

拼接A至I布片，完成口袋表布→疊合鋪棉、胚布，進行壓線→進行袋口滾邊→前片、後片也以相同作法進行壓線→口袋口與前片安裝拉鍊→製作側身、附墊肩的肩背帶、襠片、吊耳→附墊肩的肩背帶、吊耳暫時固定於後片，依圖示完成縫製。

◆**作法重點**

○沿著布面圖案自由地在口袋表布上進行壓線。
○前片組裝口袋後，沿著口袋周圍進行疏縫。

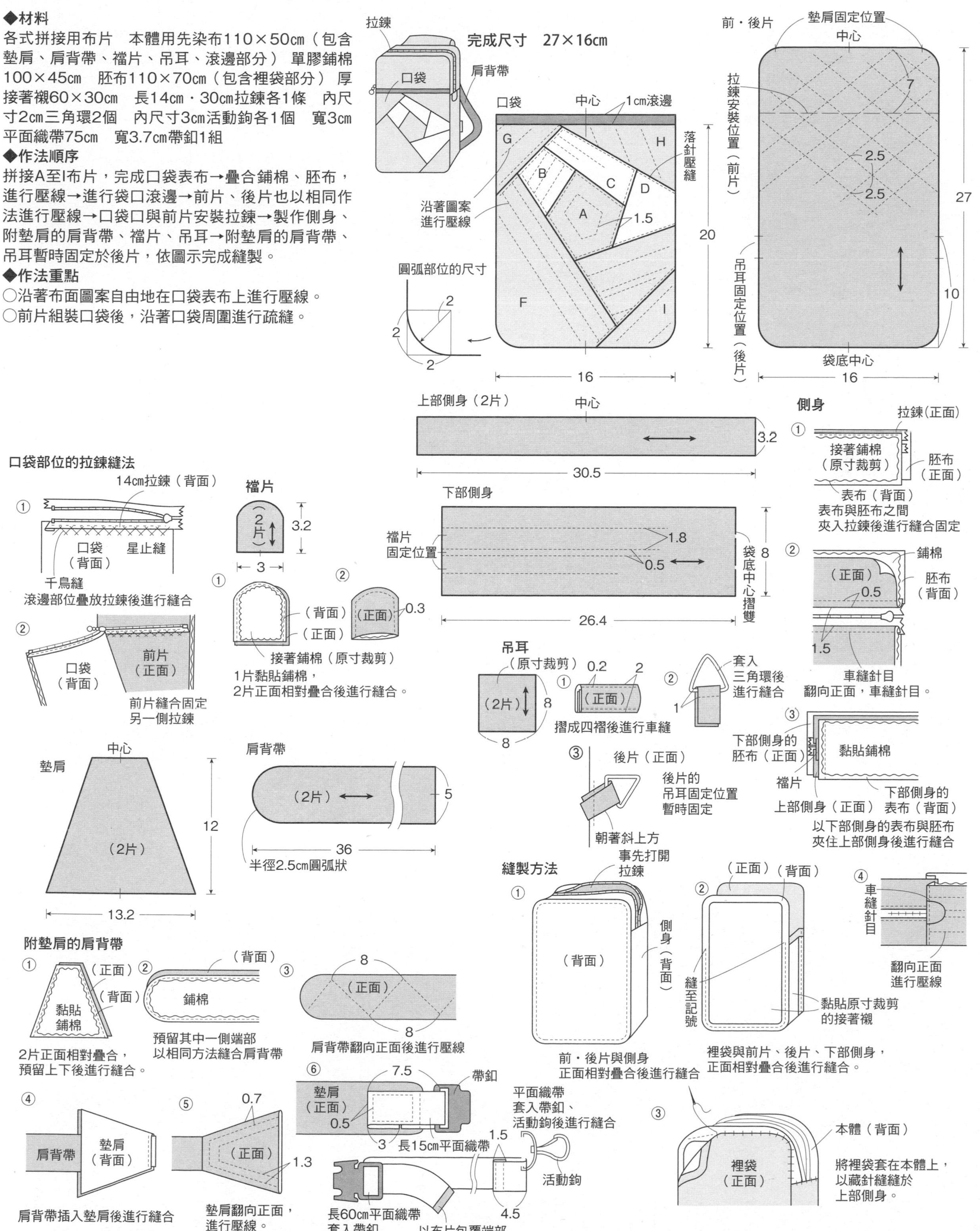

## P5 No.4 壁飾 ●紙型A面❶（A至G布片的原寸紙型＆貼布縫、壓線圖案）

**◆材料**

各式拼接、貼布縫用布片　F、H、I用灰色素布110×50㎝（包含滾邊部分） 鋪棉、胚布各55×55㎝　25號繡線適量

**◆作法順序**

拼接A至E布片後，接縫I布片→進行貼布縫與刺繡→接縫F、H布片，完成表布→疊合鋪棉與胚布，進行壓線→製作立體花，縫合固定於中心→進行周圍滾邊（角上進行畫框式滾邊，請參照P.84）。

**◆作法重點**

○進行貼布縫時，自由組合花朵。

完成尺寸　50×50㎝

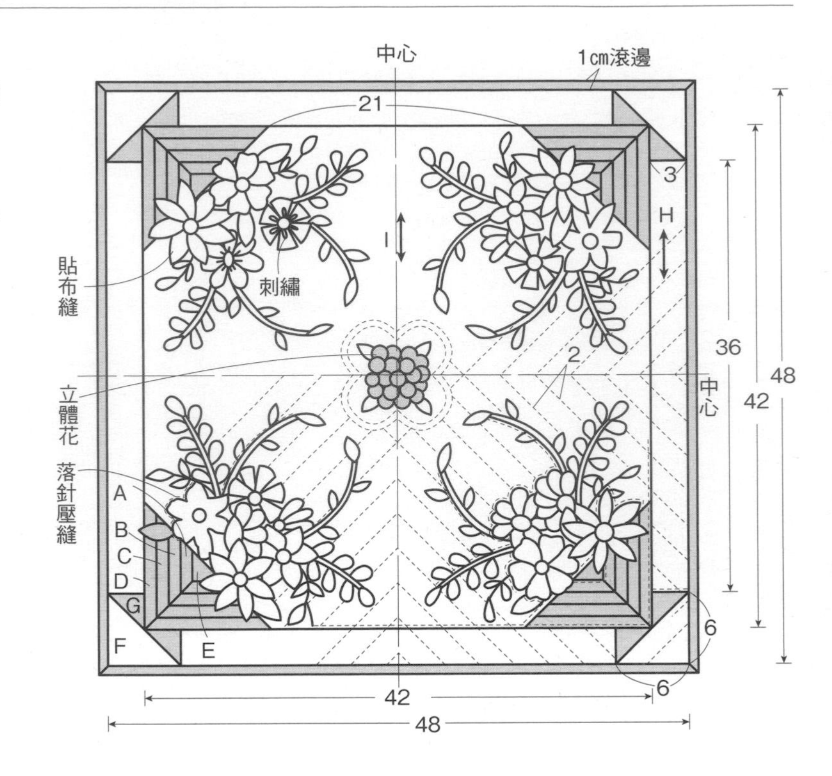


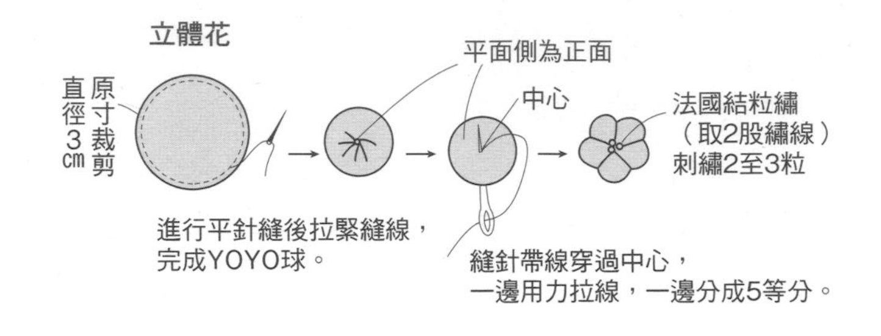


## P44 No.47 兔子造型玩偶 ●紙型A面❽

**◆材料**

米黃色羊毛材質布料90×45㎝　耳朵與鼻尖用粉紅色先染布、單膠鋪棉、薄接著襯各15×10㎝　直徑1.4㎝包釦心、直徑0.6㎝紅色鈕釦各2顆　填充用塑膠粒約160g　棉花約130g　25號粉紅色　米黃色繡線各適量

**◆作法順序**

製作各部位→依圖示完成縫製。

**◆作法重點**

○預留縫份0.7cm。但鼻子1.5cm，尾巴2cm。

○包釦作法請參照P.97。

完成尺寸　41×41㎝

### 頭部

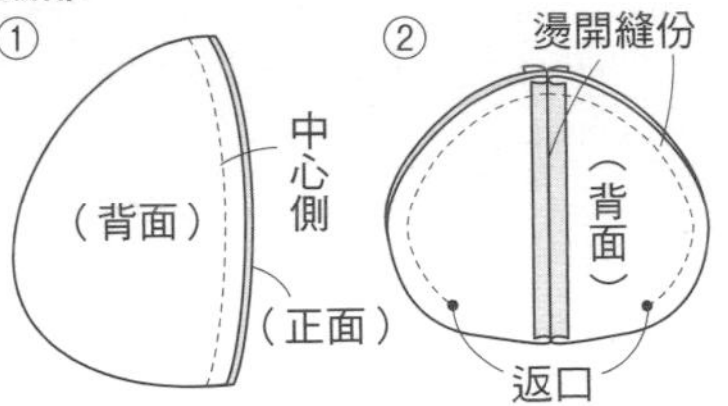


對稱形各1片，正面相對疊合，進行縫合，製作2片。

翻向正面，2片正面相對疊合，縫合周圍。

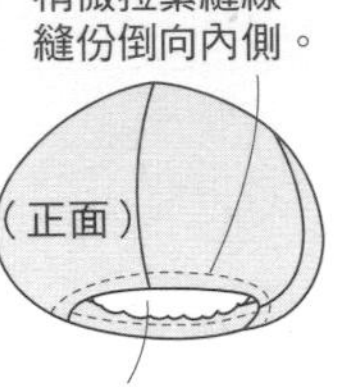


翻向正面，塞入棉花。（包含用布約27g）

### 身體

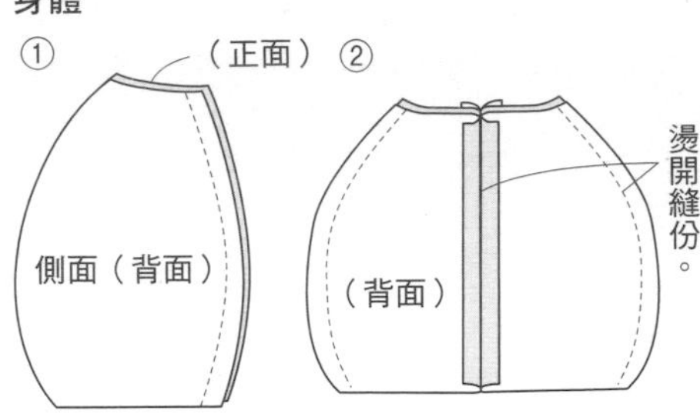


對稱形各1片，正面相對疊合，進行縫合，製作2片。

翻向正面，2片正面相對疊合，進行縫合。

③ 側面（背面） 底部（背面）

正面相對疊合底部，進行縫合。

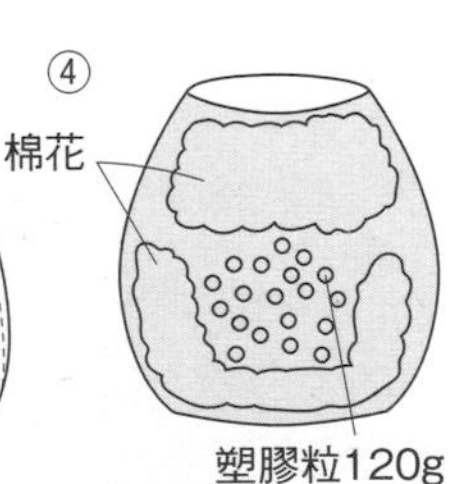


塑膠粒120g

翻向正面依序塞入棉花→塑膠粒→棉花（包含用布約180g）

### 耳朵

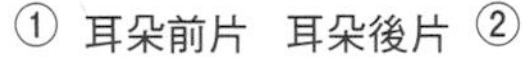


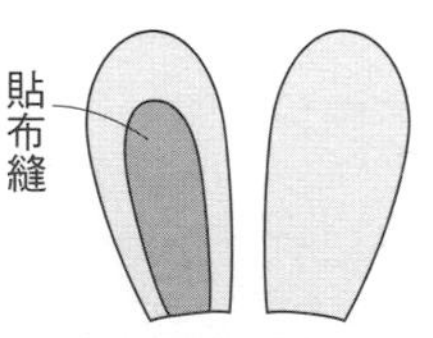


對稱形，各準備2片，前片背面黏貼原寸裁剪的單膠鋪棉，後片背面黏貼原寸裁剪的薄接著襯

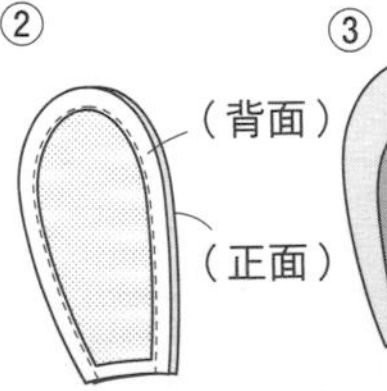


前片與後片正面相對疊合由記號縫至記號

③ 翻向正面塞入少量棉花

④ 摺入下部縫份，進行藏針縫，對摺後，再次進行藏針縫。

### 鼻子&尾巴

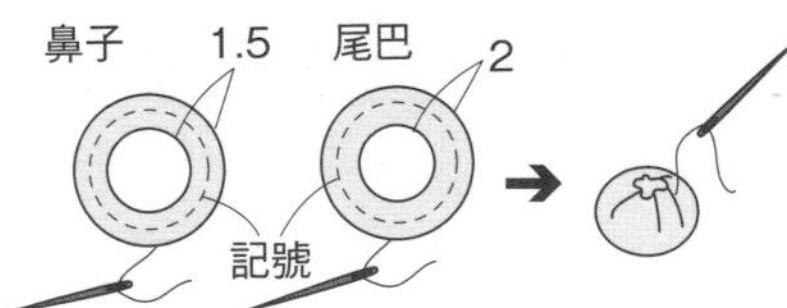


進行平針縫，塞入棉花，收緊縫線。（鼻子放入紙型，收緊縫線）

### 手&腳

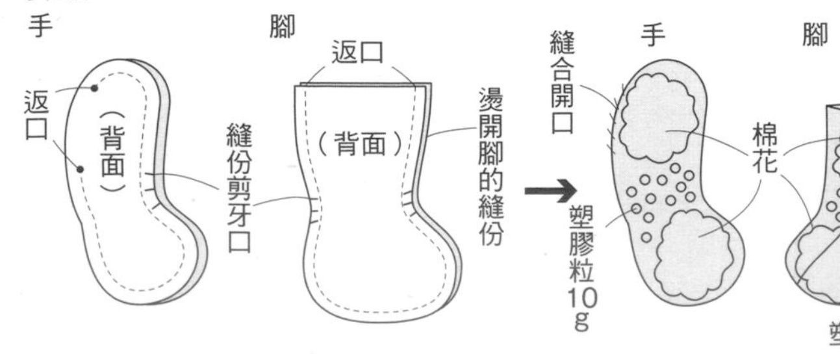


對稱形各1片，正面相對疊合，預留返口，進行縫合。

縫合開口　手　腳　摺入開口縫份縫合固定　棉花　塑膠粒10g　將接縫處調整至中心摺疊後縫合固定　塑膠粒10g

翻向正面，塞入棉花與塑膠粒。包含用布，重量以手16g，腳20g為大致基準。

### 縫製方法

以藏針縫縫合固定頭部與身體

以藏針縫縫合固定鼻子與耳朵

穿過包釦

縫線穿縫身體來回穿3次固定雙手

取下紙型以藏針縫縫合鼻子

後片縫合尾巴

以藏針縫縫合雙腳

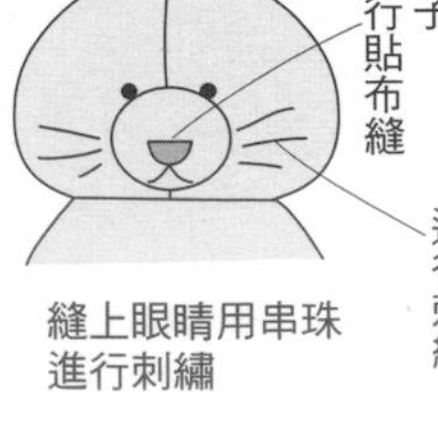


縫上眼睛用串珠進行刺繡

# No.31 波奇包　No.32 手機套

●紙型B面㉑（No.32的A至E、G布片原寸紙型）

◆材料

No.31 各式拼接用布片　袋身用布50×50cm（包含側身、提把、穿帶處、吊耳、滾邊部分）　鋪棉、胚布各50×50cm　長20cm拉鍊2條

No.32 各式拼接用布片（包含吊耳部分）　F、G用布35×25cm（包含穿帶處部分）　寬3.5cm滾邊用斜布條80cm　鋪棉、胚布各45×15cm　直徑1.4cm縫式磁釦1組

◆作法順序

No.31 拼接A布片，完成口袋表布→疊合鋪棉與胚布，進行壓線→袋身也以相同方法進行壓線→口袋口進行滾邊後，安裝拉鍊→後片袋身組裝穿帶處→製作側身→依圖示完成縫製後，安裝提把。

No.32 拼接A至E布片，完成4片圖案，接縫F與G布片，完成表布→疊合鋪棉與胚布，進行壓線→進行袋口滾邊→製作穿帶處與吊耳，後片組裝穿帶處→依圖示完成縫製，夾縫吊耳與安裝磁釦。

◆作法重點

○圖案拼接順序請參照P.84。

完成尺寸　No.31 16.5×21cm
　　　　　No.32 18.5×13.5cm

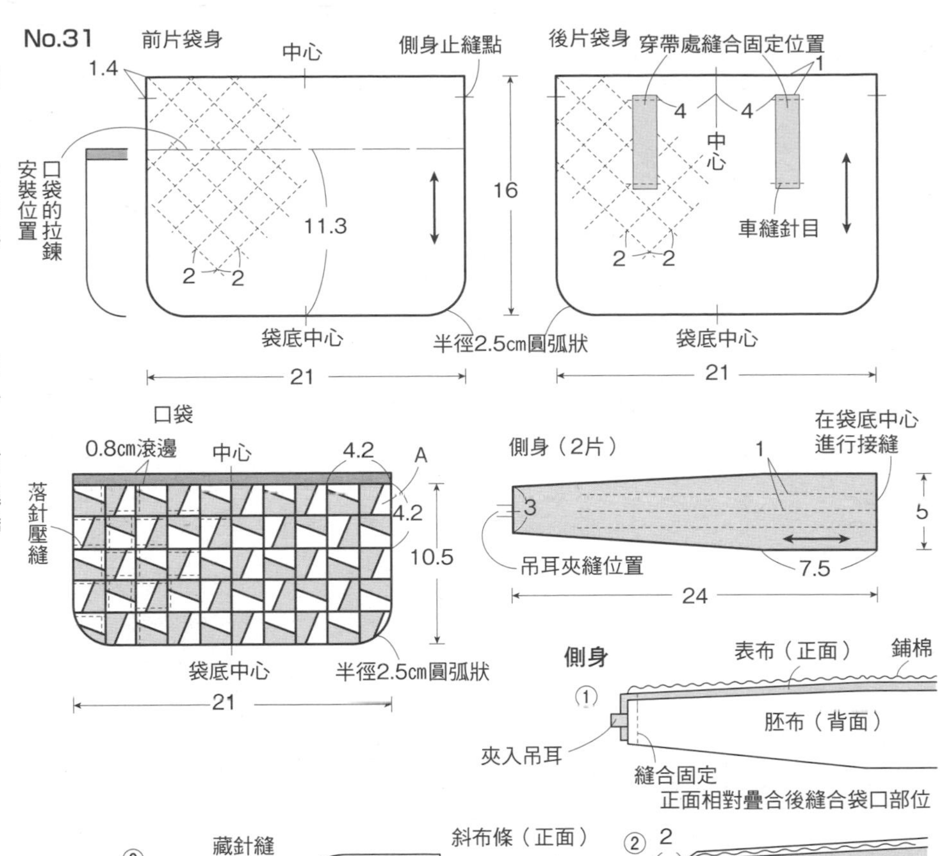


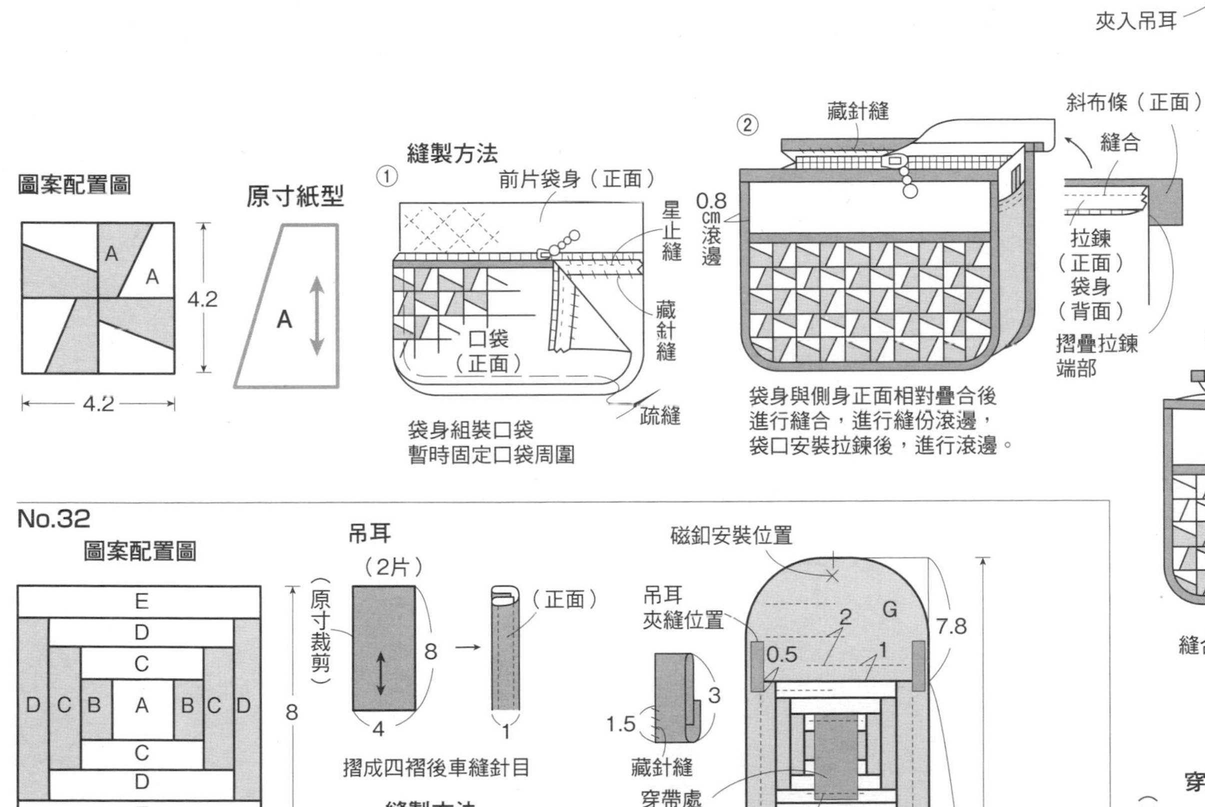


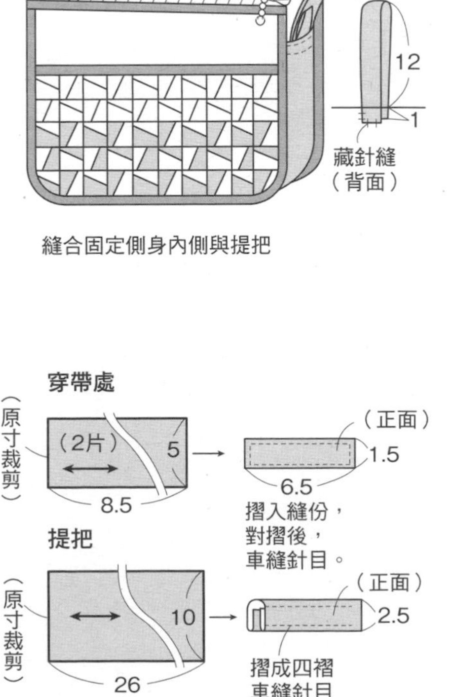

# P29 No.33 眼鏡盒 ●紙型B面❶（前片＆後片的原寸紙型）

**◆材料**

各式拼接用布片　後片用布20×15㎝　前片裡布（包含後片裡布部分）、鋪棉、胚布各20×25㎝　接著襯20×15㎝　直徑1㎝縫式磁釦1組

**◆作法順序**

以快速拼縫法完成前片表布→後片進行壓線（縫至記號處）→依圖示完成縫製。

**◆作法重點**

○以尺寸為大致基準，自由進行快速拼縫。

○疊合後片、前片、後片裡布，進行縫合後，後片裡布黏貼原寸裁剪的接著襯，圓弧部位縫份剪牙口。

完成尺寸　8.5×18㎝

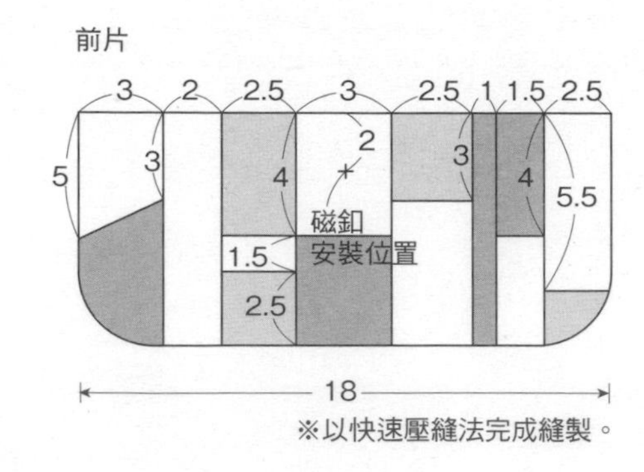


※以快速壓縫法完成縫製。

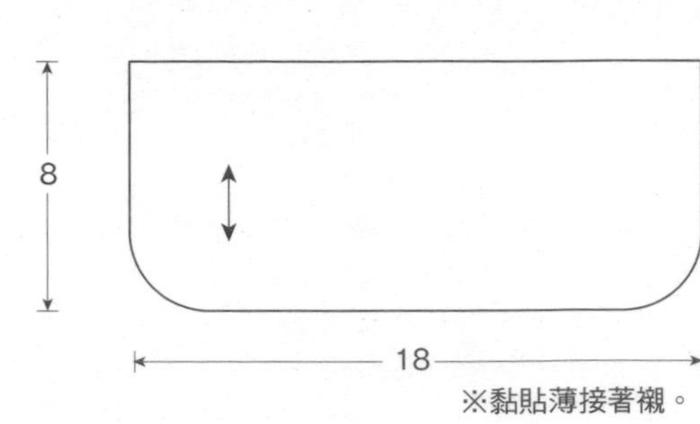


※黏貼薄接著襯。

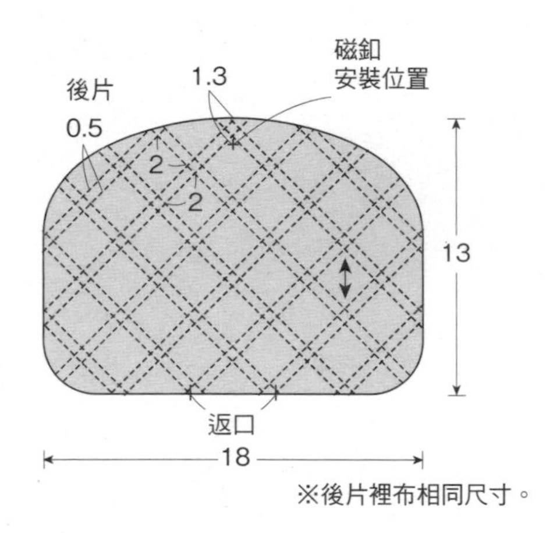


※後片裡布相同尺寸。

**快速壓縫法**

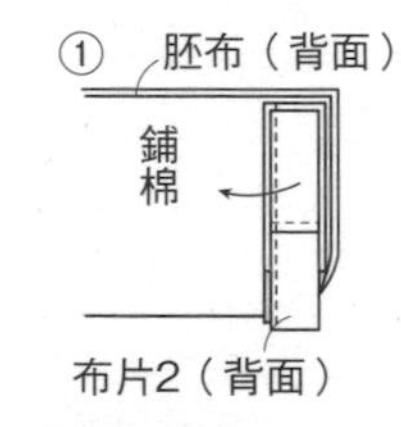


疊放布片1，
正面相對疊合布片2，
由記號縫至記號。

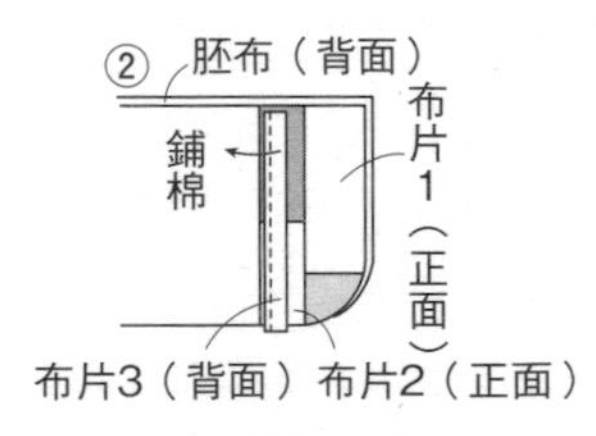


正面相對疊合布片3，
進行縫合。

**前片**

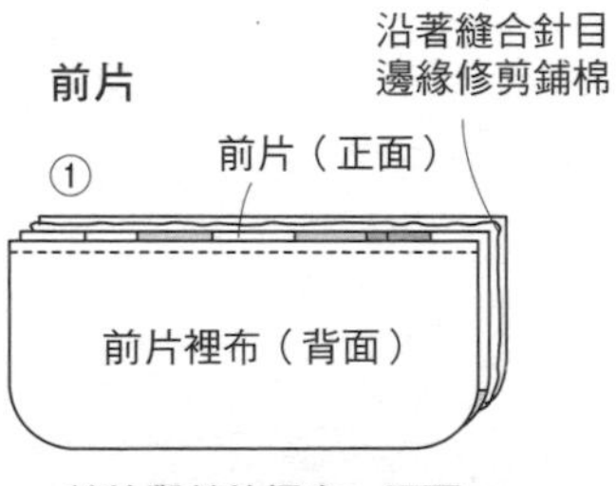


前片與前片裡布，正面
相對疊合，縫合袋口部位。

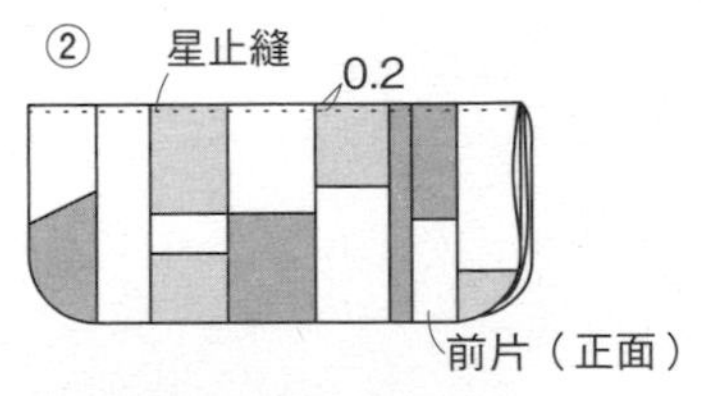


翻向正面，袋口以星止縫
進行壓縫。

**縫製方法**

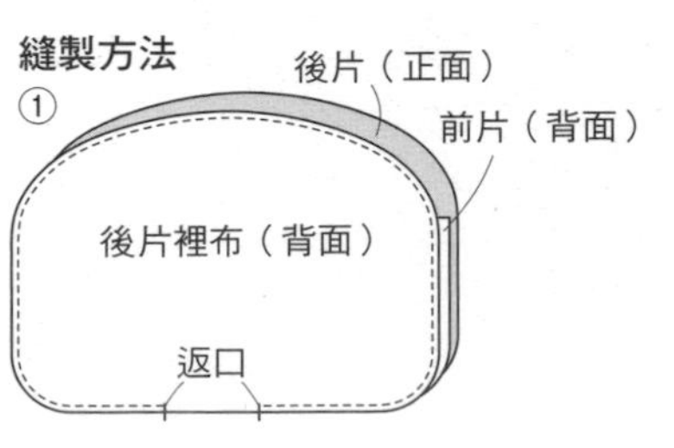


後片與後片裡布，
正面相對疊合，
夾入前片，
預留返口後進行縫合。
（沿著縫合針目邊緣修剪鋪棉）

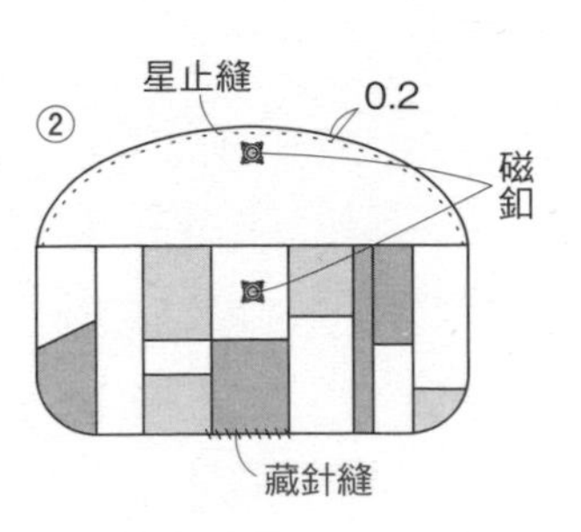


翻向正面，縫合返口※，
袋蓋進行星止縫，
安裝磁釦。
※表側、內側縫份分別調整後，
進行藏針縫。

## P34 No.40 抱枕套

**◆材料**

各式拼接用布片　C用布（包含後片部分）110×50cm　繩帶用布25×25cm　鋪棉、胚布各50×50cm　25號藏青色繡線適量（藍色）寬0.8cm緞帶145cm（紅色）

**◆作法順序**

拼接A、B布片，接縫C布片，完成正面表布→胚布、鋪棉上疊放表布，進行壓線→製作繩帶，接縫固定於裡布→表布與裡布正面相對疊合，進行縫合，處理縫份。

**◆作法重點**

○藍色釘線繡部分取6股繡線完成刺繡。

○圖案拼接順序請參照P.85。

完成尺寸　45×45cm

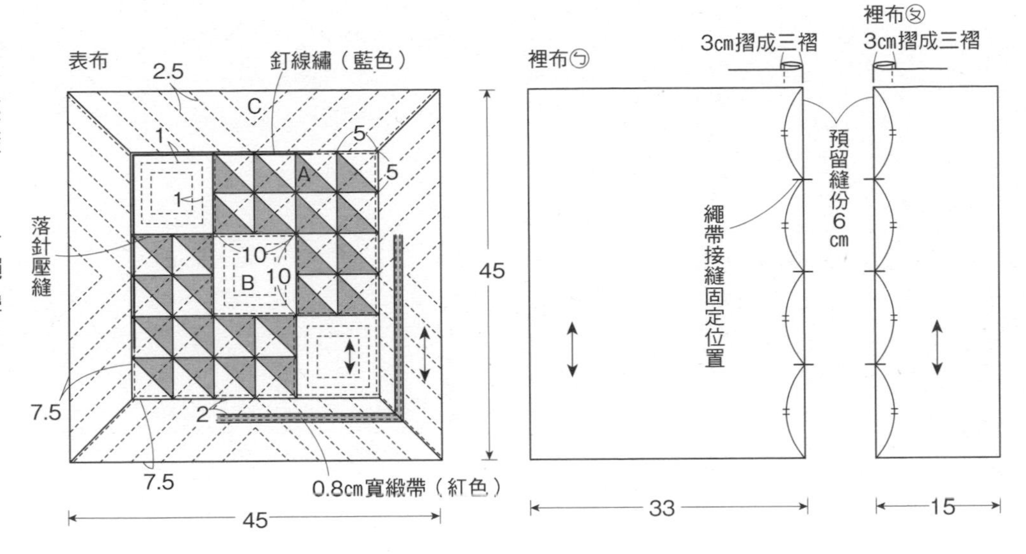


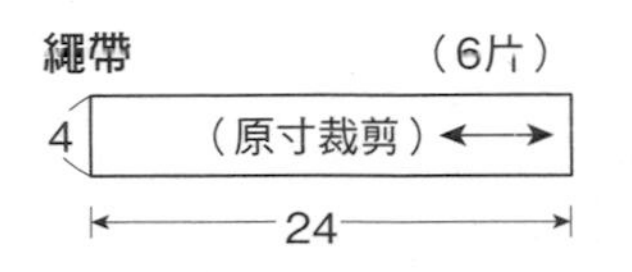


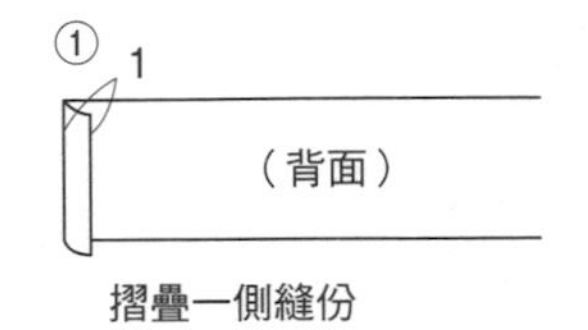


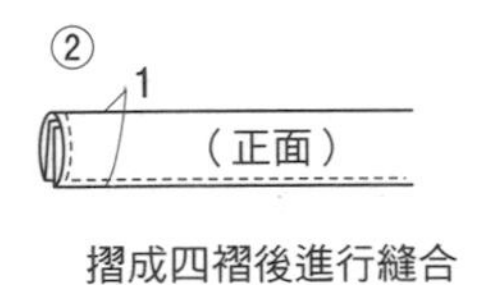


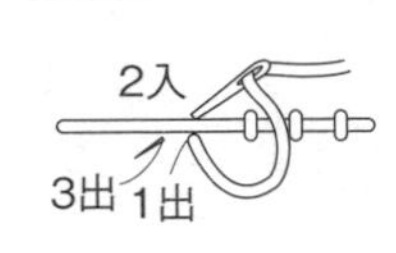


**繩帶接縫固定方法**

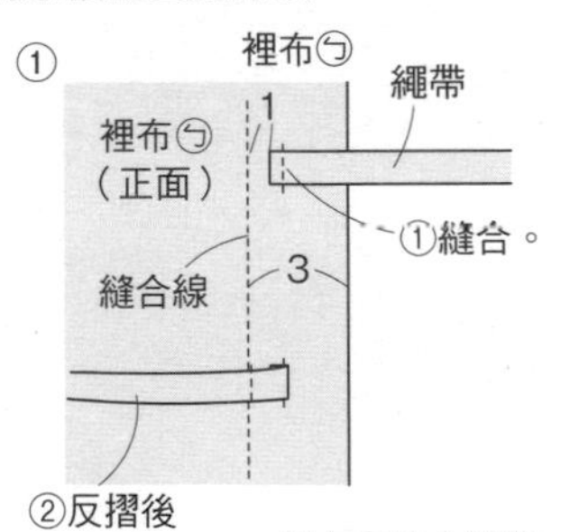


裡布㋐疊合繩帶，進行接縫，反摺後疊在縫合線上，縫合固定。

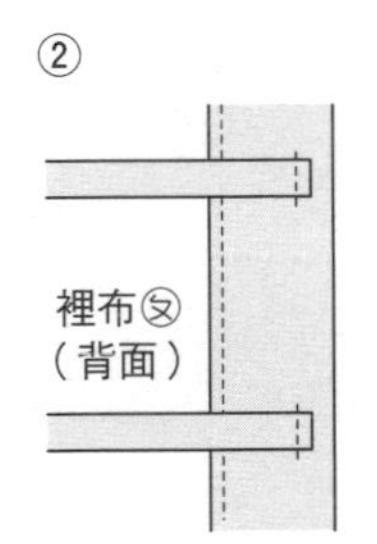


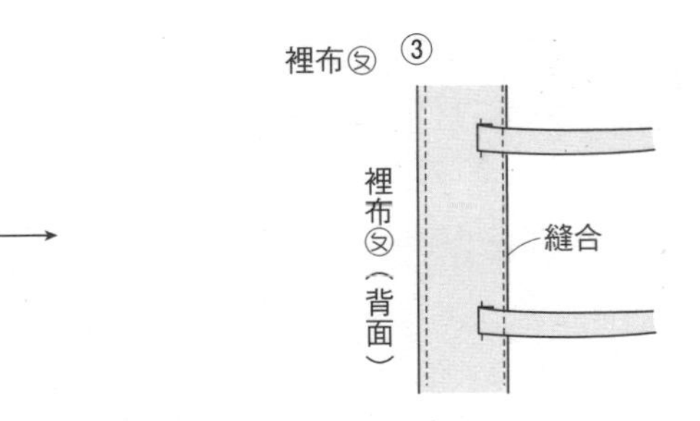


將繩帶疊在裡布㋑上，進行接縫，反摺後縫合固定。

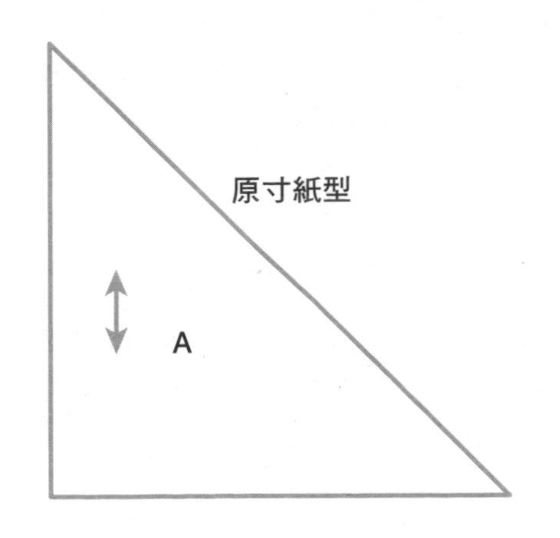

表布正面相對疊合裡布㋐、㋑，縫合周圍，縫份進行Z形車縫。

## P59 No.51 波奇包 ●紙型B面⑲（原寸貼布縫圖案）

**◆材料**

各式貼布縫用布片　A用布25×30cm　B、C與D用布各25×15cm　鋪棉、胚布、裡袋用布各30×45cm　寬3.5cm波形織帶（包含襠片部分）35cm　各色縫線　長23cm拉鍊1條

**◆作法順序**

A布片進行貼布縫，接縫B至D布片，完成表布→疊合鋪棉、胚布，進行壓線→依圖示完成縫製。

**◆作法重點**

○拼接C與D布片時，夾縫波形織帶。

完成尺寸　16.5×23cm

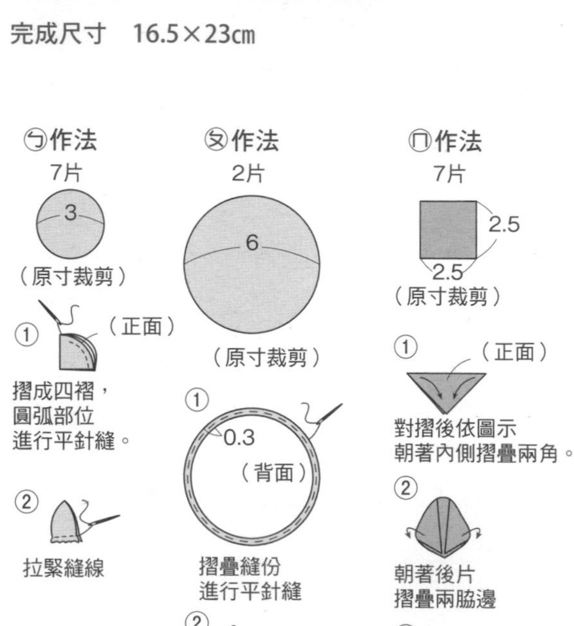


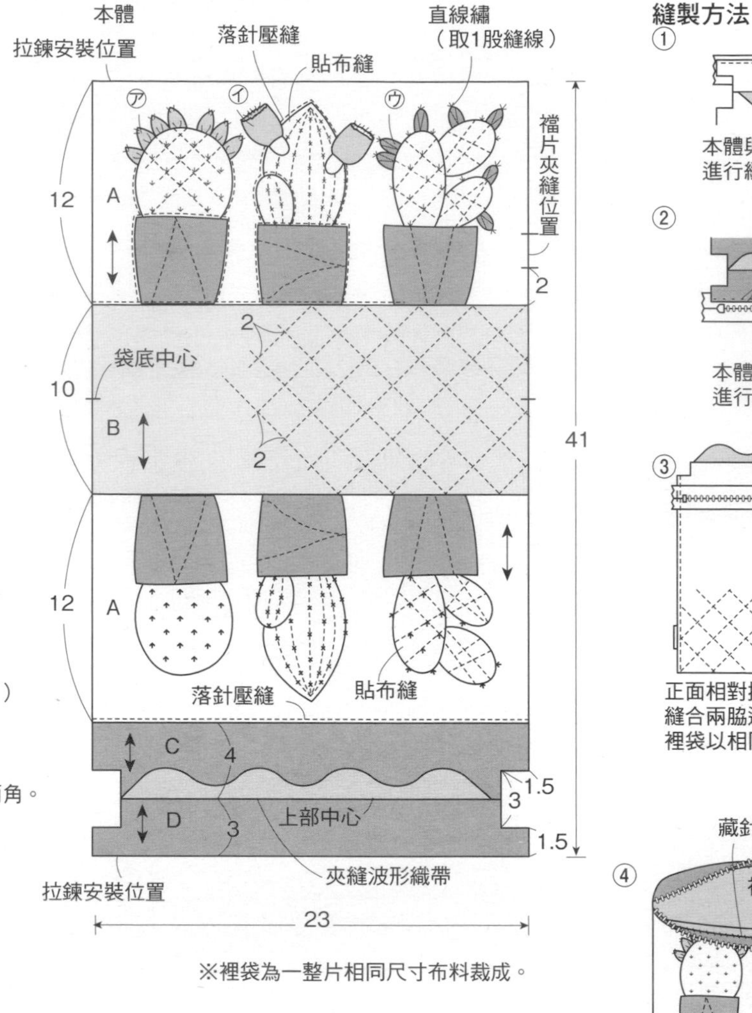


※裡袋為一整片相同尺寸布料裁成。

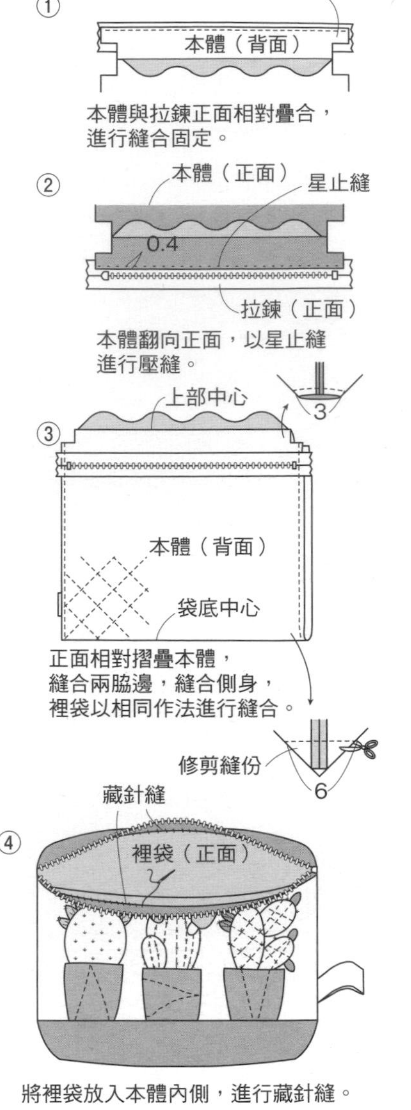


## P66 No.57 手冊套

**◆材料**

各式拼接用布片　C、D用布50×10cm　E用布兩種各25×5cm　胚布（包含袋口裡側貼邊、票卡夾、底布部分）60×40cm　寬3.7cm斜布條90cm　鋪棉25×20cm　接著襯50×20cm　繡花線

**◆作法順序**

拼接A與B'布片（請參照P.68），接縫C至E布片，進行刺繡，完成表布→胚布、鋪棉疊合表布，進行壓線→製作袋口裡側貼邊與隔層→依圖示完成縫製。

**◆作法重點**

○袋口裡側貼邊、票卡夾黏貼接著襯時，將邊端對齊摺雙位置。

完成尺寸　17.5×12cm

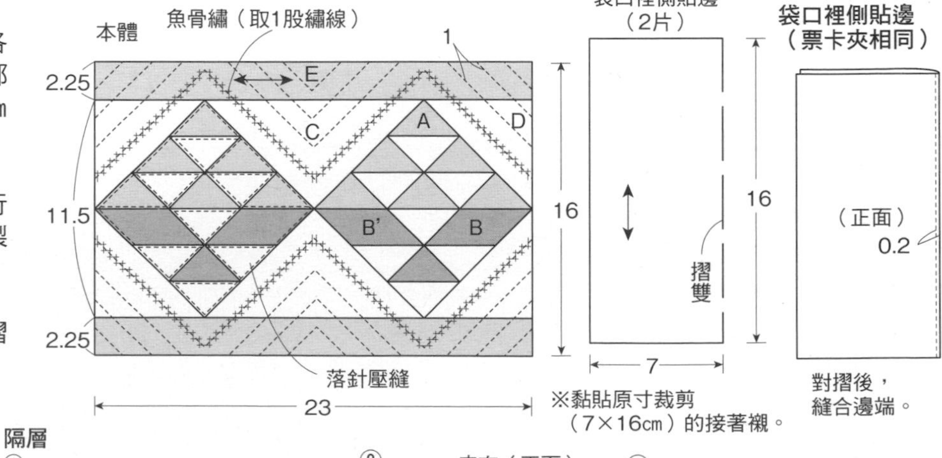


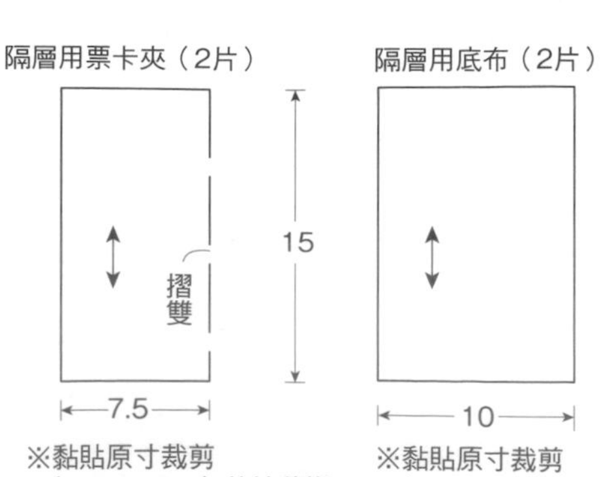


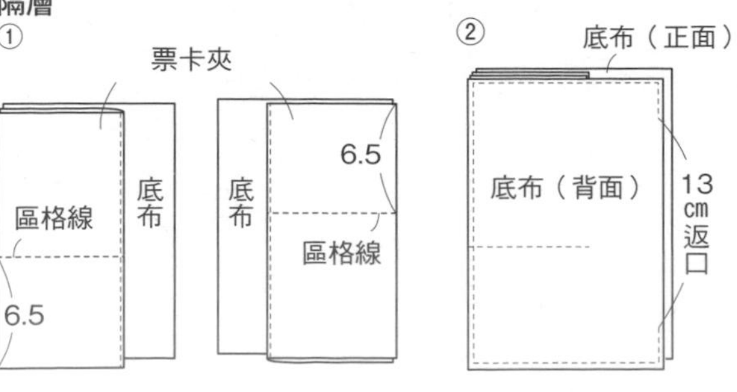


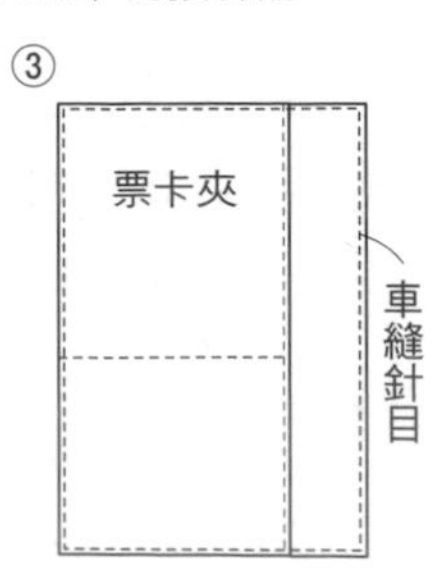

## No.50 壁飾　●紙型A面❹（A布片的原寸紙型＆貼布縫圖案）

**◆材料**

各式拼接用布片　C至E、H、J用白色素布110×80cm　寬3.5cm滾邊用斜布條380cm　鋪棉、胚布各95×95cm　寬1至1.5cm織帶四種各30cm　直徑1.3cm鈕釦4顆　直徑1cm鈕釦5顆　25號繡線適量

**◆作法順序**

拼接A至H、I至K布片，進行貼布縫，完成表布→疊合鋪棉與胚布，進行壓線→進行周圍滾邊→縫上織帶與鈕釦。

**◆作法重點**

○角上進行畫框式滾邊（請參照P.84）。

完成尺寸　88.5×88.5cm

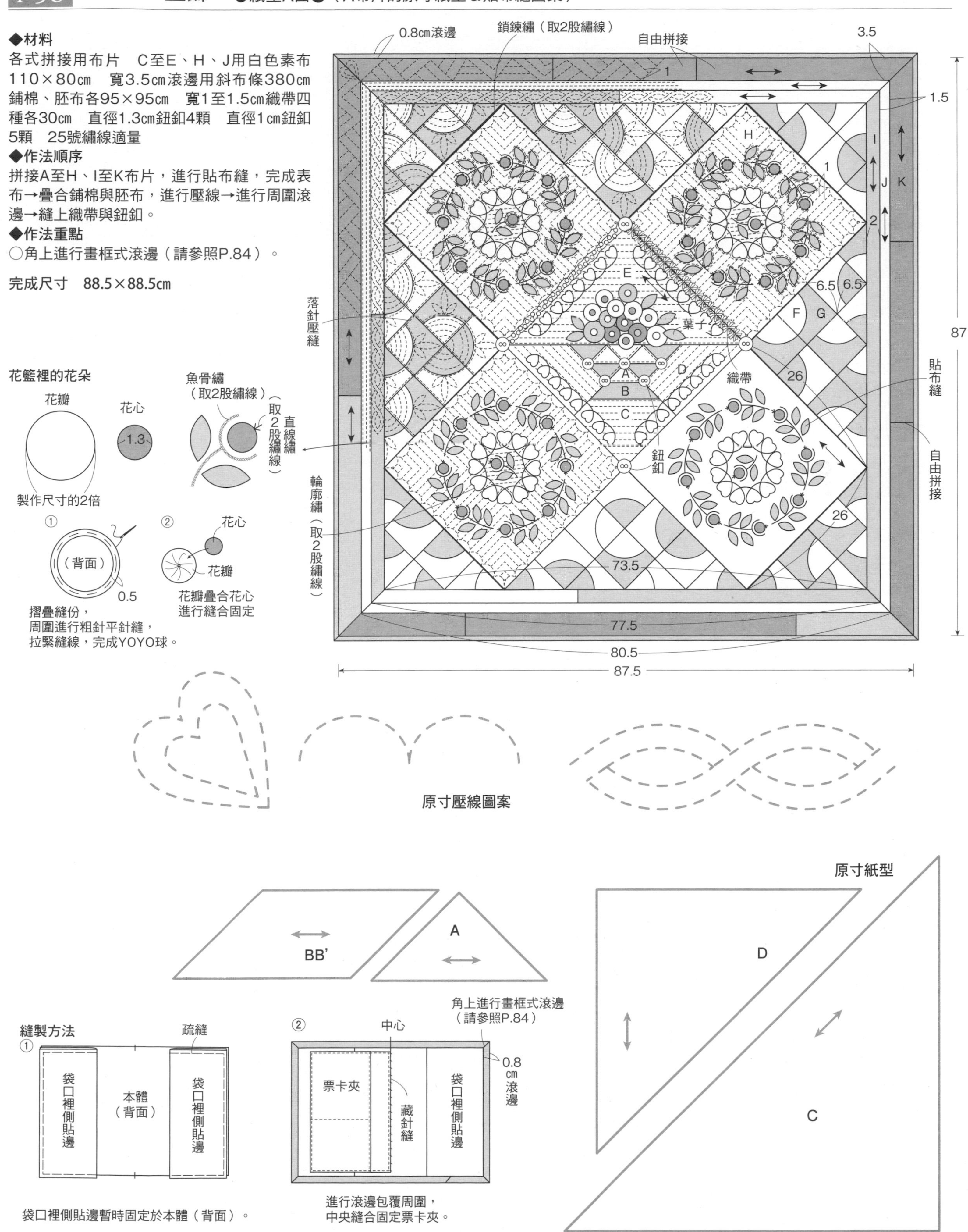

## P33 No.38 壁飾

◆**材料**
各式拼接用布片　邊飾用布80×70cm（包含滾邊部分） 鋪棉、胚布各80×80cm

◆**作法順序**
拼接A至D布片，接縫圖案（接縫順序請參照P.81），接縫E至H布片→疊合鋪棉與胚布，進行壓線→進行周圍滾邊。

◆**作法重點**
○角上進行畫框式滾邊（請參照P.84）。

完成尺寸　74×74cm

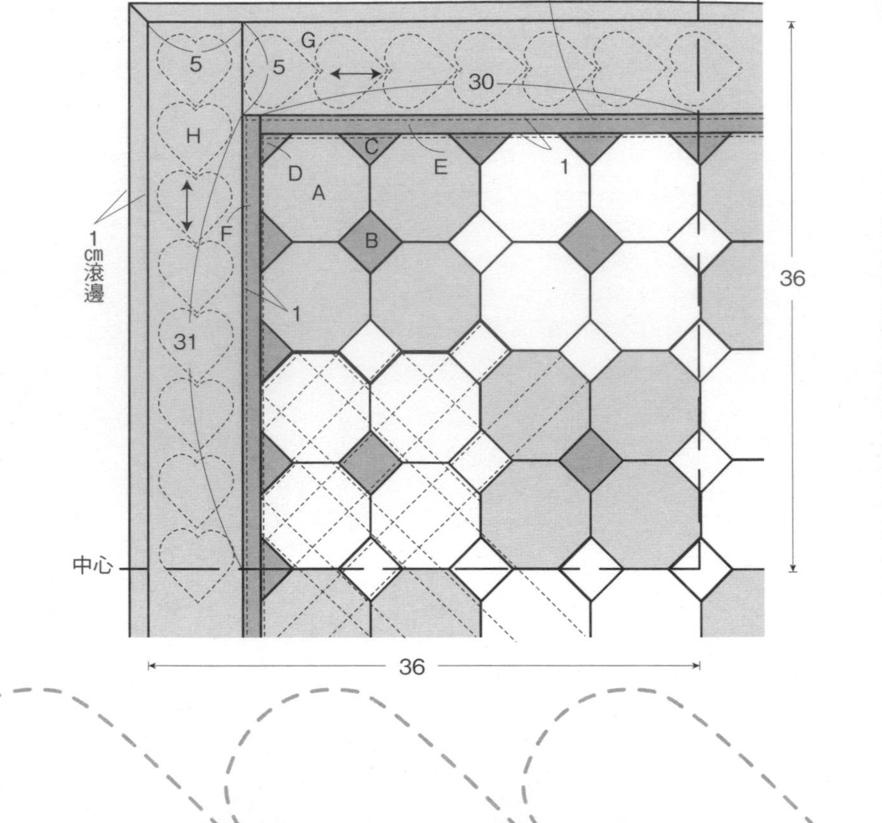


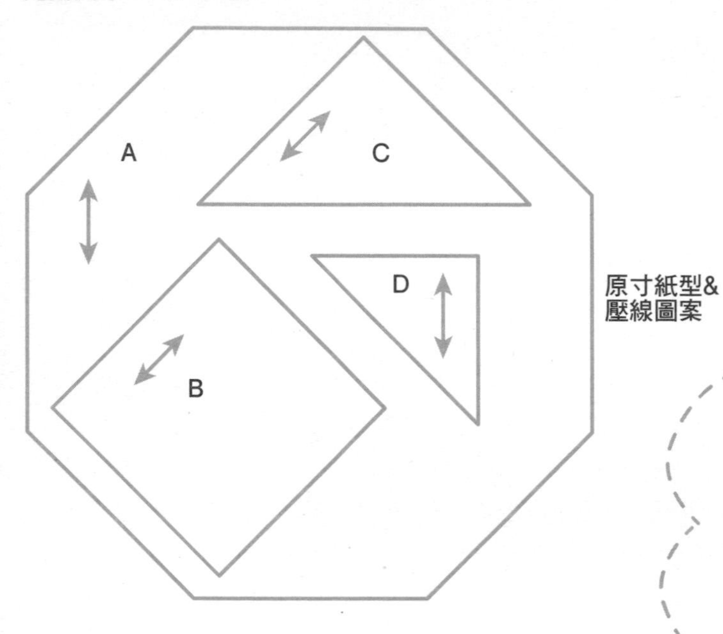


原寸紙型&壓線圖案

## P33 No.43 壁飾　●紙型B面⑯（D布片的壓線圖案）

◆**材料**
粉紅色印花布110×80cm（包含滾邊部分） 白色素布110×110cm　鋪棉、胚布各90×90cm

◆**作法順序**
拼接A、B布片，完成120片圖案→在B布片上進行貼布縫，縫上C布片，接縫圖案與D布片，完成表布→疊合鋪棉與胚布，進行壓線→進行周圍滾邊。

◆**作法重點**
○角上進行畫框式滾邊（請參照P.84）。

完成尺寸　86×86 cm

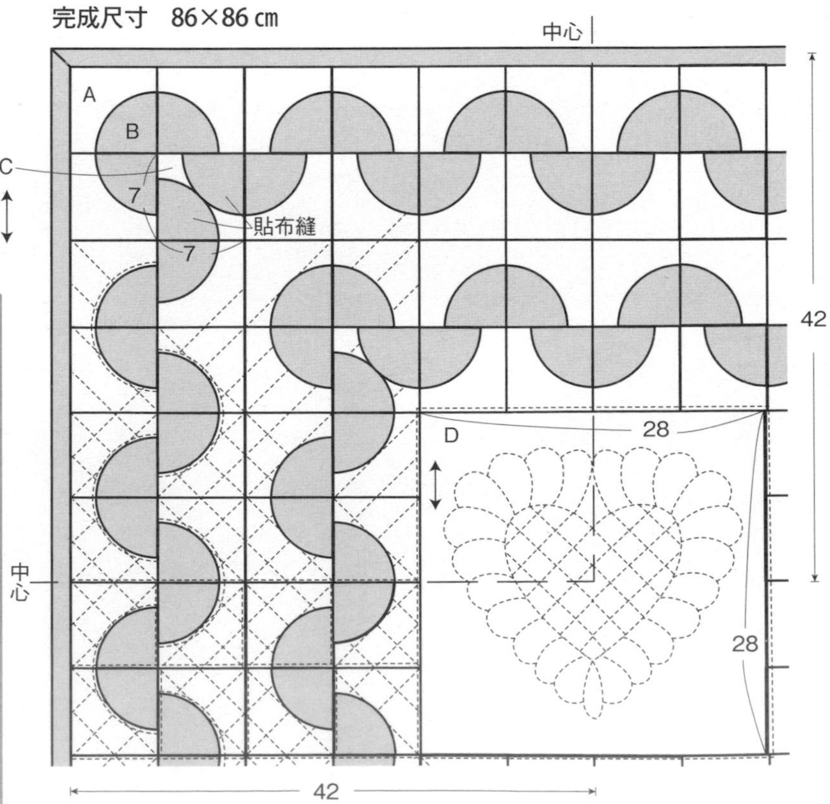


B

原寸紙型

A

## P31 No.35・No.36 學習袋

**◆材料**

No.35 F、G用牛仔布45×45cm

No.36 E、F用印花布45×55cm

相同 各式拼接用布片 鋪棉、胚布、裡袋用布各65×45cm 口袋用胚布、薄鋪棉各25×20cm 寬2.5cm平面織帶80cm

**◆作法順序※（ ）內為No.40相關說明**

拼接A至E（A至D）布片，完成4片房屋（心形）圖案，接縫F至H（E、F），完成表布→疊合鋪棉與胚布，進行壓線→製作口袋，組裝於本體→提把暫時固定於袋口，依圖示完成縫製。

**◆作法重點**

○心形圖案拼接順序請參照P.80。

○提把預留縫份2cm。

完成尺寸 30×40cm

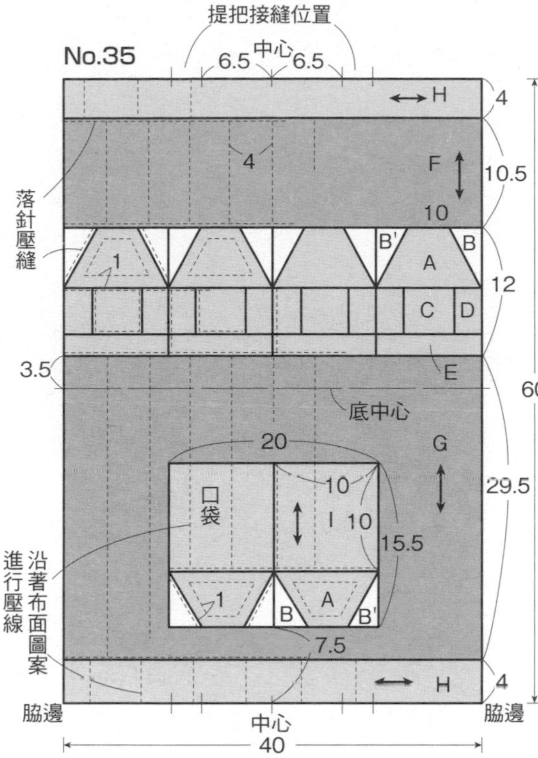

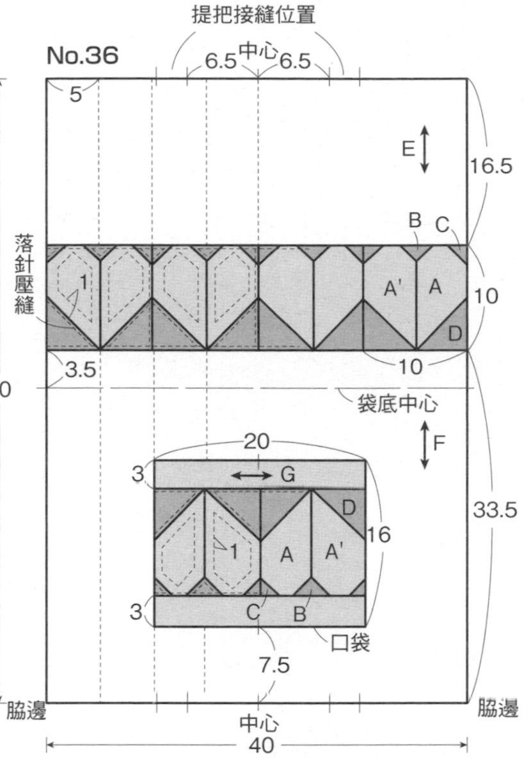

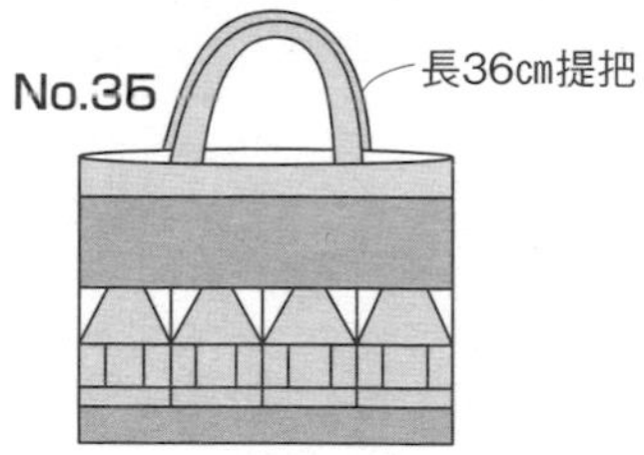

No.35 長36cm提把

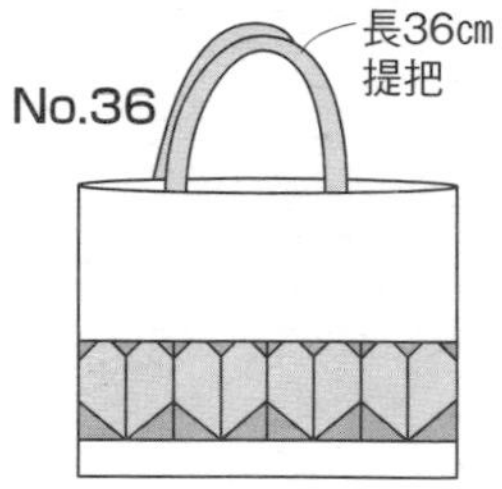

No.36 長36cm提把

No.35

提把接縫位置 6.5 中心 6.5 H 4 F 10.5 10 4 落針壓縫 1 B' A B C D 12 3.5 E 底中心 G 60 20 10 口袋 10 15.5 29.5 1 A B B' 7.5 沿著布面圖案進行壓線 H 4 脇邊 中心 40 脇邊

No.36

提把接縫位置 6.5 中心 6.5 5 E 16.5 B C 落針壓縫 1 A' A 10 D 3.5 10 袋底中心 F 20 3 G D 16 1 A A' 3 C B 口袋 7.5 33.5 脇邊 中心 40 脇邊

**縫製方法**

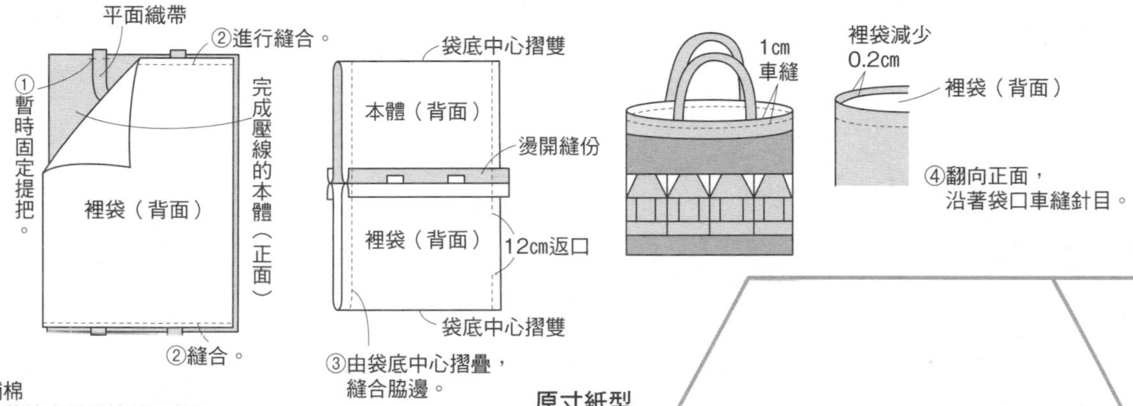

平面織帶 ②進行縫合。 ①暫時固定提把。 完成壓線的本體（正面） 裡袋（背面） ②縫合。

袋底中心摺雙 本體（背面） 燙開縫份 裡袋（背面） 12cm返口 袋底中心摺雙 ③由袋底中心摺疊，縫合脇邊。

1cm車縫 裡袋減少0.2cm 裡袋（背面） ④翻向正面，沿著袋口車縫針目。

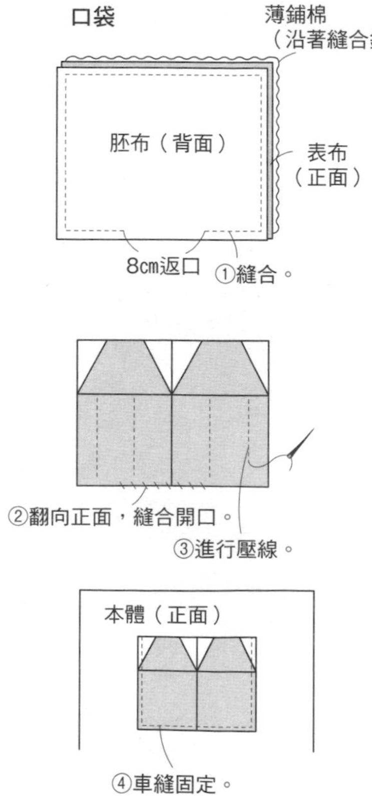

**口袋**

薄鋪棉（沿著縫合針目邊緣修剪） 胚布（背面） 表布（正面） 8cm返口 ①縫合。

②翻向正面，縫合開口。 ③進行壓線。

本體（正面） ④車縫固定。

**原寸紙型**

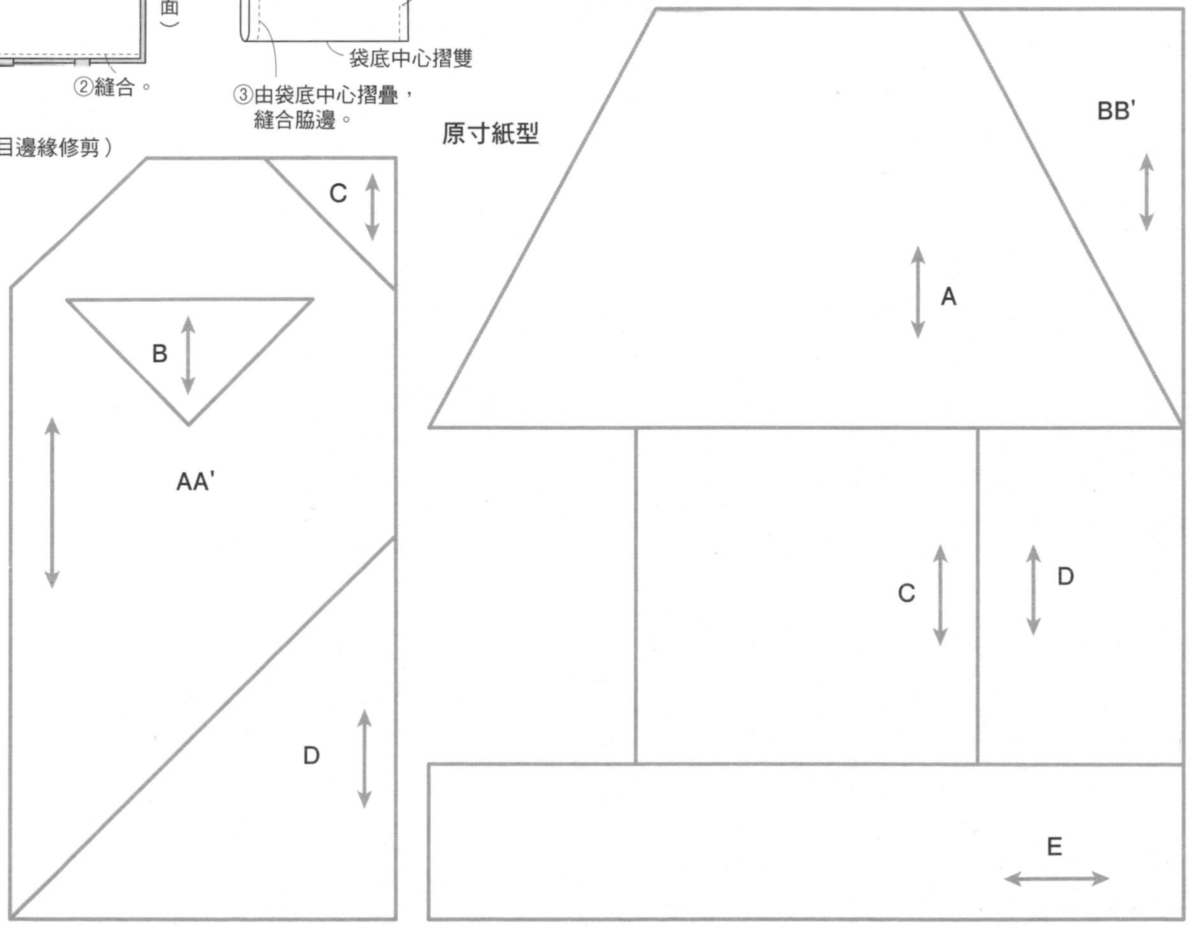

C B AA' D BB' A C D E

## P60 No.54 迷你壁飾 ●紙型B面㉘（圖案＆E布片的原寸紙型）

**◆材料**
各式拼接用布片　包釦用布15×15cm　D、E用布55×45cm　F用布45×25cm（包含滾邊部分）　鋪棉、胚布各40×40cm　直徑1.2cm包釦心20顆　棉花、25號黃色繡線各適量

**◆作法順序**
完成大花四照花圖案㋑4片與㋺16片→接縫圖案與E、F布片，完成表布→疊合鋪棉與胚布，進行壓線→縫包釦（請參照P.97）→進行周圍滾邊（角上進行畫框式滾邊，請參照P.84）。

**◆作法重點**
○沿著布片邊緣進行落針壓縫。

0.8cm滾邊
㋺
落針壓縫
7.1
7.1
㋑
32
D
0.5
0.5
F
10
10
0.5
6
E
6
32

**圖案配置圖**

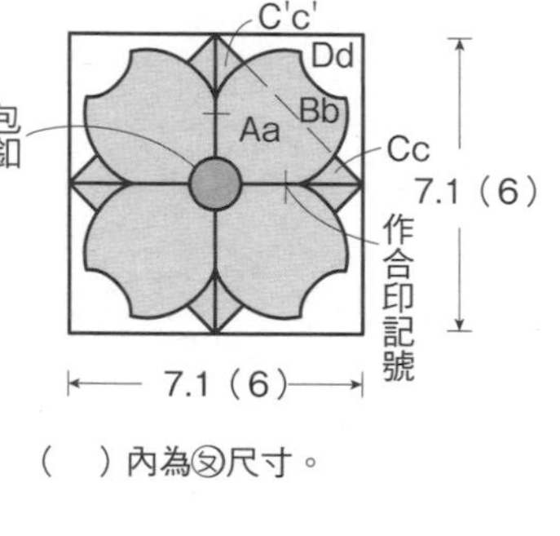


（　）內為㋺尺寸。

完成尺寸
33.5×33.5cm

**圖案縫法**

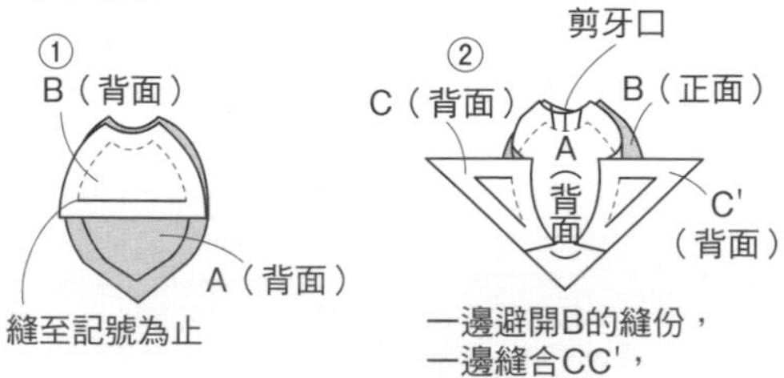


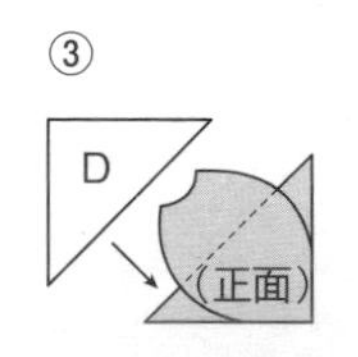


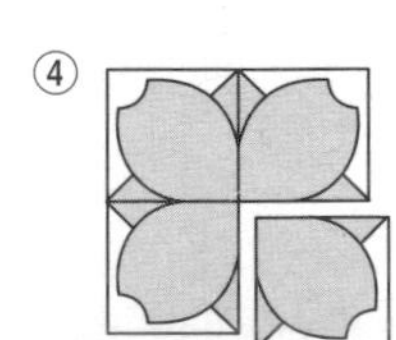


## P59 No.53 波奇包 ●紙型B面⑮

**◆材料**
各式貼布縫、拼接用布片　A、E、滾邊用布片50×25cm　鋪棉、胚布55×20cm　長18cm拉鍊1條　25號黃色　綠色繡線適量

**◆作法順序**
拼接A至E布片→進行貼布縫與刺繡，完成前片表布→前片與後片疊合鋪棉與胚布，進行壓線，正面相對疊合，預留上部，縫合周圍→進行袋口滾邊→安裝拉鍊。

**◆作法重點**
○縫份處理方法請參照P.85-A。

完成尺寸　15.5×21cm

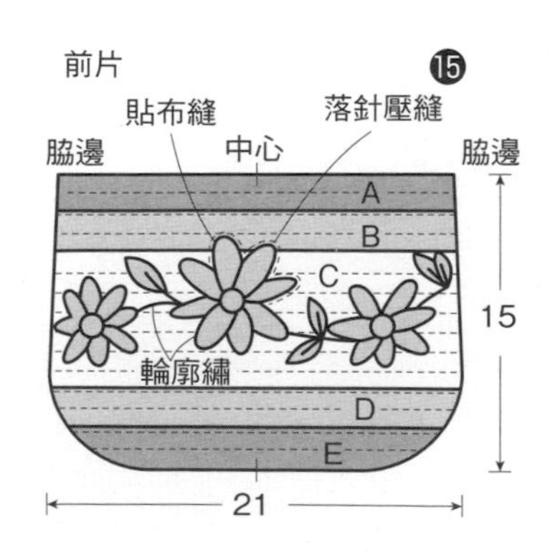


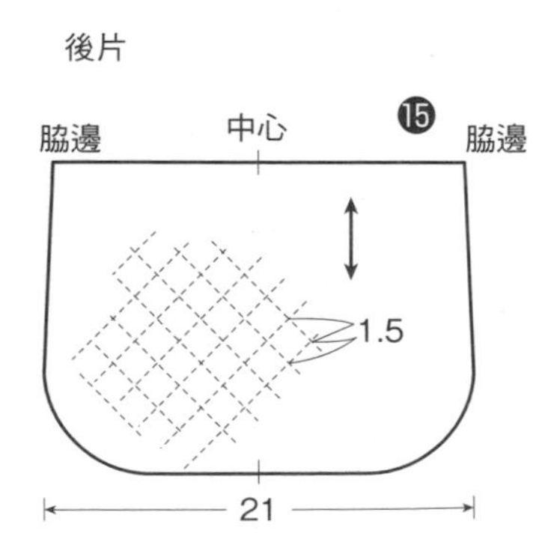


**拉鍊安裝方法**

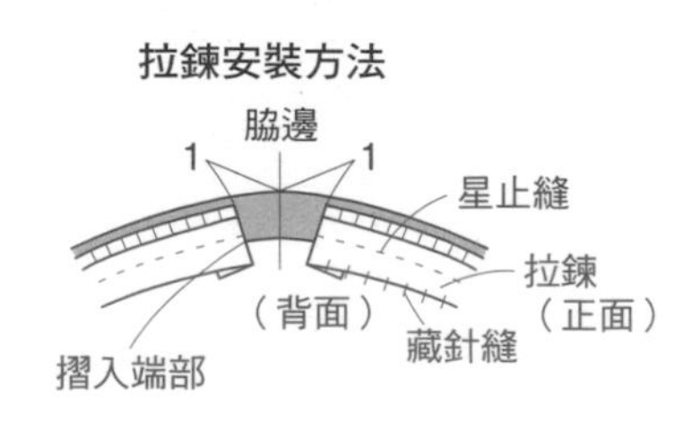


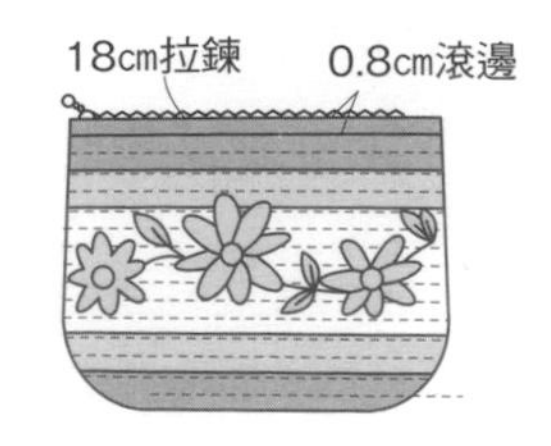

## P61 No.55 手提包 ●紙型B面㉕（B布片的原寸紙型＆貼布縫圖案）

**◆材料**

各式拼接用布片　棉麻素布100×50cm（包含滾邊、釦絆部分）　鋪棉、胚布（包含小布片部分）各100×55cm　長50cm提把1組　直徑1cm磁釦4組

**◆作法順序**

拼接布片，完成後片與前片口袋的表布→前片、後片、側身、口袋分別疊合鋪棉與胚布，進行壓線→進行前口袋上下滾邊後，組合於前片→側身縫褶襇後，暫時固定口袋→在袋底中心縫合前片與後片，依圖示完成縫製。

**◆作法重點**

○縫份處理方法請參照P.85-B。

**完成尺寸**　22.5×30cm

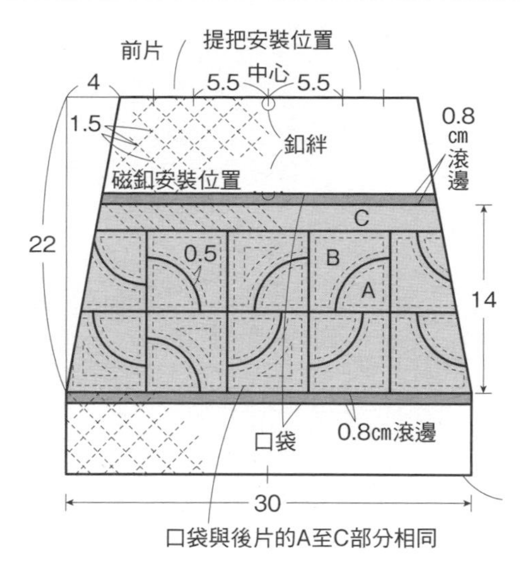


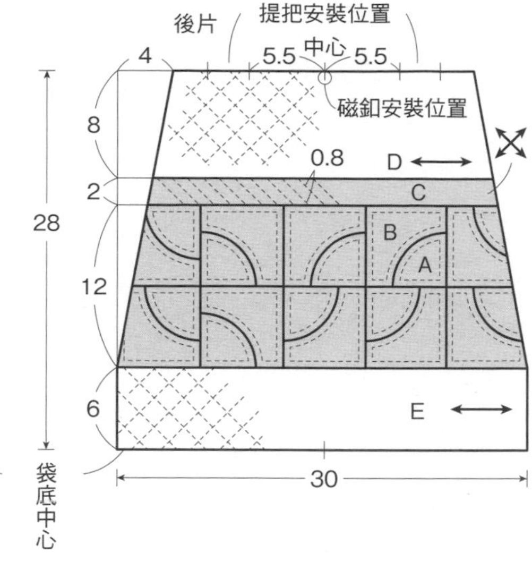


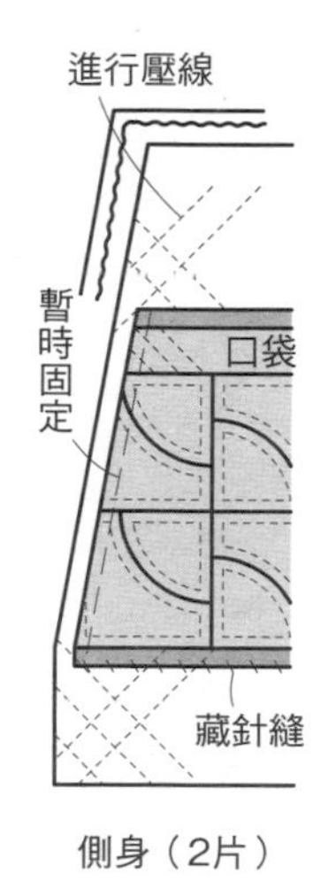

側身（2片）

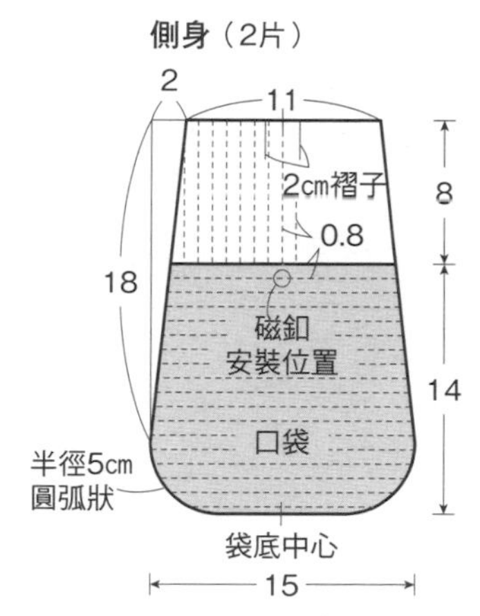


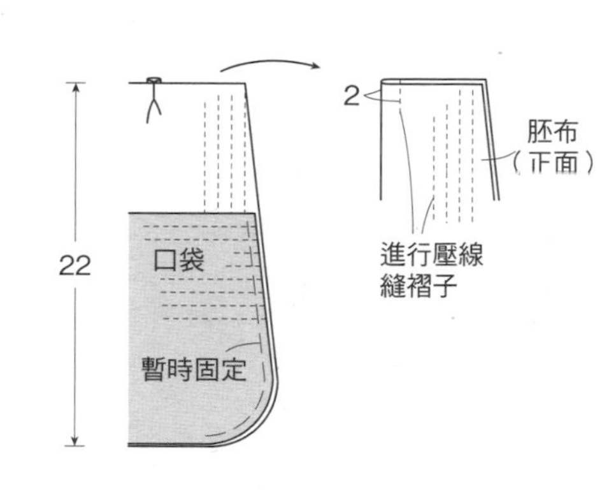

**側身口袋**

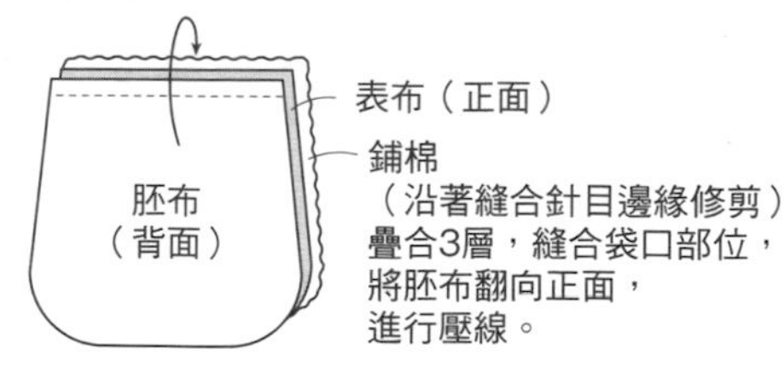

**釦絆的原寸紙型**

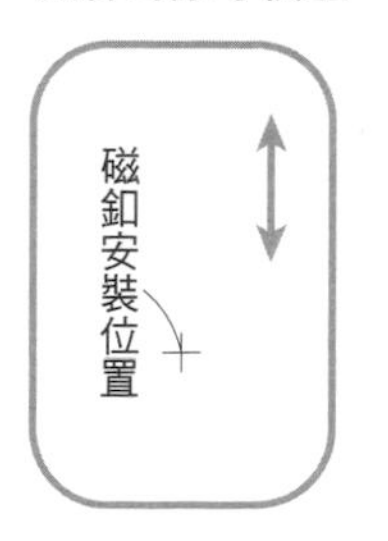


**釦絆**

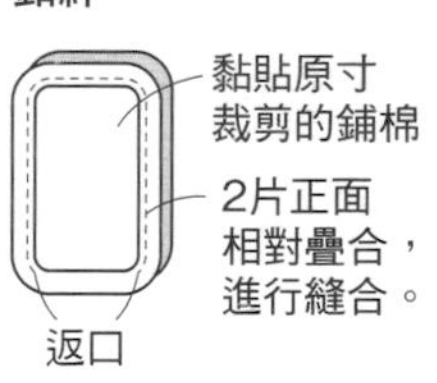


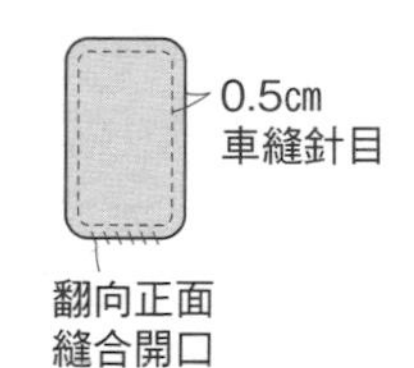


**釦絆**

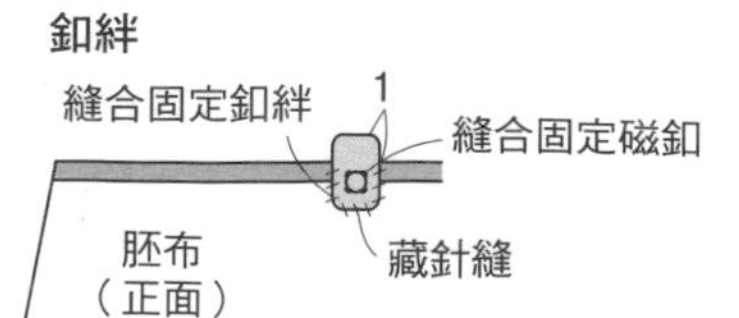


**縫製方法**

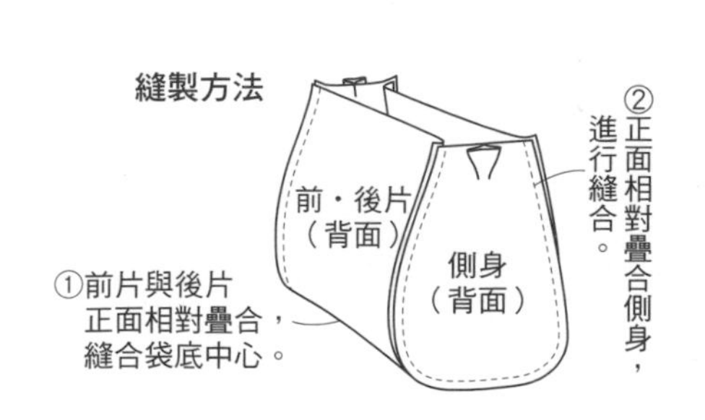


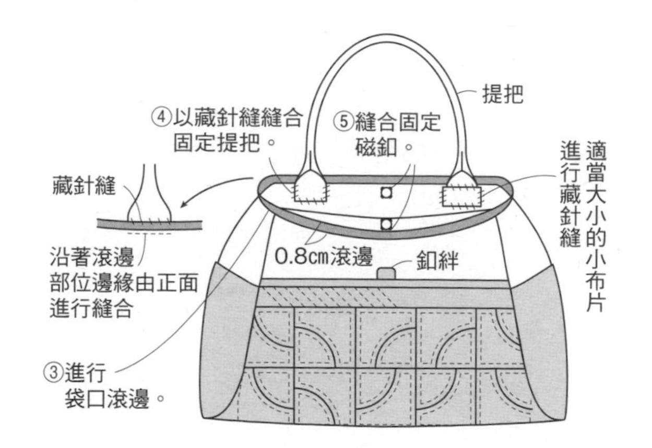

## P32 No.37 床罩

◆材料

各式拼接、滾邊用布片　C至F用布110×200cm　鋪棉、胚布各100×440cm

◆作法順序

拼接A與B布片，完成56片圖案，接縫C至F布片，完成表布→疊合鋪棉、胚布，進行壓線→製作滾邊用斜布條，進行周圍滾邊。

◆作法重點

○圖案拼接順序請參照P.81。

○角上進行畫框式滾邊（請參照P.84）。

完成尺寸　211×187cm

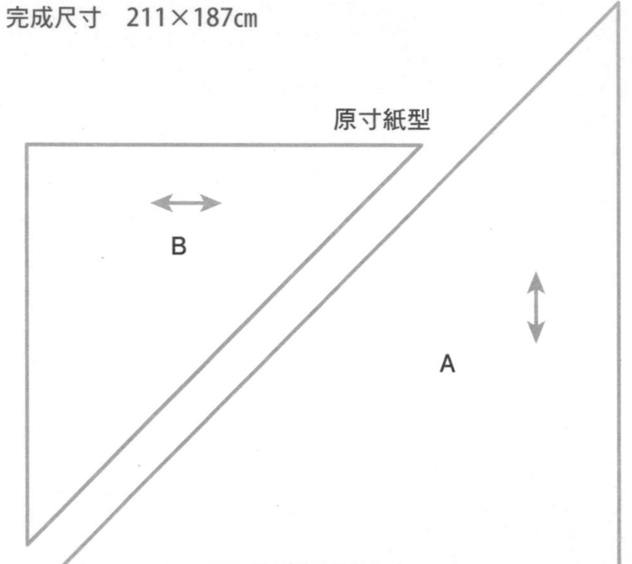


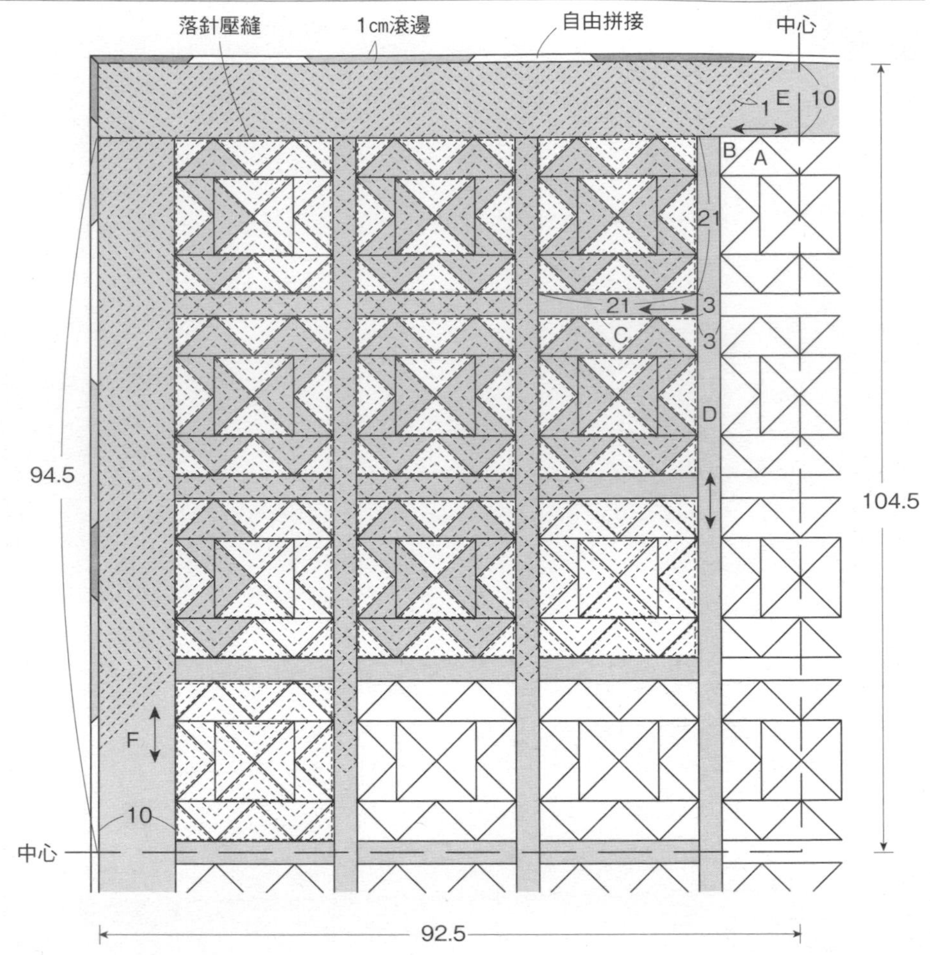


## P63 No.56 波士頓包

◆材料

各式拼接用布片　側身用布85×70cm（包含側身胚布、吊耳部分）　提把用布35×25cm　鋪棉100×55cm　袋身用胚布85×35cm　袋身用裡布85×40cm（包含襯底墊部分）　直徑1cm玻璃棒60cm　內徑2cm　D形環2個　長46cm雙開拉鍊1條　包包用底板11×35cm

◆作法順序

拼接A至E布片，完成袋身表布→疊合胚布、鋪棉，進行壓線→上部側身安裝拉鍊後，接縫下部側身→依圖示完成縫製。

◆作法重點

○袋身進行壓線後，暫時固定提把。

○襯底墊縫合固定於內側即可。

完成尺寸　27×36cm

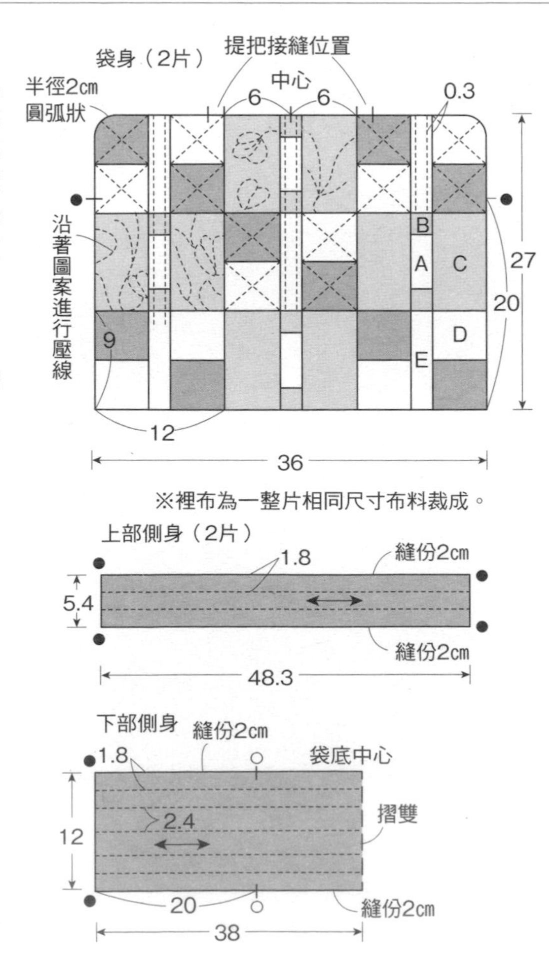


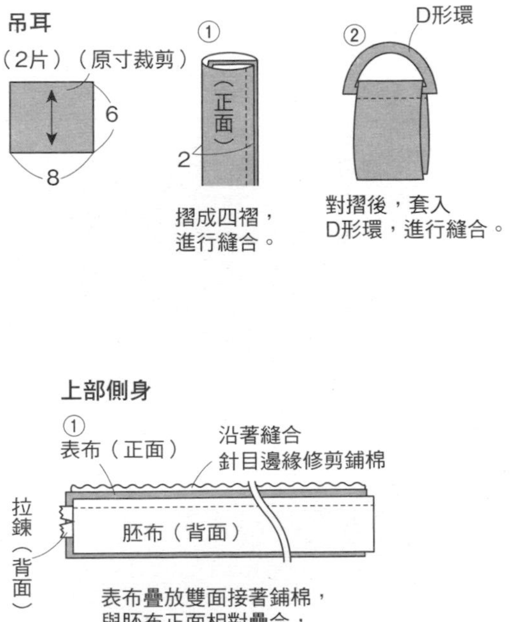


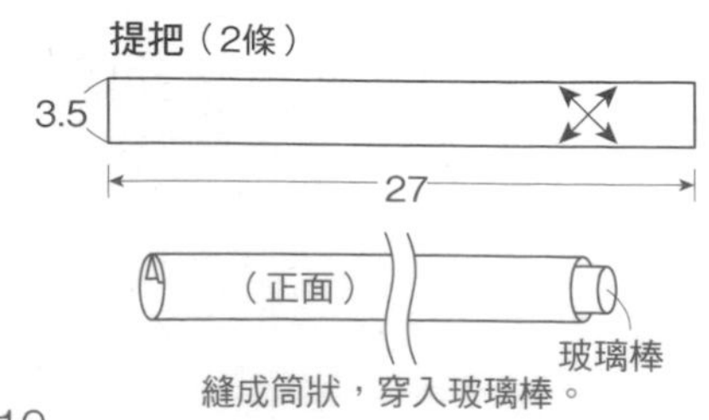


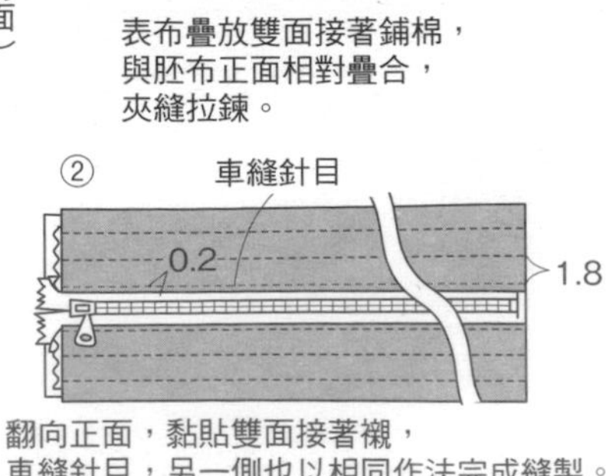

## No.52 壁飾

●紙型B面❺（圖案與O、N布片的原寸紙型＆貼布縫、刺繡圖案）

**◆材料**

各式拼接用、貼布縫用布片　K至M用布110×50cm（包含滾邊部分）　N、O用布85×40cm　寬3.5cm滾邊用斜布條330cm　鋪棉、胚布各75×90cm　25號繡線適量

**◆作法順序**

拼接A至J、a至J布片，分別完成6片㋰、㋞圖案→K至M布片進行刺繡與貼布縫後，接縫㋰與㋞布片，接縫N、O布片，完成表布→疊合鋪棉、胚布，進行壓線→進行周圍滾邊。

**◆作法重點**

○㋓、㋕部分取淺色2條、深色1條，合併繡線後完成刺繡。

**完成尺寸**　84.5×67.5cm

**拼接方法**

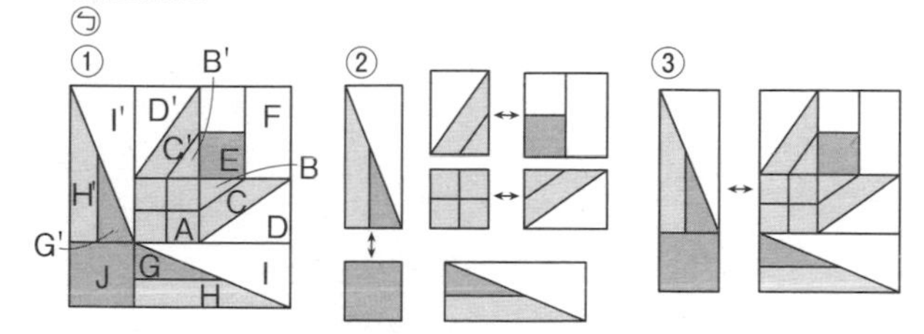


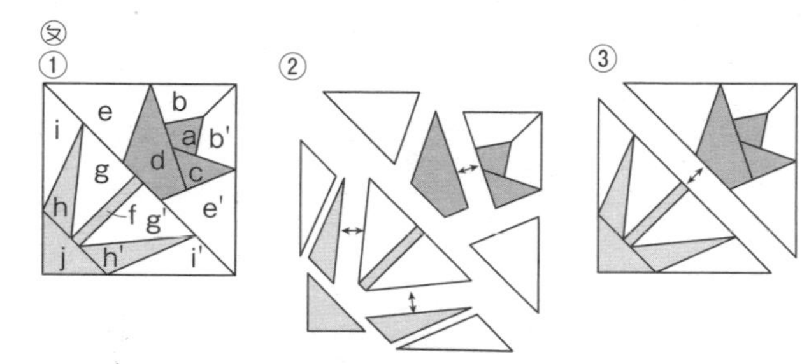


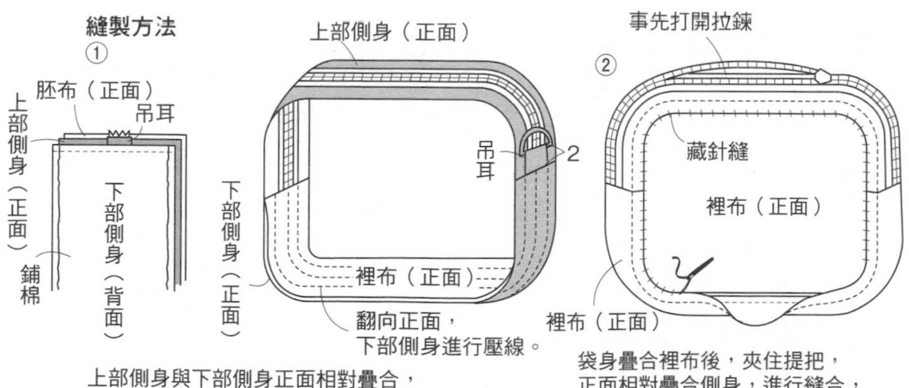


**襯底墊**

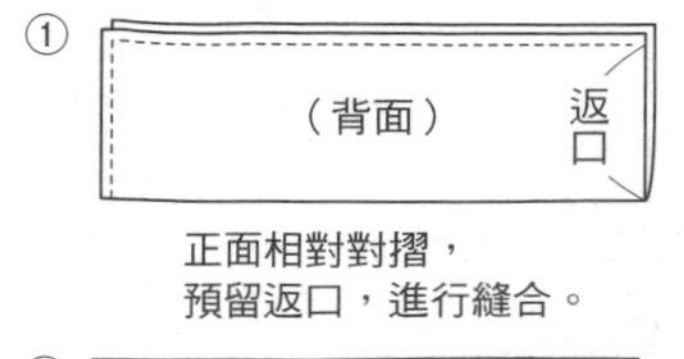


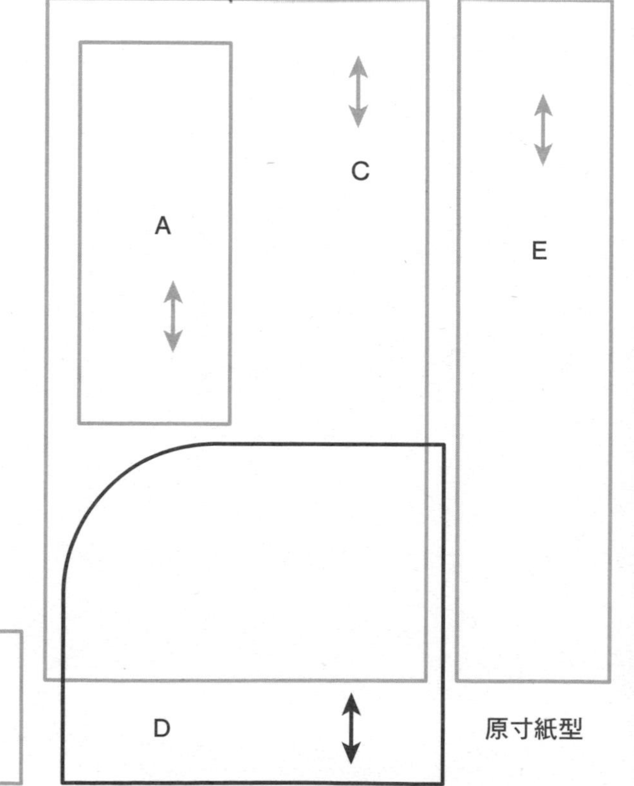

# PATCHWORK 拼布教室

國家圖書館出版品預行編目(CIP)資料

Patchwork拼布教室.18：療心手作，把春天納入拼布的提籃圖案特集 / BOUTIQUE-SHA授權；彭小玲．林麗秀譯.
-- 初版. -- 新北市：雅書堂文化, 2020.05
面； 公分. -- (PATCHWORK拼布教室；18)
ISBN 978-986-302-540-5 (平裝)

1.拼布藝術 2.手工藝

426.7 109004891

授權／BOUTIQUE-SHA
譯者／彭小玲．林麗秀
社長／詹慶和
執行編輯／黃璟安
編輯／蔡毓玲．劉蕙寧．陳姿伶．陳昕儀
封面設計／韓欣恬
美術編輯／陳麗娜．周盈汝
內頁編排／造極彩色印刷
出版者／雅書堂文化事業有限公司
發行者／雅書堂文化事業有限公司
郵政劃撥帳號／18225950
郵政劃撥戶名／雅書堂文化事業有限公司
地址／新北市板橋區板新路206號3樓
電話／(02)8952-4078
傳真／(02)8952-4084
網址／www.elegantbooks.com.tw
電子郵件／elegant.books@msa.hinet.net



2020年05月初版一刷　定價／380元

總經銷／易可數位行銷股份有限公司
地址／新北市新店區寶橋路235巷6弄3號5樓
電話／（02）8911-0825　傳真／（02）8911-0801



原書製作團隊

編輯長／関口尚美
編輯協力／佐佐木純子．三城洋子
攝影／腰塚良彥（以上本誌）．山本和正
設計／萩原聰美（本誌）．小林郁子．多田和子
松田祐子．松本真由美．山中みゆき
製圖／大島幸．小山惠美．小坂恒子
櫻岡知榮子．為季法子
繪圖／木村倫子．三林よし子
紙型描圖／共同工芸社．松尾容巳子